高等职业院校教学改革创新教材·网络开发系列

局域网交换机和路由器的配置与管理
（第2版）

李建林　史　律　主　编

苗春玲　王　莉　梅晓兰　武文扬　副主编

蒙　飚　主　审

U0282315

电子工业出版社

Publishing House of Electronics Industry

北京·BEIJING

内 容 简 介

本书共 3 章：第 1 章主要介绍计算机网络的基本概念、网络层次结构、网络互联设备以及华为 eNSP 软件的基本使用方法；第 2 章为网络互联设备基础实验，介绍局域网交换机和路由器的配置与管理，大部分技术原理都设置了基本实验训练；第 3 章为南信院校园网工程案例，介绍局域网的规划设计及所使用的技术，将前面两章中的若干技术贯穿在该项目中。

本书可以作为高职以及本科计算机网络、通信工程等专业的专业课教材和相关专业的实训课指导材料，也可供广大工程技术人员参考。

图书在版编目（CIP）数据

局域网交换机和路由器的配置与管理 / 李建林，史律主编. —2 版. —北京：电子工业出版社，2020.8
ISBN 978-7-121-37909-3

Ⅰ. ①局… Ⅱ. ①李… ②史… Ⅲ. ①局域网—信息交换机—高等职业教育—教材②局域网—路由选择—高等职业教育—教材 Ⅳ. ①TN915.05

中国版本图书馆 CIP 数据核字（2019）第 259435 号

责任编辑：程超群　　文字编辑：赵云峰
印　　刷：涿州市般润文化传播有限公司
装　订：涿州市般润文化传播有限公司
版发行：电子工业出版社
　　　　北京市海淀区万寿路 173 信箱　邮编　100036
　本：787×1 092　1/16　印张：14.25　字数：365 千字
　次：2013 年 9 月第 1 版
　　　2020 年 8 月第 2 版
　次：2024 年 8 月第 9 次印刷
　：45.00 元

买电子工业出版社图书有缺损问题，请向购买书店调换。若书店售缺，请与本社发行部联系，
　电话：（010）88254888，88258888。
　请发邮件至 zlts@phei.com.cn，盗版侵权举报请发邮件至 dbqq@phei.com.cn。
　联系方式：（010）88254577，ccq@phei.com.cn。

前言

随着新一代信息技术的飞速发展，金融、教育、行政、医疗等各行各业都在进行基础网络的建设。在互联网时代的今天，云计算、大数据、人工智能、物联网、信息安全等学科以及相关产业的发展，推动着现有网络的升级和改造，随之而来的就是社会对计算机网络技术专业人才的需求量也越来越大。

近年来，在国家大力发展职业教育的背景下，高职院校的教育教学水平、办学条件以及人才培养质量稳步提升。高职院校培养的是技术技能型实用人才，与产业经济的联系非常紧密。因此，本书的编者秉承培养计算机网络技术实用型人才的指导思想，把握理论够用、侧重实践的原则。第 1 章介绍网络基础知识以及 eNSP 模拟软件的安装和使用。第 2 章将路由与交换技术的多个知识点分模块进行讲解，在讲解基本知识点理论的基础上，注重实践，通过一个个独立的实验帮助学生掌握网络设备配置的具体应用与操作，培养他们在实践中检错和排错的能力。第 3 章以南京信息职业技术学院校园网的真实案例为实验项目，将分散在各个模块中的知识点融合在一个相对完整的项目中，以各子项目任务驱动完成前面知识的巩固，并理解技术的应用场景。

本书是编者多年从事网络工程的实践经验和教学经验的积累。考虑到初学者的实际水平和能力，书中案例是经过与企业工程师商讨后的简化版；又考虑到并非各个学校都具备足够的相同类型的交换机和路由器供学生进行相关实验，同时日趋激烈的市场竞争促使网络互联设备功能不断演进，在网络空间安全国家战略的背景主导下，国产设备如华为、华三、锐捷也不断扩大自己的市场份额，所以，在本书中我们又将简化后的案例移植到华为 eNSP 模拟软件中实现，并保存各模拟工程文件供学生课后学习和参考。

由于 IT 技术发展迅速，加之编者水平有限，书中难免存在疏漏和不足之处，恳请广大读者批评指正。

编　者

目录

第1章 网络基础知识

1.1 计算机网络及其体系结构

1.1.1 计算机网络概述

1. 计算机网络的定义

关于计算机网络这一概念的描述，从不同的角度出发可以给出不同的定义。简单来说，计算机网络就是由通信线路互相连接的许多独立工作的计算机构成的集合体。这里强调构成网络的计算机是独立工作的，这是为了和多终端分时系统相区别。

从应用的角度来讲，只要将具有独立功能的多台计算机连接起来，能够实现各计算机之间信息的互相交换并可以共享计算机资源的系统就是计算机网络。

从资源共享的角度来讲，计算机网络就是一组具有独立功能的计算机和其他设备，以允许用户相互通信和共享计算机资源的方式互联在一起的系统。

从技术角度来讲，计算机网络就是由特定类型的传输介质（如双绞线、同轴电缆、微波和光纤等）和网络适配器互联在一起的计算机，并受网络操作系统监控的网络系统。

综上所述，可以将计算机网络这一概念系统地定义为：计算机网络就是将分布在不同地理位置上的具有独立工作能力的多台计算机、终端及其附属设备用通信设备和通信线路连接起来，并配置网络软件，以实现计算机资源共享的系统。为了使计算机能实现资源共享，计算机网络必须实现数据通信功能。

计算机网络技术的应用对当今社会的经济、文化生活都产生着重要影响。当前，计算机网络的功能主要有以下几个方面：

（1）资源共享。计算机网络最具吸引力的功能是进入计算机网络的用户可以共享网络中各种硬件和软件资源，使网络中各部分的资源互通、分工协作，从而提高系统资源的利用率。

（2）数据传输。数据传输是计算机网络的基本功能之一，用以实现计算机与终端或计算机与计算机之间传送各种信息，从而提高计算机系统的整体性能，也大大方便人们的工作和生活。

（3）集中管理。计算机网络技术的发展和应用，已使得现代办公、经营管理等发生了很大的变化。目前，已经有了许多 MIS 系统、OA 系统等，通过这些系统可以将地理位置分散的生产单位或业务部门连接起来进行集中控制和管理，提高工作效率，增加经济效益。

（4）分布处理。对于综合性的大型问题可以采用合适的算法，将任务分散到网络中不同的计算机上进行分布式处理，以达到均衡使用网络资源、实现分布处理的目的。

（5）负载平衡。负载平衡是指任务被均匀地分配给网络上的各台计算机，网络控制中心负责任务分配和检测，当某台计算机负载过重时，系统会自动转移部分工作到负载较轻的计算机中去处理。

（6）提高安全与可靠性。建立计算机网络后，还可减少计算机系统出现故障的概率，提高系统的可靠性。另外，对于重要的资源可将它们分布在不同地方的计算机上，这样，即使某台计算机出现故障，用户在网络上可通过其他路径来访问这些资源，也不影响用户对同类资源的访问。

2. 计算机网络的分类

计算机网络的分类标准有很多，可以从覆盖范围、拓扑结构、交换方式、传输介质、通信方式等方面进行分类。根据网络的覆盖范围进行分类，计算机网络可以简单地分为局域网（Local Area Network，LAN）和广域网（Wide Area Network，WAN）。这也是目前网络工程实施过程中运用最多的一种分类方法。

（1）局域网。局域网也称为局部网，是指在有限的地理范围内构成的规模相对较小的计算机网络，如图 1-1 所示。它具有很高的传输速率（1～20Mbps，bps 即 b/s，全书同），其覆盖范围一般不超过几十千米，通常将一座大楼或一个校园内分散的计算机连接起来构成局域网。局域网的特点是：分布距离近（通常在 1000～2000m 范围内）；传输速率高；连接费用低；数据传输可靠；误码率低。

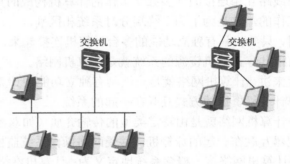

图 1-1　局域网

（2）广域网。广域网也称为远程网，其联网设备分布范围广，一般从几十千米到几千千米。它所涉及的地理范围可以是市、地区、省、国家，乃至世界范围。广域网是通过卫星、微波、无线电、电话线、光纤等传输介质连接的国家网络和国际网络，是全球计算机网络的主干网络。广域网一般具有以下几个特点：地理范围没有限制；传输介质复杂；由于长距离的传输，数据的传输速率较低，且容易出现错误；采用的技术比较复杂；是一个公共的网络，不属于任何一个机构或国家。如果从功能上对广域网加以描述，大家会对广域网这个概念有更深刻的理解，思科将广域网定义为连接各个局域网的网络，如图 1-2 所示。

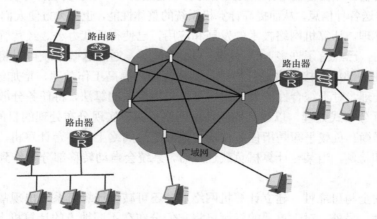

图 1-2　广域网

现今的因特网（Internet，也称互联网）是世界上最大的计算机网络，它是由无数的局域网通过广域网连接而成的，是跨越了无数的局域网与广域网的综合型网络。

3．计算机网络的体系结构

计算机网络实现数据通信功能是一个复杂的过程。为了减少协议设计和调试过程的复杂性，国际标准化组织（ISO）制定了一个层次化的网络通信模型，称为开放系统互联（Open System Interconnection，OSI）参考模型。OSI 参考模型是一个逻辑结构，并非一个具体的计算机设备或网络，但是任何两个遵守该协议的标准的系统都可以互联通信，这正是"开放"的实际意义。

OSI 参考模型采用了分层的方法。所谓分层是一种构造技术，允许开放系统网络用分层次的方式进行逻辑组合。整个通信子系统划分为若干层，每层执行一种明确定义的功能，并由较低层执行附加的功能，为较高层提供服务。

计算机网络执行数据通信的功能就如同我们在生活中寄信一样，寄信这个任务的执行可以看作是在实际生活中的一种典型的层次化结构执行的例子，如图 1-3 所示。

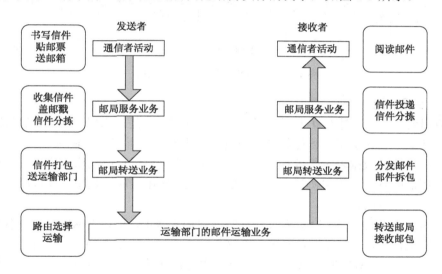

图 1-3　邮局业务分层结构图

OSI 参考模型的七层由下往上分别是：第 1 层物理层（Physical Layer），第 2 层数据链路层（Data Link Layer），第 3 层网络层（Network Layer），第 4 层传输层（Transport Layer），第 5 层会话层（Session Layer），第 6 层表示层（Presentation Layer），第 7 层应用层（Application Layer）。

OSI 参考模型的每一层都定义了所实现的功能，完成某些特定的通信任务，并只与紧邻的上层和下层进行数据的交换。图 1-4 简单示意了两个实现了 OSI 七层功能的网络设备之间是如何进行通信的。任务从主机 A 的应用层开始，按规定的格式逐层封装数据，直至数据包到达物理层，然后通过网络传输线路以及中间结点（通常包括交换机、路由器、防火墙等网络互联设备）到达主机 B。主机 B 的物理层获取数据，向上层发送数据，直至到达主机 B 的应用层。本书随后将通过校园网实例着重介绍如何配置交换机、路由器等网络互联设备，以实现校园网的数据通信。以下简单介绍 OSI 参考模型各层的功能。

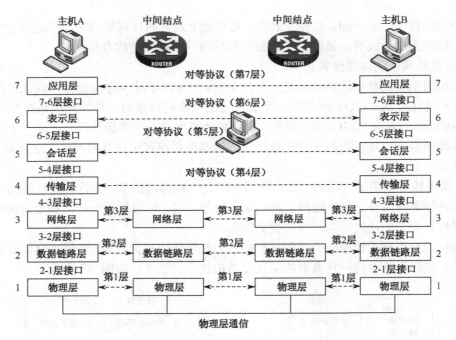

图 1-4   基于 OSI 层次化结构的通信

4．OSI 每层功能

（1）应用层。应用层是 OSI 七层参考模型的第 7 层，也是最高层，它是计算机网络与最终用户间的接口，包含了系统管理员管理网络服务所涉及的所有问题和基本功能。它在第 6 层提供的数据传输和数据表示等各种服务的基础上，为网络用户或应用程序提供完成特定网络服务功能所需的各种应用层协议。可以简单描述为：应用层应该是用户通过应用层的协议去完成用户想要完成的任务。

例如，如果想上网，那么会首先打开浏览器并输入网址，可以上网则自动出现网页。网页本身不在本地，那怎么可以浏览网页呢？这是因为有了应用层的超文本传输协议（HTTP）来帮助用户与远端的 Web 服务器进行连接且请求传输文件，这样用户就可以通过应用层的协议来完成浏览网页的任务了。

常用的网络服务包括文件服务、电子邮件服务、打印服务、集成通信服务、目录服务、域名解析服务、网络管理、安全和路由互联服务等。如果想要完成这些网络服务，都必须通过应用层的协议来实现。

常用的应用层协议有以下几种：
- HTTP：超文本传输协议。
- FTP：文件传输协议。
- TELNET：远程登录。
- SNMP：简单网络管理协议。
- SMTP：简单邮件传输协议。
- NNTP：网络新闻组传输协议。
- DNS：域名解析服务。

（2）表示层。表示层如同应用程序和网络之间的翻译官，在表示层，数据将按照网络能理解的方案进行格式化，这种格式化也因所使用网络的类型不同而不同。表示层管理数据的解密与加密，如系统口令的处理。如果在 Internet 上查询你的银行账户，使用的即是一种安全连接。你的账户数据在发送前被加密，在网络的另一端，表示层将对接收到的数据进行解密。除此之外，表示层协议还对图片和文件格式信息进行编码和解码。

（3）会话层。会话层负责在网络中的两结点之间建立、维持、终止端与端之间的通信。术语"会话"，是指在两个实体之间建立数据交换的连接，常用于表示终端与主机之间的通信。所谓终端是指几乎不具有自己的处理能力或硬盘容量，而只依靠主机提供应用程序和数据处理服务的一种设备。会话层的功能包括：建立通信链路，保持会话过程通信链路的畅通，同步两个结点之间的对话，决定通信是否被中断以及通信中断时从何处重新发送。可能常常听到有人把会话层称作网络通信的"交通警察"。

当通过拨号向 ISP（因特网服务提供商）请求连接到因特网时，ISP 服务器上的会话层与客户机上的会话层进行协商连接。若你的电话线偶然从墙上插孔脱落时，终端机上的会话层将检测到连接中断并重新发起连接。会话层通过决定结点通信的优先级和通信时间的长短来设置通信期限。就此而言，会话层如同一场辩论竞赛中的评判员。例如，如果你是一个辩论队的成员，你有 2 分钟的时间阐述公开的观点，在 1 分 30 秒后，评判员将通知你还剩下 30 秒。假如你试图打断对方辩论成员的发言时，评判员将要求你等待，直至轮到你为止。最后，会话层监测会话参与者的身份以确保只有授权结点才可加入会话。

（4）传输层。传输层主要负责确保数据可靠、顺序、无差错地从 A 点传输到 B 点（A、B 点可能在也可能不在相同的网络段上）。因为如果没有传输层，数据将不能被接收方验证或解释，所以，传输层常被认为是 OSI 参考模型中最重要的一层。传输协议同时进行流量控制，或者基于接收方可接收数据的快慢程度规定适当的发送速率。除此之外，传输层按照网络能处理的最大尺寸将较长的数据包进行强制分割。例如，以太网无法接收大于 1500 字节的数据包。发送方结点的传输层将数据分割成较小的数据片，同时对每个数据片安排一个序列号，以便数据到达接收方结点的传输层时能以正确的顺序重组。该过程即被称为排序。

在网络中，传输层发送一个（应答）信号以通知发送方数据已被正确接收。如果数据有错，传输层将请求发送方重新发送数据。同样，假如数据在一个给定时间段未被应答，发送方的传输层也将认为发生了数据丢失，从而重新发送它们。

（5）网络层。网络层，即 OSI 参考模型的第 3 层，其主要功能是将网络地址翻译成对应的物理地址，并决定如何将数据从发送方路由到接收方。

网络层通过综合考虑发送优先权、网络拥塞程度、服务质量以及可选路由的花费来决定从一个网络中结点 A 到另一个网络中结点 B 的最佳路径。在网络中，"路由"是基于编址方案、使用模式以及可达性来指引数据的发送的。后续章节将详细解释路由器及其功能。网络层协议还能补偿数据发送、传输以及接收的设备能力的不平衡性。为完成这一任务，网络层对数据包进行分段和重组。分段是指当数据从一个能处理较大数据单元的网络段传送到仅能处理较小数据单元的网络段时，网络层减小数据单元的大小的过程。这个过程就如同将单词分割成若干可识别的音节，给正在学习阅读的儿童使用一样。重组过程即是重构被分段的数据单元。类似地，当一个孩子理解了分开的音节时，其会将所有音节组成一个单词，也就是将部分重组成一个整体。

（6）数据链路层。数据链路层在物理层和网络层之间提供通信，建立相邻结点之间的数据链路，传送按一定格式组织起来的位组合，即数据帧。帧的格式如图 1-5 所示（以以太网帧结构为例）。数据链路层为网络层提供可靠的信息传送机制，将数据组成适合于正确传输的帧形式。在帧中包含应答、流控制和差错控制等信息，以实现应答、差错控制、数据流控制和发送顺序控制，确保接收数据的顺序与原发送顺序相同。

目的地址	源地址	类型	数据

图 1-5　帧的格式

（7）物理层。物理层是 OSI 参考模型的底层或第 1 层，主要完成相邻结点之间的比特流的传输。同时，本层还定义了一些有关网络的物理特性，包括物理联网媒介，如电缆连线和连接器。物理层的协议产生并检测电压以便发送和接收携带数据的信号。在 PC 上插入网络接口卡，就建立了计算机联网的基础。换言之，提供了一个物理层。尽管物理层不提供纠错服务，但它能够设定数据传输速率并监测数据出错率。网络物理问题，如电缆断开，将影响物理层。同样，如果没有将网络接口卡正确安装到计算机的电路板中，计算机也将在物理层出现网络问题。IEEE 已制定了物理层协议的标准，特别是 IEEE 802 规定了以太网和令牌环网应如何处理数据。术语"第一层协议"和"物理层协议"，均是指描述电信号如何被放大及通过电缆传输的标准。除了不同的传输介质自身的物理特性外，物理层还对通信设备和传输媒体之间使用的接口给出了详细的规定。物理层涉及的内容还包括以下几个部分：

①机械特性。机械特性规定了物理连接所需接插件的规格尺寸、针脚数量和排列情况等。例如，EIA RS-232C 标准规定的 D 型 25 针接口，ITU-T X.21 标准规定的 15 针接口，以太网接口用 RJ-45 水晶头等。

②电气特性。电气特性规定了在物理信道上传输比特流时信号电平的大小、数据的编码方式、阻抗大小、传输速率和距离限制等。例如，双绞线长度不能大于 100m；RS-232 接口传输距离不大于 15m，最大速率为 19.2kbps。

③功能特性。功能特性定义了各个信号线的确切含义，即各个信号线的功能。例如，双绞线每根都有自己的作用。

④规程特性。规程特性定义利用信号线进行比特流传输的一组操作规程，是指在物理连接建立、维护和交换信息时数据通过集线器交换数据的顺序。

前面已讲述了七层协议 OSI 参考模型，但是在实际中完全遵从 OSI 参考模型的协议几乎没有。尽管如此，OSI 参考模型为人们考查其他协议各部分间的工作方式提供了框架和评估基础。下面讲述的 TCP/IP 网络协议体系也将以 OSI 参考模型为框架对其进行进一步解释。TCP/IP 出现于 20 世纪 70 年代，20 世纪 80 年代被确定为因特网的通信协议。

TCP/IP 体系结构是将多个网络进行无缝连接的体系结构，如图 1-6 所示，其中加入了与 OSI 参考模型的对照。

TCP/IP 是一组通信协议的代名词，是由一系列协议组成的协议簇。它本身是由两个协议集——TCP（传输控制协议）和 IP（互联网络协议）结合而成的。TCP/IP 最早由美国国防部高级研究计划署（DARPM）在其 ARPANET 上实现，已有数十年的运行经验。由于 TCP/IP 一开始用来连接

OSI	TCP/IP
应用层	
表示层	应用层
会话层	
传输层	传输层
网络层	互联网络层
数据链路层	网络接口层
物理层	

图 1-6　TCP/IP 网络体系结构与 OSI 网络参考模型的对比

异种机环境，再加上工业界很多公司都支持它，特别是在 UNIX 环境，TCP/IP 已成了其实现的一部分。由于 UNIX 用户的增长，推进了 TCP/IP 的普及。Internet 的迅速发展，使 TCP/IP 已成为事实上的网络互联标准。该协议隐藏了通信底层的细节，有利于提高效率。程序员与高级协议抽象打交道，不必把精力放在诸如硬件配置等细节问题上；使用高层抽象编制的程序独立于机器结构或网络硬件，可以使任意一对机器进行通信。

1.1.2　IP 协议

1. 基本原理

IP 是怎样实现网络互联的呢？各个厂家生产的网络系统和设备，如以太网、分组交换网等，它们相互之间不能互通，主要原因是它们所传送数据链路层的基本数据单元（即上文中提到的"帧"）的格式不同。IP 协议实际上是一套由软件程序组成的协议软件，它将各种不同"帧"统一封装成"IP 数据包"，这种 IP 数据包的封装是因特网的一个非常重要的特点，使各种计算机都能在因特网上实现互通，即具有"开放性"的特点。

那么，"数据包"是什么？它又有什么特点呢？数据包也是分组交换的一种形式，就是把所传送的数据分段打成"包"，再传送出去。但是，与传统的"连接型"分组交换不同，它属于"无连接型"，是把打成的每个"包"（分组）都作为一个"独立的报文"传送出去，所以叫作"数据包"。这样，在开始通信之前就不需要先连接好一条电路，各个数据包不一定都通过同一条路径传输，所以叫作"无连接型"。这个特点非常重要，它大大提高了网络的坚固性和安全性。

每个数据包都有报头和报文这两个部分，报头中有目的地址等必要内容，使每个数据包不经过同样的路径都能准确地到达目的地，在目的地重新组合还原成原来发送的数据。这就要求 IP 具有分组打包和集合组装的功能。

在实际传送过程中，数据包还要能根据所经过网络所规定的分组大小来改变数据包的长度，IP 数据包的最大长度可达 65535 字节。

IP 协议中还有一个非常重要的内容，那就是给因特网上的每台计算机和其他设备都规定了一个唯一的地址，叫作"IP 地址"。由于有这种唯一的地址，才保证了用户在联网的计算机上操作时，能够高效而且方便地从千千万万台计算机中选出自己所需的对象来。现在电信网已与 IP 网走向融合，以 IP 为基础的新技术是热门的技术，如用 IP 网络传送语音的技术（即 VoIP），其他如 IP over ATM、IP over SDH、IP over WDM 等，都是 IP 技术的研究重点。

2. IPv4 地址

所谓 IP 地址就是给每个连接在 Internet 上的主机分配的一个 32bit 地址。

按照 TCP/IP 协议规定，IP 地址用二进制数来表示，每个 IP 地址长 32bit，比特换算成字节就是 4 个字节。例如，一个采用二进制形式的 IP 地址是"00001010000000000000000000000001"，这么长的地址，人们处理起来很费劲。为了方便人们的使用，IP 地址经常被写成十进制的形式，中间使用符号"."分开不同的字节。于是，上面的 IP 地址可以表示为"10.0.0.1"。IP 地址的这种表示法叫作"点分十进制表示法"，这显然比 1 和 0 容易记忆得多。

有人会以为，一台计算机只能有一个 IP 地址，这种观点是错误的。我们可以指定一台计算机具有多个 IP 地址，因此在访问 Internet 时，不要以为一个 IP 地址就是一台计算机；另外，通过特定的技术，也可以使多台服务器共用一个 IP 地址，这些服务器在用户看起来就像一台主机似的。

将 IP 地址分成网络号和主机号两部分，设计者就必须决定每部分包含多少位。网络号的位数直接决定了可以分配的网络数（计算方法为 $2^{网络号位数}$）；主机号的位数则决定了网络中最大的主机数（计算方法为 $2^{主机号位数}-2$）。然而，由于整个 Internet 所包含的网络规模可能比较大，也可能比较小，设计者最后聪明地选择了一种灵活的方案：将 IP 地址空间划分成不同的类别，每一类具有不同的网络号位数和主机号位数。

IP 地址是 IP 网络中数据传输的依据，它标识了 IP 网络中的一个连接，一台主机可以有多个 IP 地址。IP 分组中的 IP 地址在网络传输中是保持不变的。

（1）基本地址格式（IPv4）。现在的 IP 网络使用 32 位地址，以点分十进制表示，如192.168.0.1。

地址格式为：

$$IP\ 地址=网络地址+主机地址$$

或

$$IP\ 地址=网络地址+子网地址+主机地址$$

网络地址是由因特网协会的 ICANN（the Internet Corporation for Assigned Names and Numbers）分配的，下有负责北美地区的 InterNIC、负责欧洲地区的 RIPENIC 和负责亚太地区的 APNIC，目的是为了保证网络地址的全球唯一性。主机地址是由各个网络的系统管理员分配的。因此，网络地址的唯一性与网络内主机地址的唯一性确保了 IP 地址的全球唯一性。

（2）保留地址的分配。根据用途和安全性级别的不同，IP 地址大致分为两类：公用地址和私有地址。公用地址在 Internet 中使用，可以在 Internet 中随意访问。私有地址只能在内部网络中使用，只有通过代理服务器（或路由器地址转换）才能与 Internet 通信。

3．IP 地址查询

以 Windows 7 为例，在命令行下输入"ipconfig /all"，然后回车出现列表，其中有一项"IPv4 地址"就是本机的 IP 地址。

4．IP 地址的分类

网络号：用于识别主机所在的网络；

主机号：用于识别该网络中的主机。

IP 地址分为五类：A 类保留给政府机构，B 类分配给中等规模的公司，C 类分配给任何需要的人，D 类用于组播，E 类用于实验，各类 IP 地址可容纳的地址数目不同。

A、B、C 三类 IP 地址的特征：当将 IP 地址写成二进制形式时，A 类地址的第一位总是0，B 类地址的前两位总是 10，C 类地址的前三位总是 110。

（1）A 类地址。

①A 类地址第 1 字节为网络地址，其他 3 字节为主机地址。

②A 类地址范围：1.0.0.0～127.255.255.255。

③A 类地址中的私有地址和保留地址：

a．10.×.×.×是私有地址，范围为 10.0.0.0～10.255.255.255。

b．127.×.×.×是保留地址，用作循环测试。

（2）B 类地址。

①B 类地址第 1 字节和第 2 字节为网络地址，其他 2 字节为主机地址。

②B 类地址范围：128.0.0.0～191.255.255.255。

③B 类地址中的私有地址和保留地址：

a．172.16.0.0～172.31.255.255 是私有地址。

b．169.254.×.×是保留地址。如果你的 IP 地址是自动获取的，而你在网络上又没有找到可用的 DHCP 服务器，就会得到其中一个 IP。

（3）C 类地址。

①C 类地址的第 1 字节、第 2 字节和第 3 字节为网络地址，第 4 字节为主机地址。另外，第 1 字节的前三位固定为 110。

②C 类地址范围：192.0.0.0～223.255.255.255。

③C 类地址中的私有地址：192.168.×.×是私有地址（192.168.0.0～192.168.255.255）。

（4）D 类地址。

①D 类地址不分网络地址和主机地址，它的第 1 字节的前四位固定为 1110。

②D 类地址范围：224.0.0.0～239.255.255.255。

（5）E 类地址。

①E 类地址不分网络地址和主机地址，它的第 1 字节的前五位固定为 11110。

②E 类地址范围：240.0.0.0～255.255.255.255。

5．特殊的 IP 地址

在 IP 地址空间中，有的 IP 地址是不能为设备分配的，有的 IP 地址不能用在公网，有的 IP 地址只能在本机使用，诸如此类的特殊 IP 地址众多。

（1）组播地址。注意它和广播的区别。224.0.0.0～239.255.255.255 都是这样的地址。224.0.0.1 特指所有主机，224.0.0.2 特指所有路由器。这样的地址多用于一些特定的程序以及多媒体程序。如果你的主机开启了 IRDP（Internet 路由发现协议，使用组播功能）功能，那么你的主机路由表中应该有这样一条路由。

（2）169.254.×.×。如果你的主机使用了 DHCP 功能自动获得一个 IP 地址，那么当你的 DHCP 服务器发生故障，或响应时间太长而超出了一个系统规定的时间时，Windows 系统会为你分配这样一个地址。如果发现你的主机 IP 地址是一个诸如此类的地址，很不幸，十有八九是你的网络不能正常运行了。

（3）受限广播地址。广播通信是一对所有的通信方式。若一个 IP 地址的二进制数全为 1，也就是 255.255.255.255，则这个地址用于定义整个互联网。如果设备想使 IP 数据报被整个 Internet 所接收，就发送这个目的地址全为 1 的广播包，但这样会给整个互联网带来灾难性的负担。因此，网络上的所有路由器都会阻止具有这种类型的分组被转发出去，使这样的广播仅限于本地网段。

（4）直接广播地址。一个网络中的最后一个地址为直接广播地址，也就是 HostID 全为 1 的地址。主机使用这种地址把一个 IP 数据报发送到本地网段的所有设备上，路由器会转发这种数据报到特定网络上的所有主机。

需要注意的是，这个地址在 IP 数据报中只能作为目的地址。另外，直接广播地址使一个网段中可分配给设备的地址数减少了 1 个。

（5）IP 地址是 0.0.0.0。若 IP 地址全为 0，也就是 0.0.0.0，则这个 IP 地址在 IP 数据报中只能用作源 IP 地址,这发生在当设备启动但又不知道自己的 IP 地址的情况下。在使用 DHCP 分配 IP 地址的网络环境中，这样的地址是很常见的。用户主机为了获得一个可用的 IP 地址，就给 DHCP 服务器发送 IP 分组，并用这样的地址作为源地址，目的地址为 255.255.255.255（因为主机这时还不知道 DHCP 服务器的 IP 地址）。

（6）NetID 为 0 的 IP 地址。当某个主机向同一网段上的其他主机发送报文时就可以使用这样的地址，分组也不会被路由器转发。例如，12.12.12.0/24 网络中的一台主机 12.12.12.2/24 在与同一网络中的另一台主机 12.12.12.8/24 通信时，目的地址可以是 0.0.0.8。

（7）回环地址（Loopback Address）。127 网段的所有地址都称为回环地址，主要用来测试网络协议是否工作正常。比如使用命令"ping 127.1.1.1"就可以测试本地 TCP/IP 协议是否已正确安装。另外一个用途是客户进程用回环地址发送报文给位于同一台机器上的服务器进程，比如在浏览器里输入 127.1.2.3，这样就可以在排除网络路由的情况下用来测试 IIS 是否正常启动。

（8）专用地址。IP 地址空间中，有一些 IP 地址被定义为专用地址，这样的地址不能为 Internet 网络中的设备分配，只能在企业内部使用，因此也称为私有地址。若要在 Internet 网上使用这样的地址，必须使用网络地址转换或者端口映射技术。

这些专有地址包括：

10/8 地址范围：10.0.0.0～10.255.255.255，共有 2^{24} 个地址；

172.16/12 地址范围：172.16.0.0～172.31.255.255，共有 2^{20} 个地址；

192.168/16 地址范围：192.168.0.0～192.168.255.255，共有 2^{16} 个地址。

6．IPv6 的发展及其特点

IPv6 是"Internet Protocol version 6"的缩写，也被称作下一代互联网协议，它是由 IETF 小组设计的用来替代现行的 IPv4（现行的 IP）协议的一种新的 IP 协议。

我们知道，Internet 的主机都有一个唯一的 IP 地址，IP 地址用一个 32 位二进制的数表示一个主机号码，但 32 位地址资源有限，已经不能满足用户的需求了，因此 Internet 研究组织发布新的主机标识方法，即 IPv6。在 RFC1884 中，规定的标准语法建议把 IPv6 地址的 128 位（16 个字节）写成 8 个 16 位的无符号整数，每个整数用 4 个十六进制位表示，这些数之间用冒号（：）分开，例如 3ffe:3201:1401:1280:c8ff:fe4d:db39:3324。

IPv6 有以下显著的特点：

（1）扩展的寻址能力。IPv6 将 IP 地址长度从 32 位扩展到 128 位，支持更多级别的地址层次、更多的可寻址结点数以及更简单的地址自动配置。通过在组播地址中增加一个"范围"域提高了多点传送路由的可扩展性。还定义了一种新的地址类型，称为"任意播地址"，用于发送包给一组结点中的任意一个。

（2）简化的报头格式。一些 IPv4 报头字段被删除或变为了可选项，以减少包处理中例行处理的消耗并限制 IPv6 报头消耗的带宽。

（3）对扩展报头和选项支持的改进。IP 报头选项编码方式的改变可以提高转发效率，使得对选项长度的限制更宽松，且提供了将来引入新的选项的更大灵活性。

（4）标识流的能力。增加了一种新的能力，使得标识属于发送方要求特别处理（如非默认的服务质量获"实时"服务）的特定通信"流"的包成为可能。

（5）认证和加密能力。IPv6 中指定了支持认证、数据完整性和（可选的）数据机密性的扩展功能。

7．代理 IP

代理 IP 就是代理服务器，英文全称是 Proxy Server，其功能就是代理网络用户取得网络信息。形象地说，它是网络信息的中转站。一般情况下，当我们使用网络浏览器直接连接其他 Internet 站点取得网络信息时，须送出 Request 信号来得到回答，然后对方再把信息以 bit 方式传送回来。代理服务器是介于浏览器和 Web 服务器之间的一台服务器，有了它之后，浏览器不是直接到 Web 服务器取回网页，而是向代理服务器发出请求，Request 信号会先送到代理服务器，由代理服务器取回浏览器所需要的信息并传送给你的浏览器。而且，大部分代理服务器都具有缓冲的功能，就好像一个大的 Cache，它有很大的存储空间，它不断将新取得的数据储存到它本机的存储器上，如果浏览器所请求的数据在它本机的存储器上已经存在而且是最新的，那么它就不必重新从 Web 服务器取数据，而是直接将存储器上的数据传送给用户的浏览器，这样就能显著提高浏览速度和效率。更重要的是，Proxy Server（代理服务器）是 Internet 链路级网关所提供的一种重要的安全功能，它的工作主要在开放系统互联（OSI）参考模型的对话层。

1.1.3　IP 地址的组成、分类与管理

1．IP 地址概述

在 TCP/IP 网络中，无论是局域网还是广域网，其中的计算机之间能够实现端到端的通信主要就是通过 TCP/IP 协议，TCP/IP 已经成为计算机之间通信的标准。在计算机网络体系结构中已经讲过，网络层封装数据包然后再进行传输，这个数据包具体往哪个方向进行传输也只能通过数据包中封装的地址来标识，如果是 IP 协议封装的数据包，则数据包内要有源 IP 地址和目标 IP 地址。就好像你要给一个朋友写新年贺卡一样，要把这个贺卡邮递到你朋友的手里，需要写上你的地址和朋友的地址，这样对方才可以收到贺卡。

2．IP 地址构成

IP 地址是由 32 位的二进制数（0 和 1）构成的，或者用 3 个"."分成四部分的十进制数来表示（即"点分十进制"），如图 1-7 所示。

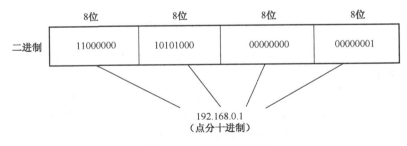

图 1-7　IP 地址表示形式

（1）IP 地址组成。IP 地址是由网络 ID 和主机 ID 组成的，分配给这些部分的位数随着地址类的不同而不同。地址使得邮件有可能送达，一个 IP 地址使得可能将来自源的数据通过路由而传送到目的地。图 1-8 说明了使用网络和主机地址的网络地址的组织。

需要注意的是，当网络中有多个 IP 地址时，网络 ID 用于标识 IP 地址是否在同一个网段，如果网络 ID 不同则需要路由器连接。

主机 ID 用于标识同一网段内的不同计算机的地址，主机 ID 部分的二进制数不可全为 1 或 0。如果主机位全为 0 则代表是本网段的网络 ID 号，全为 1 则代表本网段的广播地址。

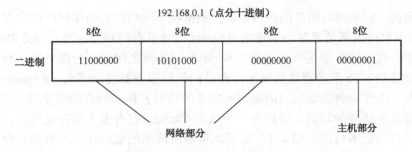

图 1-8　主机和网络部分

　　子网的概念延伸了地址的网络部分，以允许将一个网络分解为一些逻辑段（子网）。路由器将这些子网看成截然不同的网络，并且在它们中间分配路由。这可以帮助管理大型网络，以及隔离网络不同部分之间的通信量。因为，在默认情况下，网络主机只能与相同网络上的其他主机进行通信，因此通信量隔离是可能的。为和其他网络进行通信，我们需要使用路由器。一个路由器本质上是一个带有多个接口的计算机，每个接口连接在不同的网络或子网上。路由器内部的软件执行在网络或子网之间中继通信的功能。为达到这个目的，它用源网络上的地址通过一个接口接收数据包，并且通过连接到目的网络的接口而中继这个数据包，如图 1-9 所示。

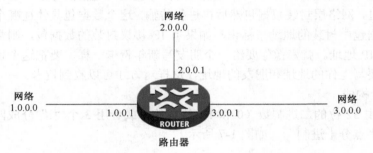

图 1-9　子网间的路由

　　需要注意的是，图 1-9 说明：如果网络中有两个不同网络 ID 的网段互联时，一定需要路由器设备才能通信。

　　（2）将二进制数转换为十进制数。因为所有的 IP 地址和子网掩码值都是由标准长度的 32 位数据字段组成的，所以它们被计算机视为并解析成单个的二进制数值型字符串，例如：

　　　　　　　10000011 01101011 00000111 00011011

　　要与 IP 地址简单通信并在配置中快速输入这些地址，可以使用"点分十进制"从二进制格式转换 IP 地址编号。使用点分十进制，每个 32 位地址编号被视作 4 个不同的分组，每组 8 位。由 8 个连续位组成的 4 个分组之一被称作"八位字节"。

　　第一个八位字节使用前 8 位（第 1 位到第 8 位），第二个八位字节使用其次的 8 位（第 9 位到第 16 位），接下来是第三个八位字节（第 17 位到第 24 位）和第四个八位字节（第 25 位到第 32 位）。英文句点用于分隔 4 个八位字节（在 IP 地址中描述为分隔的十进制数）。

　　如图 1-10 所示是一个八位字节中每一位的位置以及等价的十进制数的科学表示法。

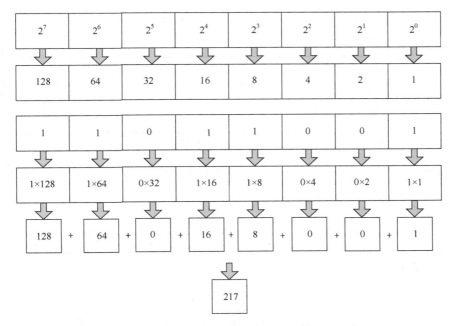

图 1-10 简便的换算公式

例如，如果第一位是 1，则相应的十进制数是 128。如果这一位的值是 0，则相应的十进制数也是 0。如果八位字节数中所有位都是 1，则相应的最大十进制数是 255。如果所有位都是 0，则相应的最小十进制数是 0。要查看 IP 地址中的每个八位字节数如何从 8 位二进制数转换成 0 到 255 之间的等价的十进制数，请看下面的例子。

下面的二进制字符串是 IP 地址中的第一个八位字节：

10000011

这个八位二进制数中，第一位、第七位和第八位都是 1，所有其他位都是 0。参考前面的列表，你可以将每一位等价的十进制数简单相加，从而得到这个 8 位字节字符串对应的十进制数，如下所示：

第一位（128）+第七位（2）+第八位（1）=八位字节总数（131）

由于总和是 131，因此这个示例 IP 地址的第一个八位字节数是 131。对其他八位字节数采用同样的方法，转换的最终结果就是点分十进制的 IP 地址。

3．IP 地址分类

如前所述，IP 地址共分为五类，依次是 A 类、B 类、C 类、D 类、E 类，如图 1-11 所示。其中，在互联网中最常使用的是 A、B、C 三大类；而 D 类主要用于广域网，多用于组播；E 类地址是保留地址，主要用于科研。

通过这一节的学习，我们应该有能力识别出 IP 地址属于哪类，网络 ID 和主机 ID 位是多少，网络 ID 号是多少，IP 地址是否合法等。

（1）A 类地址。

①A 类地址划分。A 类地址将 IP 地址前 8 位作为网络 ID，并且前 1 位必须以 0 开头，后 24 位作为主机 ID，如图 1-12 所示。

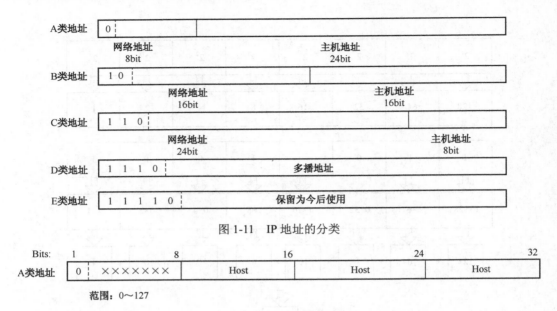

图 1-11   IP 地址的分类

A类地址

| Bits: | 1 | 8 | 16 | 24 | 32 |
| 0 ┊ ××××××× | Host | Host | Host |

范围：0～127

图 1-12   A 类地址的组成

②网络 ID 范围。由于网络 ID 的前 1 位必须以 0 开头，所以网络 ID 的范围是：

最小：00000000=0

最大：01111111=127

需要注意的是：A 类地址中以 127 开头的任何 IP 地址都不是合法的，127 开头的地址只用于回环地址测试（127.×.×.×），如本地网络测试地址 127.0.0.1。

③主机 ID 范围。由于主机 ID 不能全 0 或全 1，所以主机 ID 的范围是：

最小：00000000.00000000.00000001=0.0.1

最大：11111111.11111111.11111110=255.255.254

④每个网段可容纳的主机数目。A 类地址每个网段可容纳主机数目的计算公式是 $2^n-2=$ 主机数目，n 是主机位数 24 位，-2 是因为有两个主机 ID 全 1 和全 0 的地址。所以 A 类地址每个网段的主机数目等于 $2^{24}-2=16777214$。

（2）B 类地址。

①B 类地址划分。B 类地址将 IP 地址前 16 位作为网络 ID，并且前 2 位必须以 10 开头，后 16 位作为主机 ID，如图 1-13 所示。

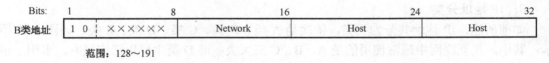

图 1-13   B 类地址

②网络 ID 范围。B 类地址中，网络 ID 必须以 10 开头，所以网络的范围是：

最小：10000000.00000000=128.0

最大：10111111.11111111=191.255

③主机 ID 范围。由于主机 ID 不能全 0 或全 1，所以主机 ID 的范围是：

最小：00000000.00000001=0.1

最大：11111111.11111110=255.254

④每个网段可容纳的主机数目。利用前面讲过的主机数目计算公式 2^n-2=主机范围，那么可容纳的主机数目为 $2^{16}-2$=65534。

（3）C 类地址。

①C 类地址划分。C 类地址将 IP 地址前 24 位作为网络 ID，并且前 3 位必须以 110 开头，后 8 位作为主机 ID，如图 1-14 所示。

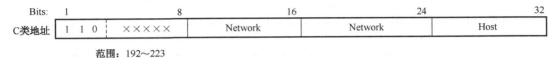

图 1-14　C 类地址

②网络 ID 范围。C 类地址中，网络 ID 必须以 110 开头，所以网络的范围是：

最小：11000000.00000000=192.0

最大：11011111.11111111=223.255

③主机 ID 范围。由于主机 ID 不能全 0 或全 1，所以主机 ID 的范围是：

最小：00000001=1

最大：11111110=254

④每个网段可容纳的主机数目。利用前面讲过的主机数目计算公式 2^n-2=主机范围，那么可容纳的主机数目为 2^8-2=254。

（4）其他地址。根据以上方法，可参照图 1-15 理解 D 类和 E 类地址。

地址类	第一个八位字节的格式	地址范围
A类	0××××××××	1~126
B类	10××××××	128~191
C类	110×××××	192~223
D类	1110××××	224~230
E类	1111××××	240~254

图 1-15　IP 地址范围、类和位格式

（5）确定 IP 地址的方法。前面对 A、B、C、D 几类地址做了进一步的介绍，总结如图 1-16 所示。

以 IP 地址 192.168.0.1 为例，请分别说出此地址是哪类地址，网络 ID、主机 ID 和网络 ID 号，以及该地址是否合法。

①确定地址类。192.168.0.1 是以 192 开头的，所以可大致判断该地址为 C 类地址。

②确定网络 ID 和主机 ID。因为 192.168.0.1 是 C 类地址，所以，网络 ID 占 24 位，是 192.168.0；主机 ID 占 8 位，是 1。

③确定网络 ID 号。当主机 ID 为全 0 时，该地址就是网络 ID 号，即 192.168.0.0。

④确定合法性。此地址的网络 ID 和主机 ID 没有全 0 和全 1，所以是合法地址。

（6）私有地址。IP 地址按用途分为私有地址和公有地址两种。

所谓私有地址就是只能在局域网内使用，广域网中是不能使用的。私有地址包括：

A 类：10.0.0.1~10.255.255.254

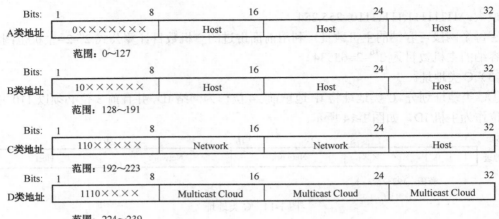

图 1-16   地址分类

B 类：172.16.0.1～172.31.255.254

C 类：192.168.0.1～192.168.255.254

所谓公有地址是指在广域网内使用的地址，但在局域网也同样可以使用。除了私有地址以外的地址都是公有地址。

4．子网掩码

（1）子网掩码概述。IP 地址在没有相关的子网掩码的情况下是不能存在的。子网掩码是由 32 位的二进制位构成的。子网掩码中的二进制位构成了一个过滤器，子网掩码位为 1（二进制）的部分为网络 ID 位，子网掩码位为 0（二进制）的部分为主机 ID 位。可以说子网掩码的主要作用是判断出 IP 地址的网络 ID 和主机 ID。完成这个任务的过程称为按位求与（AND）。按位求与是一个逻辑运算，它将地址中的每一位与相应的掩码位进行与运算。AND 运算的结果是：

$$1 \text{ AND } 1 = 1$$
$$1 \text{ AND } 0 = 0$$
$$0 \text{ AND } 0 = 0$$

所以这个运算结果为 1 的唯一情况就是两个输入值都是 1。

从表 1-1 所示的例子我们可以看出，带有子网掩码 255.255.0.0 的 IP 地址 189.200.191.239，被解释为 189.200.0.0 网络上的主机地址，它在网络上的主机地址为 191.239。为帮助了解位和点分十进制表示法之间的关系，表 1-1 中以二进制和十进制格式说明了地址和掩码。完成这种转换的一种快速方法是使用科学计算模式的 Windows 计算器，它可在二进制和十进制格式之间进行转换。

表 1-1   子网掩码如何决定网络地址

	第 1 个 8 位位组	第 2 个 8 位位组	第 3 个 8 位位组	第 4 个 8 位位组
IP 地址	10111101（189）	11001000（200）	10111111（191）	11101111（239）
AND（每一位）				
子网掩码	11111111（255）	11111111（255）	00000000（0）	00000000（0）

续表

	第 1 个 8 位位组	第 2 个 8 位位组	第 3 个 8 位位组	第 4 个 8 位位组
结果				
网络地址	10111101（189）	11001000（200）	00000000（0）	00000000（0）

（2）默认子网掩码。IP 地址的每一类都具有默认的子网掩码，它定义了每个地址类别中 IP 地址的多少位用于表示没有子网的网络地址。这些默认的子网掩码如表 1-2 所示。

表 1-2　默认子网掩码、最大的网络和主机数

地址类	默认子网掩码	网络位数	网络	主机位数	主机
A 类	255.0.0.0	8	126	24	16777206
B 类	255.255.0.0	16	16381	16	65534
C 类	255.255.255.0	24	2097151	8	254

需要注意的是，有些时候我们会看到这样的地址：192.168.1.1/24，这里的 24 指的就是子网掩码中二进制 1 的个数是 24，一般写成 192.168.1.1/255.255.255.0，这也就说明这个地址的网络 ID 位数占用了 24 位，这个地址的网络号就是 192.168.1.0。有时也会发现这样的地址：192.168.1.1/26，多出了 2 位作为子网掩码，这就是我们下面要讲的子网划分了。

5．子网划分

在一个大的网络环境中，如果使用 A 类地址作为主机地址标识，那么，一个大的网络内的所有主机都将在一个广播域内，这样会由于广播而带来一些不必要的带宽浪费。解决这个问题的方法就是使用路由器将一个较大的网络划分成多个网段来隔离广播的扩散，提高网络带宽利用率，更好地发挥网络的作用。

如果使用路由器将一个逻辑网段连接在一起，则必须将原有的子网划分为多个逻辑子网，这就是我们要做的子网划分。

针对网络需求，我们要将单个子网划分为多个子网。其实子网划分的原因有很多，主要包括以下几个方面：

（1）充分使用地址。由于 A 类网或 B 类网的地址空间太大，造成在不使用路由器的单一网络中无法使用全部地址。比如，对于一个 B 类网络"172.100.0.0"，可以有 2^{16} 个主机，这么多的主机在单一的网络下是无法工作的。因此，为了能更有效地使用地址空间，有必要把可用地址分配给更多较小的网络。

（2）划分管理职责。划分子网还可以更易于管理网络。当一个网络划分为多个子网时，每个子网就变得更易于控制。每个子网的用户、计算机及其子网资源可以让不同的管理员进行管理，减轻了由单人管理大型网络的管理负担。

（3）提高网络性能。在一个网络中，随着网络用户的增长、主机的增加，网络通信也将变得非常繁忙。而繁忙的网络通信很容易导致冲突、丢失数据包以及数据包重传，因而降低了主机之间的通信效率。如果将一个大型的网络划分为若干个子网，并通过路由器将其连接起来，就可以减少网络拥塞。如图 1-17 所示，这里的路由器就像一堵墙把子网隔离开，使本地的通信不会转发到其他子网中。

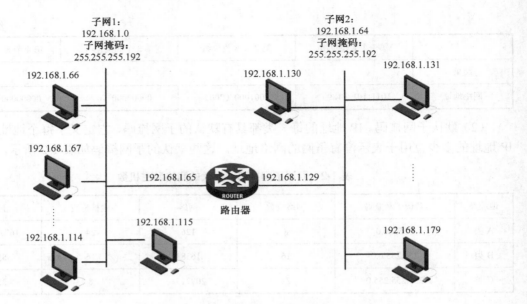

图1-17　划分子网以提高网络性能

1.1.4　子网与子网划分

1. 子网划分（subnetting）的优点
减少网络流量，提高网络性能，简化管理，易于扩大地理覆盖范围。

2. 如何划分子网
首先要熟记2的幂：$2^0 \sim 2^9$的值分别为1、2、4、8、16、32、64、128、256和512。另外要明白的是，子网划分要借助于取走主机位，把这个取走的部分作为子网位，因此就意味着划分越多的子网，主机将越少。

3. 子网掩码
子网掩码用于辨别IP地址中哪个部分为网络地址，哪个部分为主机地址，由1和0组成，长32位，全为1的位代表网络号。不是所有的网络都需要子网，因此就引入了一个概念：默认子网掩码（default subnet mask）。A类IP地址的默认子网掩码为255.0.0.0，B类的为255.255.0.0，C类的为255.255.255.0。

4. 划分子网的几个捷径
（1）你所选择的子网掩码将会产生多少个子网：2^x（x代表掩码位，即二进制位为1的部分）；

（2）每个子网能有多少主机：2^y-2（y代表主机位，即二进制位为0的部分）；

（3）每个子网的广播地址是：下个子网号-1；

（4）每个子网的有效主机分别是：忽略子网内主机ID全为0和全为1的地址，剩下的就是有效主机地址，最后有效主机地址=下个子网号-2（即广播地址-1）。

以下为根据上述捷径划分子网的具体实例。

【实例1】　现有C类网络地址192.168.10.0，子网掩码为255.255.255.192（/26），则子网数=2^2=4。

主机数=2^6-2=62。

有效子网：第一个子网为 192.168.10.0，第二个子网为 192.168.10.64，第三个子网为 192.168.10.128，第四个子网为 192.168.10.192。

广播地址：下个子网号-1，所以 4 个子网的广播地址分别是 192.168.10.63、192.168.10.127、192.168.10.191 和 192.168.10.255。

有效主机范围：第一个子网的主机地址是 192.168.10.1～192.168.10.62；第二个是 192.168.10.65～192.168.10.126；第三个是 192.168.10.129～192.168.10.190；第四个是 192.168.10.193～192.168.10.254。

【实例 2】 现有 B 类网络地址 172.16.0.0，子网掩码 255.255.192.0（/18），则

子网数=2^2=4。

主机数=2^{14}-2=16382。

有效子网：第一个子网为 172.16.0.0，第二个为 172.16.64.0，第三个为 172.16.128.0，第四个为 172.16.192.0。

广播地址：下个子网号-1，所以 4 个子网的广播地址分别是 172.16.63.255、172.16.127.255、172.16.191.255 和 172.16.255.255。

有效主机范围：第一个子网的主机地址范围是 172.16.0.1～172.16.63.254；第二个是 172.16.64.1～172.16.127.254；第三个是 172.16.128.1～172.16.191.254；第四个是 172.16.192.1～172.16.255.254。

5．子网划分的应用实例

【例 1】 本例通过子网数来划分子网，未考虑主机数。

一家集团公司有 12 家子公司，每家子公司又有 4 个部门，上级给出一个 172.16.0.0/16 的网段。请给每家子公司以及子公司的部门分配网段。

 思路 ⋯⋯⋯

既然有 12 家子公司，那么就要划分 12 个子网段；但是每家子公司又有 4 个部门，因此又要在每家子公司所属的网段中再划分 4 个子网分配给各部门。

步骤 ⋯⋯⋯

第 1 步：先划分各子公司的所属网段。

有 12 家子公司，那么就有 $2^n \geq 12$，n 的最小值=4，因此，网络位需要向主机位借 4 位，那么就可以从 172.16.0.0/16 这个大网段中划出 2^4=16 个子网。

详细过程如下：

先将 172.16.0.0/16 用二进制表示为：

10101100.00010000.00000000.00000000/16

借 4 位后（可划分出 16 个子网）：

（1）10101100.00010000.00000000.00000000/20【172.16.0.0/20】

（2）10101100.00010000.00010000.00000000/20【172.16.16.0/20】

（3）10101100.00010000.00100000.00000000/20【172.16.32.0/20】

（4）10101100.00010000.00110000.00000000/20【172.16.48.0/20】

（5）10101100.00010000.01000000.00000000/20【172.16.64.0/20】

（6）10101100.00010000.01010000.00000000/20【172.16.80.0/20】

（7）10101100.00010000.01100000.00000000/20【172.16.96.0/20】

（8）10101100.00010000.01110000.00000000/20【172.16.112.0/20】

（9）10101100.00010000.10000000.00000000/20【172.16.128.0/20】

（10）10101100.00010000.10010000.00000000/20【172.16.144.0/20】

（11）10101100.00010000.10100000.00000000/20【172.16.160.0/20】

（12）10101100.00010000.10110000.00000000/20【172.16.176.0/20】

（13）10101100.00010000.11000000.00000000/20【172.16.192.0/20】

（14）10101100.00010000.11010000.00000000/20【172.16.208.0/20】

（15）10101100.00010000.11100000.00000000/20【172.16.224.0/20】

（16）10101100.00010000.11110000.00000000/20【172.16.240.0/20】

我们从这 16 个子网中选择 12 个即可，此处将前 12 个分给下面的各子公司。每个子公司最多容纳的主机数目为 $2^{12}-2=4094$。

第 2 步：再划分子公司各部门的所属网段。

以甲公司获得 172.16.0.0/20 为例，其他子公司的部门网段划分与此相似。

有 4 个部门，那么就有 $2^n \geq 4$，n 的最小值=2，因此，网络位需要向主机位借 2 位，那么就可以从 172.16.0.0/20 这个网段中再划出 $2^2=4$ 个子网，正好符合要求。

详细过程如下：

先将 172.16.0.0/20 用二进制表示为：

10101100.00010000.00000000.00000000/20

借 2 位后（可划分出 4 个子网）：

①10101100.00010000.00000000.00000000/22【172.16.0.0/22】

②10101100.00010000.00000100.00000000/22【172.16.4.0/22】

③10101100.00010000.00001000.00000000/22【172.16.8.0/22】

④10101100.00010000.00001100.00000000/22【172.16.12.0/22】

将这 4 个网段分配给甲公司的 4 个部门即可，每个部门最多容纳的主机数目为 $2^{10}-2=1022$。

【例 2】　本例通过计算主机数来划分子网。

某集团公司给下属子公司甲分配了一段 IP 地址 192.168.5.0/24。现在甲公司有两层办公楼（1 楼和 2 楼），统一从 1 楼的路由器连入公网。1 楼有 100 台计算机联网，2 楼有 53 台计算机联网。如果你是该公司的网管，你该怎么去规划这个 IP 分配方案呢？

根据需求，将 192.168.5.0/24 划成 3 个网段：1 楼一个网段，至少拥有 101 个可用 IP 地址；2 楼一个网段，至少拥有 54 个可用 IP 地址；1 楼和 2 楼的路由器互联用一个网段，需要 2 个 IP 地址。

 思路 ……

我们在划分子网时优先考虑最大主机数。在本例中，就先使用最大主机数来划分子网。101 个可用 IP 地址，那就要保证至少 7 位的主机位可用（$2^m-2 \geq 101$，m 的最小值=7）。如果保留 7 位主机位，那就只能划出两个网段，剩下的一个网段就划不出来了。但是考虑到剩下的一个网段只需要 2 个 IP 地址并且 2 楼的网段只需要 54 个可用 IP，我们可以从第一次划出的两个网段中选择一个网段来继续划分 2 楼的网段和路由器互联使用的网段。

步骤

第 1 步：先根据大的主机需求数划分子网。

因为要保证 1 楼网段至少有 101 个可用 IP 地址，所以主机位要保留至少 7 位。

先将 192.168.5.0/24 用二进制表示为：

11000000.10101000.00000101.00000000/24

主机位保留 7 位，即在现有基础上网络位向主机位借 1 位（可划分出 2 个子网）：

第一个子网：11000000.10101000.00000101.00000000/25【192.168.5.0/25】

第二个子网：11000000.10101000.00000101.10000000/25【192.168.5.128/25】

1 楼网段从这两个子网段中选择一个即可，此处选择 192.168.5.0/25。

2 楼网段和路由器互联使用的网段从 192.168.5.128/25 中再次划分得到。

第 2 步：再划分 2 楼使用的网段。

2 楼使用的网段从 192.168.5.128/25 这个子网段中再次划分子网获得。因为 2 楼至少要有 54 个可用 IP 地址，所以，主机位至少要保留 6 位（$2^m-2 \geqslant 54$，m 的最小值=6）。

先将 192.168.5.128/25 用二进制表示为：

11000000.10101000.00000101.10000000/25

主机位保留 6 位，即在现有基础上网络位向主机位借 1 位（可划分出 2 个子网）：

第一个子网：11000000.10101000.00000101.10000000/26【192.168.5.128/26】

第二个子网：11000000.10101000.00000101.11000000/26【192.168.5.192/26】

2 楼网段从这两个子网段中选择一个即可，此处选择 192.168.5.128/26。

路由器互联使用的网段从 192.168.5.192/26 中再次划分得到。

第 3 步：最后划分路由器互联使用的网段。

路由器互联使用的网段从 192.168.5.192/26 这个子网段中再次划分子网获得。因为只需要 2 个可用 IP 地址，所以，主机位只要保留 2 位即可（$2^m-2 \geqslant 2$，m 的最小值=2）。

先将 192.168.5.192/26 用二进制表示为：

11000000.10101000.00000101.11000000/26

主机位保留 2 位，即在现有基础上网络位向主机位借 4 位（可划分出 16 个子网），具体顺序如下：

11000000.10101000.00000101.11000000/30【192.168.5.192/30】

11000000.10101000.00000101.11000100/30【192.168.5.196/30】

11000000.10101000.00000101.11001000/30【192.168.5.200/30】

......

11000000.10101000.00000101.11110100/30【192.168.5.244/30】

11000000.10101000.00000101.11111000/30【192.168.5.248/30】

11000000.10101000.00000101.11111100/30【192.168.5.252/30】

路由器互联网段从这 16 个子网中选择一个即可，此处选择 192.168.5.252/30。

第 4 步：整理本例的规划地址。

1 楼：

　　网络地址：192.168.5.0/25

　　主机 IP 地址：192.168.5.1/25～192.168.5.126/25

　　广播地址：192.168.5.127/25

2 楼：

　　网络地址：192.168.5.128/26

　　主机 IP 地址：192.168.5.129/26～192.168.5.190/26

　　广播地址：192.168.5.191/26

路由器互联：

　　网络地址：192.168.5.252/30

　　两个 IP 地址：192.168.5.253/30 和 192.168.5.254/30

　　广播地址：192.168.5.255/30

【例 3】　快速划分子网确定 IP，我们以例 2 需求为例。

题目需要我们将 192.168.5.0/24 这个网络地址划分成能容纳 101/54/2 个主机的子网，因此要先确定主机位，然后根据主机位决定网络位，最后确定详细的 IP 地址。

第 1 步：确定主机位。

将所需要的主机数自大至小排列出来：101/54/2。然后根据网络拥有的 IP 数目确定每个子网的主机位：如果 $2^n-2 \geq$ 该网段的 IP 数目，那么主机位就等于 n，于是得到 7/6/2。

第 2 步：根据主机位决定网络位。

用 32 减去主机位剩下的数值就是网络位，得到 25/26/30。

第 3 步：确定详细的 IP 地址。

在二进制中用网络位数值掩盖 IP 前面相应的位数，然后后面的即为 IP 位。选取每个子网的第一个 IP 为网络地址，最后一个为广播地址，其余的为有效 IP。得到：

【网络地址】	【有效 IP】	【广播地址】
【192.168.5.0/25】	【192.168.5.1/25～192.168.5.126/25】	【192.168.5.127/25】
【192.168.5.128/26】	【192.168.5.129/26～192.168.5.190/26】	【192.168.5.191/26】
【192.168.5.192/30】	【192.168.5.193/30～192.168.5.194/30】	【192.168.5.195/30】

1.2　以太网技术

1.2.1　以太网概述

以太网是 20 世纪 70 年代 Bob Metcalfe 和 David Boggs 发明的。以太网最早由 Xerox（施乐）公司创建，于 1980 年由 DEC、Intel 和 Xerox 三家公司联合开发成为一个标准——DIX V1，1982 年又修改发表了第二个标准——DIX Ethernet V2。之后，IEEE 802 委员会在此基础上制定了第一个局域网标准 802.3，之后 IEEE 802 委员会又陆续制定了多个不同的局域网标准，如令牌环网。各种局域网技术中，以太网被广泛应用，取代了其他局域网标准如令牌环、FDDI 和 ARCNET。目前，人们已经习惯将符合 IEEE 802.3 标准的局域网称为以太网。

1．以太网的传输介质

（1）同轴电缆。同轴电缆是指 BNC 电缆，它以一根铜线为芯，外镶一层绝缘材料，这层绝缘体外又被铝质或铜质网状导体所环绕，可以屏蔽外界干扰。有四种类型的同轴电缆：

①以太网，通常指 10Base5，符合 IEEE 标准。

②RG-58/U，通常指 10Base2。

③RG-59/U，用于有线电视 ARCNET。

④RG-62/U，用于 ARCNET 和 IBM 的终端。

（2）双绞线。双绞线由全程相互缠绕的两对或四对电线构成，因为每一根导线都是导体，相互缠绕能够屏蔽射频噪声。双绞线有两种类型：屏蔽双绞线（STP）和非屏蔽双绞线（UTP）。

网线的制作可以按下面的排列顺序：

A 端：橙白-橙-绿白-蓝-蓝白-绿-棕白-棕（EIA/TIA568B）

B 端：绿白-绿-橙白-蓝-蓝白-橙-棕白-棕（EIA/TIA568A）

（3）光纤（光缆）。光缆由于传输介质的不同，从而与射频噪声毫不相干，光不受点噪声的影响。光沿着细长的塑料或玻璃纤维传导，这些细长的塑料或玻璃纤维被一层薄套包裹着，外面又被一层塑料外套包裹，从而保护细软的纤维。光缆有着巨大的数据传输率，这对于视频、语音、图像的传输非常有用。由于光缆是传输光信号而不是电信号，它完全不传导电磁、无线电信号，因而信号常常可以被传送数千米而毫无衰减。光纤主要分单模光纤和多模光纤。

单模光纤：在一条光通道上传输一条光信号。

多模光纤：在这种光缆上同时传输几条光信号。

早期的以太网使用粗同轴电缆作为传输介质，后来逐步使用较为便宜的细同轴电缆，最后发展为使用双绞线和光缆。

2．以太网的拓扑结构

网络拓扑结构定义了组织网络设备的方法，描述网络是如何从结点至结点传输信息的。网络拓扑结构主要有总线型、环形、星形、树形，这些拓扑结构是逻辑的体系结构。

总线型拓扑结构：采用单根传输线为传输介质，任何一个站点的发送信号都可以沿着介质传播，而且能被所有其他的结点接收。以太网/IEEE 802.2（包括 100BaseT）是使用最广的总线型 LAN 网络。

环形拓扑结构：是由许多与其他设备相连接的设备组成的，这些设备通过非直接连接构成单闭环。令牌环/IEEE 802.5 和 FDDI 就是环形拓扑结构。

星形拓扑结构：是由中央结点和通过点到点链路连接到中央结点的各站点组成的。

树形拓扑结构：这种拓扑结构是一种与总线型拓扑结构相似的 LAN 体系结构，在这种结构中包含有多个结点的分支。

早期的以太网多使用总线型拓扑结构，采用同轴电缆作为传输介质，但后来的以太网为了减少冲突，使用集线器来进行网络连接和组织。如此一来，采用集线器组网的以太网的物理拓扑结构就成了星形；但在逻辑上仍然使用总线型拓扑，半双工的通信方式采用 CSMA/CD（Carrier Sense Multiple Access/Collision Detection，即带冲突检测的载波侦听多路访问）的冲突检测方法的总线技术。到了现代，大多数以太网用以太网交换机代替集线器，尽管布线方式和使用集线器组网的以太网相同，但交换式以太网比共享介质以太网有很多明显的优势，例如更大的带宽和更好的异常结果隔离设备。交换式以太网使用星形拓扑，虽然设备在半双工模式下运作时仍是共享介质的多结点网，但10BASE-T和以后的标准皆为全双工以太网，不再是共享介质系统。

3．以太网的网络设备

（1）中继器。中继器是一种物理层设备，用于连接扩展网络的介质部分。该设备从一个网络段上接收到信号后，将其放大、重新定时后传送到另一个网段上，防止了因电缆过长和连接设备过多而造成的信号丢失或衰减。

（2）网桥。该设备主要用于OSI参考模型第2层，属于数据链路层设备。在传递信息时它们首先分析接收到的数据帧，并根据数据帧中包含的信息做出转发决定，然后将数据帧转发到目的地结点。

①网桥的功能。网桥的主要功能是过滤和转发。

过滤：如果网桥得知分组的目的地处于源网段，则广播只在该网段内进行。网桥过滤功能有助于避免网络上的交通拥挤。

转发：如果网桥得知分组的目的地处于另一个网段，则将该包转发到另一个网段中去。

网桥会形成环路和网桥溢流。

如果使用多个网桥来连接网络，那么就很有可能出现分组从一个网段到另一个网段中有多条通路，这就会导致分组的环路，而最终会导致分组损坏。

当发一个广播分组时，这个分组也会像其他分组一样通过网桥，由于这个分组是发给所有结点的，因此这个网桥会向所有连到其上的网段转发。这就是网桥溢流。向网络上发的这类分组越多，就越容易发生溢流。网络上出现溢流越多，网络运转速度就越慢。

②桥接标准。网桥的处理能力有限，因而一旦网络上的流量增大而网桥又负担不起时就会丢弃它。为克服网桥的这一缺陷，可以使用生成树标准和源路由桥接标准来控制网桥功能，避免网桥环路和网桥溢流问题。

a．生成树。生成树技术要求有根网桥并带有若干子网桥，根网桥首先判定分组的目标结点位于哪一个子网桥上，然后就把分组发到那个网桥上，这就避免了产生网桥环接的可能性，原因在于上一级网桥只能把分组发到它所管辖的网段上。生成树的要领主要是为802.3以太网类型的网络开发的。

b．源路由桥接。该技术主要为802.5令牌环网络使用，在源路由桥接的设置中，为保证不出现环路，路径选择的任务落在了发送结点身上，而不在网桥上。由发送结点确定分组传输到目的地的最佳路径，而网桥只扮演了从网段到网段的网点的角色。

（3）交换机。从本质上说，该设备是一个快速网桥。交换机与网桥有很多相同的特性，但它们也存在以下不同：

①由于交换机是由硬件进行交换，因此速度很快。而网桥由软件进行交换，且能互联。

②交换机支持的端口密度比网桥高。

③由于交换机支持断-通交换，因此网络潜伏和延迟时间短。而网桥只支持存储-转发的数据包交换。

④交换机为每个网络段提供专用的宽带，减少了网段的冲突。

4．以太网的帧格式

在1994～1997年间，IEEE分别提出过基于IEEE 802.3协议的不同的以太网帧的类型。接下来让我们看一下目前网络中使用的以太网帧格式，此种格式的以太网帧是在1997年开发的，如图1-18所示。

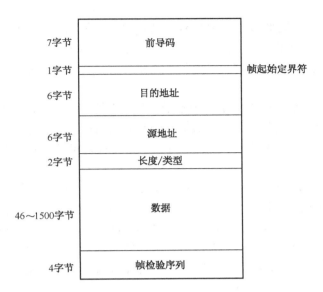

图 1-18　IEEE 802.3 以太网帧格式（1997）

前导码：用二进制 0 或 1 来表示数据的发送开始和结束，是由数据链路层封装的。

目的地址（DA）：包含 6 个字节。DA 标识了帧的目的地结点。DA 可以是单播地址（单个目的地）或组播地址（组目的地），48 位全 1 时为广播地址。

源地址（SA）：包含 6 个字节。SA 标识了发送帧的结点，表明了此帧是从哪里发出的，格式与上面介绍的目的地址（DA）相同。

长度/类型：长度用 2 个字节，在 IEEE 802.3 中被用来指示数据域中有效数据的字节数；而类型表示从高层封装的协议种类。

数据：用于表示数据的大小，一般不可小于最小数 46 字节，最大不超过 1500 字节。

帧校验序列：包含 4 个字节。FCS 是从 DA 开始到数据域结束这部分的校验和。校验和采用的算法是 32 位的循环冗余校验法（CRC）。

1.2.2　带宽共享式以太网

早期的局域网一般工作在共享方式下。在使用共享式以太网时，会有这样的感觉：有时候网络快得如行云流水，有时候却慢似蜗牛爬行。为什么会有这样的现象呢？这就得从共享式以太网的工作机制谈起了。

1. 工作机制

共享式以太网（即使用集线器或共用一条总线的以太网）采用了带冲突检测的载波侦听多路访问（CSMA/CD）控制机制来进行传输控制。

（1）带宽共享。在局域网中，数据都是以"帧"的形式传输的。共享式以太网是基于广播的方式来发送数据的，因为集线器不能识别帧，所以它就不知道一个端口收到的帧应该转发到哪个端口，只好把帧发送到除源端口以外的其他所有端口，这样网络上所有的主机都可以收到这些帧，如图 1-19 所示。这就造成了只要网络上有一台主机在发送帧，网络上所有其他的主机都只能处于接收状态，无法发送数据。也就是说，在任一时刻，所有的带宽只分配给了正在传送数据的那台主机。举例来说，虽然一台 100Mbps 的集线器连接了 20 台主机，表面上看起来这 20 台主机平均分配 5Mbps 带宽，但是实际上在任一时刻只能有一台主机发送数据，所以带宽都分配给它了，其他主机只能处于等待状态。之所以说每台主机平均分配有 5Mbps 带宽，是指较长一段时间内的各主机获得的平均带宽，而不是任一时刻主机都有 5Mbps 带宽。

（2）带宽竞争。共享式以太网是一种基于"竞争"的网络技术，也就是说网络中的主机将会"尽其所能"地"占用"网络发送数据。因为同时只能有一台主机发送数据，所以相互之间就产生了"竞争"。这就好像千军万马过独木桥一样，谁能抢占先机，谁就能过去，否则就只能等待了。

（3）冲突检测/避免机制。在基于竞争的以太网中，只要网络空闲，任何一台主机均可发送数据。当两台主机发现网络空闲而同时发出数据时，就会产生"碰撞"（Collision），也称为"冲突"，如图 1-20 所示。这时两个传送操作都遭到破坏，此时 CSMA/CD 机制将会让其中的一台主机发出一个"通道拥挤"信号，这个信号将使冲突时间延长至该局域网上所有主机均检测到此碰撞。然后，两台发生冲突的主机都将随机等待一段时间后再次尝试发送数据，避免再次发生数据碰撞的情况。

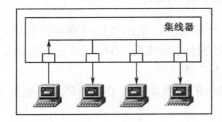

图 1-19 带宽共享

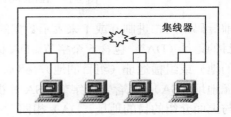

图 1-20 冲突（或碰撞）

共享式以太网这种"带宽竞争"的机制使得冲突（或碰撞）几乎不可避免，而且网络中的主机越多，碰撞的概率越大。

虽然任何一台主机在任一时刻都可以访问网络，但是在发送数据前，主机都要侦听网络是否堵塞。假如共享式以太网上有一台主机想要传输数据，但是它检测到网络上已经有数据了，那么它必须等一段时间，只有检测到网络空闲时主机才能发送数据。

2．存在的问题

通过以上讲解，我们了解了共享式以太网的工作机制，理解这一机制对于如何保证网络运行的效率、性能以及对网络设计具有重要的意义。

共享式以太网虽然具有搭建方法简单、实施成本低（适合用于小型网络）的优点，但它的缺点是明显的：如果网络中的用户较多，碰撞的概率将会大大增加。根据实际经验，当网络的 10 分钟平均利用率超过 37%以上时，整个网络的性能将会急剧下降。因此，依据实际的工程经验，采用 100Mbps 集线器的站点不宜超过三四十台，否则很可能会导致网络速度非常缓慢。而 10Mbps 共享式以太网目前已不能满足网络通信的需求，因此很少使用了。所以，当网络规模较大时，只有通过采用交换机才能保证每台主机分配足够的网络带宽。

在网络设计中，网络设备的选型具有决定性的意义。如果选型不当，很可能会导致网络性能达不到要求，或者造成网络设备的浪费。由于共享式以太网采用 CSMA/CD 机制，使得网络没有 QoS（服务质量）保障。"QoS"的意思是网络可以给每台主机分配指定的带宽，或者至少要达到某一带宽要求。现在网络交换机的价格越来越低，与相同级别的集线器的价格相差不大，而性能上的差异却非常大，因此应尽可能选购带宽独享的交换机，使用交换式以太网，以提高网络性能。

1.2.3 交换式以太网

1．交换式技术发展历程

以太网交换机，英文为 Switch，也有人翻译为开关、交换器或交换式集线器。我们首先回顾一下局域网的发展过程。

计算机技术与通信技术的结合促进了计算机局域网的飞速发展，从 20 世纪 60 年代末 ALOHA 的出现到 20 世纪 90 年代中期 1000Mbps 交换式以太网的登台亮相，短短的三十年间经过了从单工到双工，从共享到交换，从低速到高速，从简单到复杂，从昂贵到普及的飞跃。

20 世纪 80 年代中后期，由于通信量的急剧增加，促进了技术的发展，使局域网的性能越来越高，最早的 1Mbps 速率已广泛被 100Base-T 和 100CG-ANYLAN 替代。但是，传统的媒体访问方法都局限于使大量的站点共享对一个公共传输媒体的访问，即 CSMA/CD。

20 世纪 90 年代初，随着计算机性能的提高及通信量的骤增，传统局域网已经越来越超出了自身的负荷，交换式以太网技术应运而生，大大提高了局域网的性能。与现在基于网桥和路由器的共享媒体的局域网拓扑结构相比，网络交换机能显著增加带宽。交换技术的加入，可以建立地理位置相对分散的网络，使局域网交换机的每个端口可平行、安全、同时地互相传输信息，而且使局域网可以高度扩充。

2．从网桥、多端口网桥到交换机

局域网交换技术的发展要追溯到两端口网桥。桥是一种存储转发设备，用来连接相似的局域网。从互联网的结构看，桥是属于 DCE 级的端到端的连接；从协议层次看，桥是在逻辑链路层对数据帧进行存储-转发，与中继器在第 1 层、路由器在第 3 层的功能相似。两端口网桥几乎是和以太网同时发展的。

以太网交换技术（Switch）是在多端口网桥的基础上于 20 世纪 90 年代初发展起来的，实现 OSI 参考模型的下两层协议，与网桥有着千丝万缕的关系，甚至被业界人士称为"许多联系在一起的网桥"。因此，现在的交换式技术并不是什么新的标准，而是现有技术的新应用而已，是一种改进了的局域网桥。与传统的网桥相比，它能提供更多的端口（4～88）、更好的性能、更强的管理功能以及更低廉的价格。现在某些局域网交换机也实现了 OSI 参考模型的第 3 层协议，实现简单的路由选择功能。以太网交换机又与电话交换机相似，除了提供存储-转发（STORE ANG FORWORD）方式外，还提供了其他的桥接技术，如直通方式（CUT THROUGH）。

3．交换式以太网的工作原理

以太网交换机的原理很简单，它检测从以太端口来的数据包的源和目的地的 MAC（介质访问层）地址，然后与系统内部的动态查找表进行比较，若数据包的 MAC 地址不在查找表中，则将该地址加入查找表中并将数据包发送给相应的目的端口，否则直接发送给相应的端口。

4．交换式以太网技术的优点

交换式以太网不需要改变网络其他硬件，包括电缆和用户的网卡，仅需要用交换式交换机改变共享式 Hub，节省用户网络升级的费用。

可在高速与低速网络间转换，实现不同网络的协同。目前大多数交换式以太网都具有 100Mbps 的端口，通过与之相对应的 100Mbps 网卡接入服务器，暂时解决了 10Mbps 的瓶颈，成为局域网升级时首选的方案。

它同时提供多个通道，比传统的共享式集线器提供更多的带宽。传统的共享式 10Mbps/100Mbps 以太网采用广播式通信方式，每次只能在一对用户间进行通信，如果发生碰撞则要重试。而交换式以太网允许在不同用户间进行传送，例如，一个 16 端口的以太网交换机允许 16 个站点在 8 条链路间通信。

特别是在时间响应方面的优点，使得局域网交换机备受青睐。它以比路由器低的成本却提供了比路由器高的带宽和速率，除非有上广域网（WAN）的要求，否则交换机有替代路由器的趋势。

5．虚拟局域网技术

交换技术的发展，允许区域分散的组织在逻辑上成为一个新的工作组，而且同一工作组的成员能够改变其物理地址而不必重新配置结点，这就要用到所谓的虚拟局域网技术（VLAN）。用交换机建立虚拟网就是使原来的一个大广播区（交换机的所有端口）逻辑地分为若干个"子广播区"，在子广播区里的广播封包只会在该广播区内传送，其他的广播区是收不到的。VLAN 通过交换技术将通信量进行有效分离，从而更好地利用带宽，并可从逻辑的角度出发将实际的 LAN 基础设施分割成多个子网，它允许各个局域网运行不同的应用协议和拓扑结构。

共享式局域网上的所有结点（如主机、工作站）共享同一带宽，当网上任意两个结点交换数据时，其他结点只能等待。交换以太网则利用网络交换机在不同网段之间建立多个独享连接（就像电话交换机可同时为众多的用户建立对话通道一样），采用按目的地址的定向传输，为每个单独的网段提供专用的频带（即带宽独享）。

1.2.4 虚拟局域网

VLAN 是指在交换局域网的基础上，采用网络管理软件构建的可跨越不同网段、不同网络的端到端的逻辑网络。VLAN 涉及多种网络技术，如虚拟网络技术、分布式路由技术、高速交换技术及网络管理技术等。采用 VLAN 技术，不但可以满足用户对网络灵活性和扩展性方面的要求，而且有助于隔离网络故障和分配网络带宽。

1．VLAN 工作原理

早期的共享 LAN 限制了网络带宽的利用，网络交换机的引入解决了共享冲突问题。交换机在网络的源端口与目的端口之间提供直接、快速、准确的点到点连接，提供高速低延时通信，提高了网络的效率。但是从根本上说，它仍是一个高速网桥，无法过滤局域网的广播信息。当站点向交换机的某个端口发送了广播帧后，交换机将把收到的广播帧转发到所有的与此端口相连的网络上。当网络中结点数足够多时，广播信息包所占用的带宽就可能影响其他信息流的传输，使网络的性能迅速下降，这就是所谓的"广播风暴"。

抑制广播风暴的基本方法是隔离广播域，显而易见的解决方法是限制以太网上的结点，这就需要对网络进行物理分段。将网络进行物理分段的传统方法是使用路由器，如图 1-21 所示。路由器的基本作用是只发送和接收来往于不同物理网段的信息。路由器处于 OSI 参考模型的第 3 层，能够实现网络互联，具有许多相对复杂的功能。例如，它不转发广播包，支持路由选择、多路重发以及错误检测等，还能将不同类型的网络连接在一起。

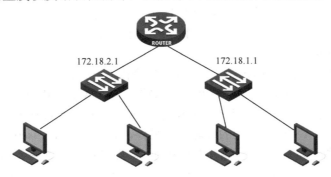

图 1-21 两个子网

路由器所连接的网络是不同的逻辑子网，但这种子网是根据物理网络结构来划分的，配置工作量大。随着网络的不断扩展，接入设备逐渐增多，网络结构日趋复杂，必须使用更多的路由器才能将不同的用户划分到各自的广播域中，在不同的局域网之间提供网络互联。大量使用路由器无疑是一笔不小的投资，同时，路由器所造成的通信"瓶颈"也会使网络的效率大打折扣。

VLAN 是一种不用路由器解决隔离广播域的网络技术。VLAN 概念的引入，使交换机代替路由器承担了网络的分段工作。对于虚拟局域网，由一个站点发送的广播信息帧只能发送到具有相同虚拟网号的其他站点，而其他虚拟局域网的站点则接收不到该广播信息帧。也就是说，虚拟局域网有效地缩小了广播域，减少了网络上不必要的广播通信。VLAN 打破了传统网络的许多固有观念，使网络结构变得灵活、方便、随心所欲。VLAN 不必考虑用户的物理位置，根据功能、应用等因素，将用户从逻辑上划分为一个个功能相对独立的工作组，每一个 VLAN 都可以对应于一个逻辑单位，如部门、项目组等。

虚拟局域网是数据链路层技术，建立在交换网络的基础上，交换设备包括以太网交换机、ATM 交换机、宽带路由器等。虚拟局域网可以按功能、工程组或应用等为基础对局域网加以逻辑划分，而不是以实体或地理位置为基础进行划分。同一个 VLAN 中的成员都共享广播，而不同 VLAN 之间广播信息是相互隔离的，这样就将整个网络分割成多个不同的广播域。例如，网络管理员可以把相关的客户机和服务器分别构成不同的 VLAN，不管这些工作站和服务器在物理上是如何连接的，也与它们的物理位置的分布无关。同一 VLAN 内客户机和服务器可以方便地频繁通信，在同一个 VLAN 中的用户相互存取网络资源就如同在使用传统的局域网一样。采用具有 VLAN 技术的交换机进行局域网的组建是一种目前比较流行的组网形式。通常把基于这种技术的网络结构称为交换式局域网。

由于 VLAN 基于逻辑连接而不是物理连接，因此配置十分灵活。VLAN 在逻辑上等价于广播域，可以将 VLAN 类比成一组最终用户的集合。这些用户可以处在不同的物理局域网上，但它们之间可以像在同一个局域网上那样自由通信，而且不受物理位置的限制。网络的定义和划分与物理位置和物理连接是没有任何必然联系的。网络管理员可以根据不同的需要，通过相应的网络软件灵活地建立和配置 VLAN，并为每个 VLAN 分配它所需要的带宽。可以设置成每个 VLAN 子网的用户不能访问其他子网的资源，从而提高网络的安全性。

通常使用 VLAN 建立虚拟工作组。当企业 VLAN 建成之后，某一部门或分支机构的职员可以在虚拟工作组模式下共享同一个"局域网"，这样绝大多数的网络流量都限制在 VLAN

广播域内部了。当部门内的某个成员移动到另一个网络位置上时，其所使用的工作站不需要做任何改动。另一方面，一个用户根本不用移动其工作站就可以调整到另一个部门去，管理员只需要在控制台上简单地敲几个键或操作一下鼠标就可以了。

2．VLAN 的技术标准

VLAN 的标准最初是由 Cisco 公司提出的，后来由 IEEE 接收，演化为以 IEEE 为代表的国际规范，这是目前各交换机厂家都遵循的技术规范。VLAN 的 IEEE 专业标准有两个，一个是 IEEE 802.10，另外一个是 IEEE 802.1Q，主要规定在现有的局域网（如以太网）物理帧的基础上添加用于 VLAN 信息传输的标志位。另外，有些厂家如 Cisco、3Com 等公司，还在自己的产品中保留了自己公司开发的技术协议。下面简单介绍这两种标准。

（1）IEEE 802.10。IEEE 802.10 标准原来是为了安全因素而提出的一种帧标签格式。1995年 Cisco 公司提倡使用 IEEE 802.10 协议。在此之前，IEEE 802.10 曾经在全球范围内作为 VLAN 安全性的统一规范。Cisco 公司试图采用优化后的 IEEE 802.10 帧格式在网络上传输帧标签（Frame Tagging）模式中所必需的 VLAN 标签。

IEEE 802.10 标准本身就是一个 LAN/MAN 的安全性方面的标准。IEEE 802.10 标准定义了一个单独的协议数据单元，通常被称为 Secure Data Exchange（SDE）PDU，也称为 802.10报头，该标准把 802.10 报头插在了 MAC 地址的帧头和数据区之间。802.10 报头由 Clear Header 和 Protected Header 两部分组成。

（2）IEEE 802.1Q。IEEE 802.1Q 标准制定于 1996 年 3 月，它规定了 VLAN 组成员之间传输的物理帧需要在帧头部增加 4 个字节的 VLAN 信息，而且还将规定诸如帧发送与校验、回路检测、对服务质量参数的支持以及对网管系统的支持等方面的标准。IEEE 802.1Q 标准包括 3 个方面：VLAN 的体系结构说明，为在不同设备厂商生产的不同设备之间交流 VLAN 信息而制定的局域网物理帧的改进标准，VLAN 标准的未来发展展望。

新的标准进一步完善了 VLAN 的体系结构，统一了帧标签方式中不同厂商的标签格式，并制定了 VLAN 标准在未来一段时间内的发展方向。IEEE 802.1Q 标准提供了对 VLAN 明确的定义及其在交换式网络中的应用。该标准的发布，确保了不同厂商产品的互操作能力，并在业界获得了广泛的推广。它成为 VLAN 发展史上的里程碑。IEEE 802.1Q 的出现打破了VLAN 依赖于单一厂商的僵局，从一个侧面推动了 VLAN 的迅速发展。

3．VLAN 的类型

一般根据交换方式将 VLAN 分成 3 种类型：第二层 VLAN、第三层 VLAN 和 ATM VLAN。

（1）第二层 VLAN。在网络第二层实现的 VLAN，要依赖显式（Explicity）标志技术，通过始发交换机对传统的 MAC 进行封装，在其中加入 VLAN 标识，使得其他交换机能够了解到该帧所属的 VLAN，从而根据事先确定的 VLAN 组建的策略，将它传输到适当的交换机端口。采用显式标志封装的 MAC 帧中必须含有如下信息：源站与目的站的 MAC 地址；指示封装后的帧所属 VLAN 的标识；指示所包含的原始 MAC 帧的类型。

第二层 VLAN 可以依赖局域网交换机等硬件实现，具有速度快、延时小等优点。但又引起诸如帧校验、最大传输单元 MTU 受限、交换机之间交换 VLAN 信息难等问题。

（2）第三层 VLAN。第三层 VLAN 采用称为隐式（Implicity）标志的方法，主要通过第三层协议的信息来区别不同的虚拟网。此类方案倾向于使用逻辑的而非物理的方法来划分虚拟网，所以比较易于理解，也不复杂，但在具体实现时涉及比较多的软件处理，因此，在处理速度上比不上用硬件实现的第二层 VLAN，划分 VLAN 的依据主要是协议种类或地址等信息。

（3）ATM VLAN。VLAN 既可以在交换式以太网中实现，也可以在 ATM 骨干网中实现。要让 VLAN 跨越 ATM 骨干网进行通信，必须首先对 ATM 骨干网进行局域网仿真（LAN Emulation，LANE）的配置工作。交换机通过局域网仿真客户（LAN Emulation Client，LEC）软件接口连接到 ATM 网络，LEC 与 ATM 网络上的 LAN 仿真服务器（LES）配合使用，处理在 LAN 和 ATM 交换机之间的 VLAN。另外，通过 LAN 仿真，本地连接的 ATM 设备可与配置在共享 LAN 内的 VLAN 进行通信。

4．VLAN 之间的通信

交换机必须有一种方式来了解 VLAN 的成员关系，即哪一个工作站属于哪一个虚拟网，否则，VLAN 就只能局限在单交换机的应用环境里了。一般来说，基于数据链路层的 VLAN（即按端口和 MAC 地址划分的 VLAN），其成员是以直接的形式与其他成员联系的；而基于 IP 的 VLAN 成员之间是利用 IP 地址以间接的方式相互联系的。绝大多数利用网络层划分 VLAN 的网络产品，其工作方式均属于后一种。有 3 种方式用来实现 VLAN 之间的通信。

（1）通过路由器。传统的路由器在网络中有路由转发、防火墙、隔离广播等作用，而在一个划分了 VLAN 以后的网络中，逻辑上划分的不同网段之间的通信仍然要通过路由器转发。目前普遍采用单臂路由器，不管多少个 VLAN，只需要一个链接端口。由于路由器的报文转发速度不高，而随着各种网络应用的发展，通过路由器的报文比率越来越大，因此路由器往往成为网络瓶颈。

（2）利用第三层交换技术。这是一种将路由技术与交换技术合二为一的技术。三层交换机在对第一个数据流进行路由后，会产生一个 MAC 地址与 IP 地址的映射表，当同样的数据流再次通过时，将根据此表直接从二层通过而不是再次路由，从而消除了路由器进行路由选择而造成的网络延迟，提高了数据包转发的效率，消除了路由器可能产生的网络瓶颈问题。

可见，三层交换机集路由与交换于一身，在交换机内部实现了路由，提高了网络的整体性能。目前，高性能交换机已经把二层交换功能和三层路由功能结合在一起。这种交换机能识别交换帧和路由帧，该交换就交换，该路由就路由。交换和路由在同一交换机中，并采用各种技术，使路由具有交换速度，极大提高了网络性能。这是目前最具发展前景的技术。

（3）交换机列表支持方式。这种方式采用特定的工作机制。当工作站第一次在网络上广播其存在时，交换机就在自己内置的地址列表中将工作站的 MAC 地址或交换机的端口号与所属 VLAN 一一对应起来，并不断地向其他交换机广播。如果工作站的 VLAN 成员身份改变了，交换机中的地址列表将由网络管理员在控制台上手动修改。随着网络规模的扩充，大量用来升级交换机地址列表的广播信息将导致主干网络上的拥塞，因此这种方式并不太普及。

另外，还可通过应用层网关来实现 VLAN 之间的通信。某些终端，通常是服务器，能够成为多个 VLAN 的成员，这些 VLAN 可以通过该服务器完成通信。

5．划分虚拟局域网的目的

第一是基于网络性能的考虑。对于大型网络，现在常用的 Windows NetBEUI 是广播协议，当网络规模很大时，网上的广播信息会很多，会使网络性能恶化，甚至形成广播风暴，引起网络堵塞。所以，可以通过划分很多虚拟局域网来减少整个网络范围内广播包的传输，因为广播信息是不会跨过 VLAN 的，可以把广播限制在各个虚拟局域网的范围内，用术语讲就是缩小了广播域，提高了网络的传输效率，从而提高网络性能。

第二是基于安全性的考虑。因为各虚拟局域网之间不能直接进行通信，而必须通过路由器转发，为高级的安全控制提供了可能，增强了网络的安全性。在大规模的网络中，比如说大的集团公司，有财务部、采购部和客户部等，它们之间的数据是保密的，相互之间只能提供接口数据，其他数据是保密的。我们可以通过划分虚拟局域网对不同部门进行隔离。

第三是基于组织结构上的考虑。同一部门的人员分散在不同的物理地点，比如集团公司的财务部在各子公司均有分部，但都属于财务部管理，虽然这些数据都是要保密的，但需统一结算时，就可以跨地域（也就是跨交换机）将其设在同一虚拟局域网之中，实现数据安全和共享。

综上所述，采用虚拟局域网有如下优势：抑制网络上的广播风暴；增加网络的安全性；提供集中化的管理控制。

6. 划分虚拟局域网的方法

基于交换式的以太网要实现虚拟局域网主要有 5 种途径：基于端口的虚拟局域网、基于MAC 地址（网卡的硬件地址）的虚拟局域网、基于 IP 地址的虚拟局域网、基于规则的虚拟局域网以及按用户定义、非用户授权划分的虚拟局域网。

（1）基于端口的虚拟局域网。基于端口的虚拟局域网是最实用的虚拟局域网，它保持了最普通最常用的虚拟局域网成员定义方法，配置也相当直观简单，这种划分是把一个或多个交换机上的几个端口划分为一个逻辑组，虚拟局域网中的站点具有相同的网络地址，不同的虚拟局域网之间进行通信需要通过路由器。该方法只需网络管理员对网络设备的交换端口进行重新分配即可，不用考虑该端口所连接的设备。采用这种方式的虚拟局域网的不足之处是灵活性不好。例如，当一个网络站点从一个端口移动到另外一个新的端口时，如果新端口与旧端口不属于同一个虚拟局域网，则用户必须对该站点重新进行网络地址配置，否则该站点将无法进行网络通信。在基于端口的虚拟局域网中，每个交换端口可以属于一个或多个虚拟局域网，比较适用于连接服务器。

（2）基于 MAC 地址的虚拟局域网。在基于 MAC 地址的虚拟局域网中，交换机对站点的 MAC 地址和交换机端口进行跟踪，在新站点入网时根据需要将其划归某一个虚拟局域网，而无论该站点在网络中怎样移动，由于其 MAC 地址保持不变，因此用户不需要进行网络地址的重新配置。这种虚拟局域网技术的不足之处是在站点入网时，需要对交换机进行比较复杂的手工配置，以确定该站点属于哪一个虚拟局域网。如果有几百个甚至上千个用户的话，配置是非常累的。而且这种划分的方法也导致了交换机执行效率的降低，因为在每一个交换机的端口都可能存在很多个 VLAN 组的成员，这样就无法限制广播包。另外，对于使用笔记本计算机的用户来说，他们的网卡可能经常更换，这样 VLAN 就必须不停地更新配置。

（3）基于 IP 地址的虚拟局域网。在基于 IP 地址的虚拟局域网中，新站点在入网时无须进行太多配置，交换机则根据各站点网络地址自动将其划分成不同的虚拟局域网。这种方法的优点是用户的物理位置改变了，不需要重新配置所属的 VLAN。另外，这种方法不需要附加的帧标签来识别 VLAN，这样可以减少网络的通信量。这种方法的缺点是效率低，因为检查每一个数据包的网络层地址是需要消耗处理时间的（相对于前面两种方法），一般的交换机芯片都可以自动检查网络上数据包的以太网帧头，但要让芯片能检查 IP 帧头则需要更高的技术，同时也更费时。当然，这与各个厂商的实现方法有关。在 5 种虚拟局域网的实现技术中，基于 IP 地址的虚拟局域网智能化程度最高，实现起来也最复杂。

（4）基于规则的虚拟局域网。也称为基于策略的 VLAN。这是最灵活的 VLAN 划分方法，具有自动配置的能力，能够把相关的用户连成一体，在逻辑划分上称为"关系网络"。网络管理员只需在网管软件中确定划分 VLAN 的规则（或属性），那么当一个站点加入到网络中时，将会被"感知"，并被自动地包含进正确的 VLAN 中，同时，对站点的移动和改变也可自动识别和跟踪。

采用这种方法，整个网络可以非常方便地通过路由器扩展网络规模。有的产品还支持一个端口上的主机分别属于不同的 VLAN，这在交换机与共享式 Hub 共存的环境中显得尤为重要。自动配置 VLAN 时，交换机中软件自动检查进入交换机端口的广播信息的 IP 源地址，然后软件自动将这个端口分配给一个由 IP 子网映射成的 VLAN。

（5）按用户定义、非用户授权划分的虚拟局域网。基于用户定义、非用户授权来划分 VLAN，是指为了适应特别的 VLAN 网络，根据具体的网络用户的特别要求来定义和设计 VLAN，而且可以让非 VLAN 群体用户访问 VLAN，但是需要提供用户密码，在得到 VLAN 管理的认证后才可以加入一个 VLAN。

7．虚拟局域网的优点

虽然虚拟局域网技术出现时间不长，但是它却改变了传统网络的结构，为计算机网络的不断发展创造了新的条件，也为新的网络应用推出提供了可能。归纳起来，虚拟局域网技术主要有以下几方面的优点：

（1）隔离网络广播风暴。在局域网中，大量的广播信息将带来网络带宽的消耗和网络延迟，导致网络传输效率的下降。通过划分 VLAN，可以把广播信息限制在 VLAN 的范围内。这样就可以把一个大型局域网划分成几个小的 VLAN，把广播信息限制在各个 VLAN 内部，从而大大减少了网络中的广播信息，消除了因广播信息泛滥而造成的网络拥塞，提高了网络性能。

（2）增强网络的安全性。传统的局域网中，任何一台计算机都可以截取同一局域网中其他计算机之间传输的数据包，存在着一定的安全漏洞。由于必须通过路由器来转发 VLAN 之间的数据，VLAN 就相当于一个独立的局域网，安全性可以得到很大程度的提高。另外，还可以在路由器上进行适当的设置，对 VLAN 之间相互访问进行一定的安全控制。因此，VLAN 技术可以用于防止大部分以网络监听为手段的入侵。

（3）简化网络管理和维护。VLAN 中的工作站和服务器可以不受地理位置的限制，这给网络管理和维护带来了很大的方便。在网络组建时，就不必把一些相关的工作站和服务器集中在一起，而可以分散在各个部门、各个大楼，只要将它们划分到同一个 VLAN 中就可以实现相互间方便地进行访问，如同在一个房间里一样。例如把某一大学各级教务部门的计算机全部划分到一个 VLAN 中。当网络组建好以后，网络设备经常会因为某种原因在一个建筑物内或校园内移动，在传统结构的局域网下，需要做很多工作，如修改路由器的设置、更改网络设备的 IP 地址，甚至要增加电缆，特别是 IP 地址的更改将带来很大的麻烦。而在采用 VLAN 技术后，这一切工作就简化多了，只要对交换机中的 VLAN 设置进行修改或重新划分就可以了。

（4）提高网络性能。将同一工作性质的用户集中在同一 VLAN 中，可以减少跨 VLAN 的数据流量。由于跨 VLAN 的数据将通过路由器，所以，减少跨 VLAN 的数据流量就可以减轻路由器的工作负担，而且由交换机传输数据将比由路由器传输数据具有更短的延迟时间，从而可以提高网络的性能。

（5）增加了网络连接的灵活性。借助 VLAN 技术，能将不同地点、不同网络、不同用户组合在一起，形成一个虚拟的网络环境，就像使用本地 LAN 一样方便、灵活、有效。VLAN 可以降低移动或变更工作站地理位置的管理费用，特别是一些业务情况有经常性变动的公司使用了 VLAN 后，这部分管理费用将大大降低。

本书后面实验以及任务环节中将会详细介绍如何配置交换机实现虚拟局域网。

1.3　典型网络互联设备

1.3.1　二层交换机

1. 二层交换机的产生和作用

LAN 网桥从 1984 年开始进入市场。网桥初期主要用于 LAN 分段、距离延伸和增加设备，并使 LAN 突破共享带宽网络的限制。早期的 LAN 网桥很少有两个以上的端口，这些网桥的性能受到当时硬软件性能的限制。过去出售的许多网桥甚至不能支持两个线速（wire-speed）端口，支持线速的网桥成本很高。由于限制网桥性能的主要因素是网桥内部的容量而不是与之相连的 LAN 带宽，增加网桥端口数量并没有太大的意义。因此，在半导体技术发展到能提供商业上可接受的价格前，制造高端口密度网桥是不现实的。

到了 20 世纪 90 年代，使用先进的应用专用集成电路（Application Specific Integrated Circuit，ASIC）、处理器和存储技术可以容易地建造高性能网桥，这种网桥的所有端口都能以线速转发帧。以这种方式建造的网桥在市场上称为交换机。值得注意的是，网桥和二层交换机的区别在于市场，而不在于技术。二层交换机完成的功能与网桥相同，二层交换机通常可以看成是多端口的网桥。

当初开发 LAN 网桥的基本目的是在距离和站点数量上对 LAN 进行延伸。随着能以线速操作的高端口密度网桥的出现，出现了新型的 LAN，即交换式 LAN。交换式 LAN 是传统共享带宽 LAN 的一种替代产品，从结构化布线环境中部署的产品来看，明显的区别是大规模部署二层交换机代替传统的集线器，而不是共享式的（中继器）。然而，使用共享式 LAN 或交换式 LAN，网络的运行方式变化很大。另外，交换式 LAN 给用户提供了共享式不能使用的一些配置，而这些都是有代价的。

二层交换机这种设备还可以把一个网络从逻辑上划分成几个较小的段。不像属于 OSI 参考模型第 1 层的集线器，交换机属于 OSI 参考模型的数据链路层（第 2 层），并且它还能够解析出 MAC 地址信息。从这个意义上讲，交换机与网桥相似。但事实上，它相当于多个网桥。交换机的所有端口都使用指定的带宽，事实证明了这种方式确实比网桥的性价比要高一些。交换机的每一个端口都扮演一个网桥的角色，而且每一个连接到交换机上的设备都可以享有它们自己的专用信道。

（1）隔离冲突域。在共享式以太网 LAN 中，使用 CSMA/CD MAC 算法来仲裁共享信道的使用。如果两个或更多站的队列中同时有帧在等待发送，那么它们将发生冲突（Collision）。一组竞争信道访问的站称为冲突域。如图 1-22 所示，同一个冲突域中的站竞争信道，便导致了冲突和后退（Backoff）。不同冲突域的站不会竞争公共信道，所以它们不会产生冲突。

在交换式 LAN 中，交换机端口就是该端口上的冲突域终点。如果一个端口连接一个共享式 LAN，那么在该端口的所有站间将产生冲突，而该端口的站和交换机其他端口的站之间将不会产生冲突。如果每个端口只有一个端站，那么在任何一对端站间都不会有冲突。

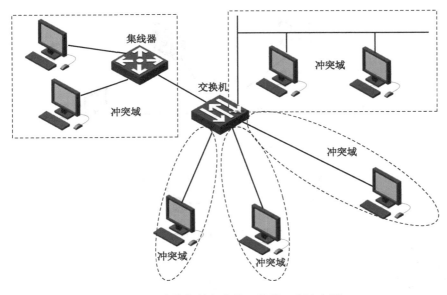

图 1-22　交换机的每个端口就是一个冲突域

因此，交换机隔离了每个端口的冲突域。

（2）分段和微分段。交换式集线器可以用于对传统共享式 LAN 分段（Segment），如图 1-23 所示。以这种方式使用的交换机提供了一种折叠式主干网（Collapsed Backbone）。虽然用于折叠式主干网的交换机性能必须很高，但是使用的模型仍然是原始、传统的 LAN 分段模型。

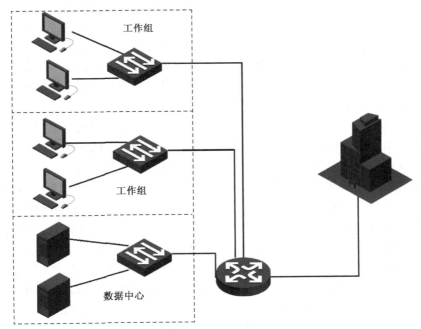

图 1-23　折叠式主干网

另外，交换机可用于端站互联，如图 1-24 所示。这里，每个网段仅连接一个端站，LAN 分段已经达到最大程度，称为微分段（Microsegmentation）。

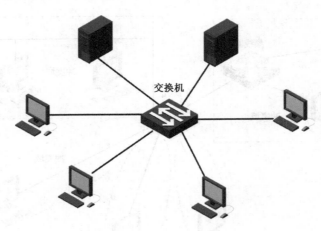

图 1-24　微分段

微分段环境有一些有趣的特点：

①端站之间没有冲突。每个端站都在它自己的冲突域内。然而，端站和交换机端口中的冲突域的 MAC 之间仍可能有冲突。

②可以使用全双工全部消除冲突。

③每个端站有专用带宽，即一个微分段可以由单个站独占使用。

④每个站的数据率不依赖于任何其他的站。连接到同一个交换机的设备可以运行在 10Mbps、100Mbps 或 1000Mbps，而这在使用共享式集线器的网络中是不可能的。当然，在一个交换式集线器上可以同时连接共享式 LAN 和单个站（微分段）。通过共享式 LAN 连接到交换机端口的站具有共享式 LAN 的特点，直接连接到交换机的站则具有微分段的功能。

从以太网的观点来看，每一个专用信道都代表了一个冲突检测域。冲突检测域是一种从逻辑或物理意义上划分的以太网网段。在一个段内，所有的设备都要检测和处理数据传输冲突。由于交换机对一个冲突检测域所能容纳的设备数量有限制，因而这种潜在的冲突也就有限。最初的交换机是用来替代集线器并解决局域网的传输拥塞问题的。尽管有人认为它并非最好的解决方案，但在容易产生拥塞的段使用交换机也不失为一种较好的临时解决方案。所以，网络管理人员纷纷用交换机来替换主干网上的路由器。在主干网上使用交换机至少有两个好处：首先，由于交换机使各台设备的数据传输相互独立，所以使用交换机通常是比较安全的；其次，交换机为每台（潜在的）设备都提供了独立的信道，这样做的结果是，在传输大量数据和对时间延迟要求比较严格的信号时，如视频会议，能够全面发挥网络的能力。

交换机自身也还是有缺点的。尽管它带有缓冲区来缓存输入数据并容纳突发信息，但连续大量的数据传输还是会使它不堪重负的。在这种情况下，交换机不能保证不丢失数据。在一个许多结点都共享同一数据信道的环境中，会增加设备冲突；在一个全部采用交换方式的网络中，每一个结点都使用交换机的一个端口，因而就占用一个专用数据信道，这就使得交换机不能提供空闲信道来检测冲突了。另外，尽管一些高层协议，如 TCP/IP，能够及时检测出数据丢失并做出响应，但其他的一些协议，如 UDP，却不能做到这一点。在传输这种协议的数据包时，发生的冲突次数将会累加，并且最终达到一个极限后，数据传输会被挂起。基于这个原因，设计网络时，应该仔细考虑交换机的连接位置是否与主干网的容量和信息传输模式相匹配。

（3）交换机的交换模式。交换机可以分成不同的几类。一种是局域网交换机，适用于局域网。尽管以太网交换机比较常见，但局域网交换机还是可以设计成适合于以太网或令牌环网两种类型。局域网交换机还因它所采用的交换方式而异，有快捷模式和存储-转发模式。至于局域网的交换方式，将在下面两节讲述。

①快捷模式。采用快捷模式的交换机会在接受完整数据包之前就读取帧头，并决定把数据转发往何处。前已述及，帧的前 14 个字节数据就是帧头，它包含有目标的 MAC 地址。得到这些信息后，交换机就足以判断出哪个端口将会得到该帧，并可以开始传输该帧（不用缓存数据，也不用检查数据的正确性）。

由于采用快捷模式的交换机不能在帧开始传输时读取帧的校验序列，因此，它也就不能利用校验序列来检验数据的完整性。但另一方面，采用快捷模式的交换机能够检测出数据残片或数据包的片段。当检测到小片数据时，交换机就会一直等到整片数据到齐后才开始传送。需要着重注意的一点是，数据残片只是各种数据残缺中的一种。采用快捷模式的交换机不能检测出有问题的数据包。事实上，传播遭到破坏的数据包能够增加网络的出错次数。采用快捷模式最大的好处就是它的传输速率较高。由于它不必停下来等待读取整个数据包，这种交换机转发数据比采用存储-转发模式的交换机快得多（在下一节你将会发现这一点）。然而，如果交换机的数据传输发生拥塞，对于采用快捷模式的交换机而言，这种节省时间方式的优点也就失去了意义。在这种情况下，这种交换机必须像采用存储-转发模式的交换机那样缓存（或暂时保持）数据。

采用快捷模式的交换机比较适合较小的工作组。在这种情况下，对传输速率要求较高，而连接的设备相对较少，这就使出错的可能性降至最低。

②存储-转发模式。运行在存储-转发模式下的交换机在发送信息前要把整帧数据读入内存并检查其正确性。尽管采用这种方式比采用快捷模式更花时间，但采用这种方式可以存储-转发数据，从而可以保证准确性。由于运行在存储-转发模式下的交换机不传播错误数据，因而更适合于大型局域网。相反，采用快捷模式的交换机即使接收到错误的数据也会照样转发。这样，如果这种交换机连接的部分发生大量的数据传输冲突，则会造成网络拥塞。在一个大型网络中，如果不能检测出错误就会造成严重的数据传输拥塞问题。

采用存储-转发模式的交换机也可以在不同传输速率的网段间传输数据。例如，一个可以同时为 50 名学生提供服务的高速网络打印机，可以与交换机的一个 100Mbps 端口相连，也可以允许所有学生的工作站利用同一台交换机的 10Mbps 端口。在这种安排下，打印机就可以快速执行多任务处理。这一特征也使得采用存储-转发模式的交换机非常适合有多种传输速率的环境。

（4）用交换机组建虚拟局域网。另外，为了提高带宽的使用效率，交换机可以从逻辑上把一些端口归并为一个广播域，从而组建虚拟局域网。广播域是构成 OSI 参考模型的第 2 层网段的端口的组合，而且它必须与第 3 层设备连接，如路由器或第 3 层的交换机。这些端口不一定在同一个交换机内，甚至可能不在同一网段。虚拟局域网包括服务器、工作站、打印机或其他任何能连接交换机的设备。图 1-25 是一个虚拟局域网的简单示意图。

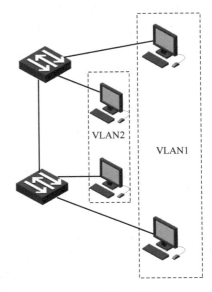

图 1-25　用交换机划分 VLAN

需要注意的是，使用虚拟局域网，一个很大的好处就是它可以连接不处于同一地理位置的用户，而且可以从一个大型局域网中组建一个较小的工作组。

前文提到过交换机连接的网络是同属于一个广播域的，为了提高工作效率我们应避免因为广播的发生而影响其他计算机工作，如此就需要对交换机连接的网络进行 VLAN 划分。默认情况下交换机连接的网络同属于一个 VLAN，划分后的每个 VLAN 都是一个广播域，并且各 VLAN 之间是不能相互通信的。如果要实现 VLAN 之间通信，就必须使用第 3 层设备路由器来完成。

必须适当配置交换机才能组建起虚拟局域网。另外，为了标识每个逻辑局域网所属的端口，可以通过设定安全参数、是否过滤的指令（例如，交换机禁止转发某一网段的帧时）、对某些用户的行为进行限制以及网络管理这些选项来完成。很明显，交换机使用起来非常灵活。讨论虚拟局域网采用的执行方式超出了本书的范围，但如果要负责设计一个网络或安装交换机，就要求更深入地研究一下虚拟局域网。

思考一下：集线器与交换机之间有何区别？

2．交换机的特点

交换是指按照通信两端传输信息的需要，用人工或者设备自动完成信息的传输。广义的交换机是指一种在通信系统中完成信息交换功能的设备。交换机有以下基本特点：

（1）端口带宽的独享。交换机不同于集线器，交换机的端口可以带宽独享。可以同时在多个端口之间传输数据，每个端口都是一个独立的冲突域，连接在其上的网络设备独自享有全部的带宽，不需要同其他设备竞争使用。而集线器的每个端口都是共享一条带宽，在同一时刻只能有两个端口传输数据，其他端口只能等待。

（2）识别 MAC 地址，并封装转发数据包。交换机的另一个特点，就是可以识别 MAC 地址，还可以将其存放在内部地址表中，通过在数据帧的源地址和目标地址之间建立临时的交换路径，使数据帧直接由源地址到达目的地址。

（3）网络分段。如果用户使用带有 VLAN 功能的交换机，可以把网络"分段"，通过对照地址表，交换机只允许必要的网络流量通过交换机。通过交换机所具有的过滤和转发功能，可以有效地隔离广播风暴，减少误包和错包的出现，避免共享冲突。

交换机实质是多端口并行网桥技术的实现，它主要完成 OSI 参考模型中物理层和数据链路层的功能。交换机有效地将网络分成小的冲突域，为每个计算机提供了更高的带宽。

3．交换机的分类

交换机的种类很多，每类都支持不同速率的 LAN 和以太网、令牌环网、FFDI 及 ATM 等不同的 LAN 类型。

（1）从应用领域分，交换机可分为广域网交换机和局域网交换机。广域网交换机主要应用于电信领域，提供通信用的基础平台。局域网交换机则应用于局域网，用于连接终端设备。

（2）从传输速率来分，交换机可分为以太网交换机、快速以太网交换机、吉位以太网交换机、FDDI 交换机、ATM 交换机和令牌环交换机等。

（3）从应用规模分，交换机可分为企业级交换机、部门级交换机和工作组交换机等。各厂商划分的尺度并不是完全一致的。一般来讲，企业级交换机都是机架式；部门级交换机可以是机架式，也可以是固定配置式；而工作组交换机为固定配置式。

企业级交换机可以支持 500 个以上信息点大型企业应用；而部门级交换机可以支持 300 个以下信息点；一般工作组交换机都是支持 100 个以内信息点。

（4）从工作的协议层分，交换机还可分为第 2 层交换机、第 3 层交换机和第 4 层交换机，本书对于三层交换机还将进一步介绍。

4. 交换机和集线器的区别

从 OSI 参考模型的体系结构来看，集线器属于 OSI 的第 1 层物理层设备，而交换机属于 OSI 的第 2 层数据链路层设备。这就意味着集线器只是对数据的传输起到同步、放大和整形的作用，对数据传输中的短帧、碎片等无法有效处理，不能保证数据传输的完整性和正确性；而交换机不但可以对数据的传输做到同步、放大和整形，而且可以过滤短帧、碎片等。

从工作方式来看，集线器是一种广播模式，也就是说，集线器的某个端口工作时其他所有端口都能收听到信息，容易产生广播风暴。当网络较大时，网络性能会受到很大的影响，使用交换机就能够避免这种现象的发生。当交换机工作时，只有发出请求的端口和目的端口之间相互响应而不影响其他端口，那么交换机就能够隔离冲突域和有效地抑制广播风暴的产生。

从带宽来看，集线器不管有多少个端口，所有端口都共享一条带宽，在同一时刻只能有两个端口传送数据，其他端口只能等待，同时集线器只能工作在半双工模式下。对于交换机而言，每个端口都有一条独占的带宽，当两个端口工作时并不影响其他端口的工作，同时交换机不但可以工作在半双工模式下，也可以工作在全双工模式下。

1.3.2　路由器

1. 路由器概述

路由器是一种多端口设备，它可以连接不同传输速率并运行于各种环境的局域网和广域网，也可以采用不同的协议。路由器属于 OSI 模型的第 3 层。网络层指导从一个网段到另一个网段的数据传输，也能指导从一种网络向另一种网络的数据传输。过去，由于过多地注意第 3 层或更高层的数据，如协议或逻辑地址，路由器曾经比交换机和网桥的速度慢。因此，不像网桥和第 2 层交换机，路由器是依赖于协议的。在它们使用某种协议转发数据前，必须被设计或配置成能识别该协议。

正如讨论网桥时所举的例子一样，传统的独立式局域网路由器正慢慢地被支持路由功能的第 3 层交换机所替代。但路由器这个概念还是非常重要的。本节剩余部分讲述的都是关于第 3 层交换机的应用。独立式路由器仍然是使用广域网技术连接远程用户的一种选择。

路由器与其他设备不同，它既可以隔离冲突域，也可以隔离广播域。

2. 路由器的特征和功能

路由器的稳固性在于它的智能性。路由器不仅能追踪网络的某一结点，还能和交换机一样，选择出两结点间的最近、最快的传输路径。基于这个原因，还因为它们可以连接不同类型的网络，使得它们成为大型局域网和广域网中功能强大且非常重要的设备。例如，因特网就是依靠遍布全世界的数以百万计时路由器连接起来的。

通常可以跨越路由器进行数据包路由的协议有 TCP/IP、IPX/SPX 和 AppleTalk。另外，NetBEUI 协议是不可跨越路由器进行数据包路由的。

典型的路由器内部都带有自己的处理器、内存、电源以及为各种不同类型的网络连接准备的接口，如 Console、ISDN、AUI、Serial 和 Ethernet 端口等。功能强大并能支持各种协议的路由器有好几种插槽埠，以用来容纳各种网络接口（RJ-45、BNC、FDDI、ISDN

等）。具有多种插槽以支持不同接口卡或设备的路由器被称为堆叠式路由器。路由器使用起来非常灵活。尽管每一台路由器都可以被指定以执行不同的任务，但所有的路由器都可以完成以下的工作：连接不同的网络，解析第 3 层信息，连接从 A 点到 B 点的最优数据传输路径，并且，如果在主路径中断后还可以通过其他可用路径重新路由。路由器有如下主要特点：

（1）路由器可以互联不同的 MAC 协议、不同的传输介质、不同的拓扑结构和不同传输速率的异种网，它有很强的异种网互联能力。

（2）路由器也是用于广域网互联的存储-转发设备，它有很强的广域网互联能力，被广泛地应用于 LAN-WAN-LAN 的网络互联环境。

（3）路由器可以互联不同的逻辑子网，每一个子网都是一个独立的广播域，因此，路由器不在子网之间转发广播信息，具有很强的隔离广播信息的能力。

（4）路由器具有流量控制、拥塞控制功能，能够对不同速率的网络进行速度匹配，以保证数据包的正确传输。

（5）路由器工作在网络层，它与网络层协议有关。多协议路由器可以支持多种网络层协议（如 TCP/IP、IPX、DECNET 等），转发多种网络层协议的数据包。

（6）路由器检查网络层地址，转发网络层数据分组（Packet）。因此，路由器能够基于 IP 地址进行数据包过滤，路由器使用 ACL（Access Control List，访问控制列表）来控制各种协议封装的数据包，同样也会对 TCP、UDP 协议的端口号进行数据过滤。

（7）对大型网络进行微段化，将分段后的网段用路由器连接起来，这样可以达到增强网络性能、提高网络带宽的目的，而且便于网络的管理和维护。这也是共享式网络为解决带宽问题所经常采用的方法。

（8）路由器不仅可以在中、小型局域网中应用，也适合在广域网和大型、复杂的互联网络环境中应用。

（9）可以隔离冲突域和广播域。

由于它的可定制性，安装路由器并非易事。一般而言，技术人员或工程师必须对路由技术非常熟悉才能知道如何放置和设置路由器方可发挥出其最好的效能。如图 1-26 所示为关于路由器在网络中是如何连接的一些思路，当然这个例子有些过于简单了。如果打算设计一个专用网络或配置路由器，就应该对路由器技术研究得更深入一些。

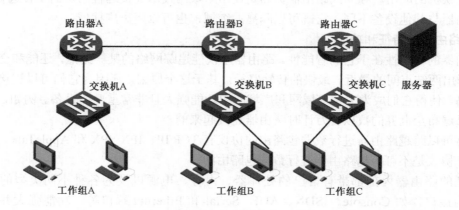

图 1-26　局域网中路由器的连接示意图

在如图 1-26 所示的设计中，如果工作组 C 中的工作站想使用工作组 A 中的打印机，就要创建一个包含工作组 A 中的打印机地址的连接，然后才能把数据包传送到交换机 C。当路由器 C 接收到传输的数据后，在解析第 3 层数据时，路由器 C 就会暂存这个数据包。一旦发现数据包要传向工作组 A 中的打印机，路由器 C 就会选择最优路径把数据包传送到工作组 A 中的打印机。在这个例子中，也许会把数据包直接传向路由器 A。在它转发该数据包前，路由器就增加该数据包尾部的中继次数。然后，路由器 C 就把数据包转发到路由器 A，路由器 A 解析出数据包的目标地址后再把它转发至交换机 A。再由交换机 A 向工作组 A 中的所有用户传播此次传输，直到打印机 A 响应为止。

思考一下：网桥与路由器之间有何区别？

3．路由器的分类

（1）本地路由器。如图 1-27 所示，所谓本地路由器指的是各网段之间使用路由器来连接，但是只在一个有限的区域网内部，没有跨越远程连接。

（2）远程路由器。无论是本地路由器还是远程路由器，路由器的本质没有变，还是路由器，只不过远程路由器指的是路由器连接的网段是分布在不同区域的远程网络，如图 1-27 所示。

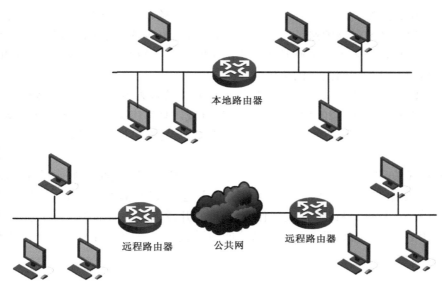

图 1-27 本地路由器与远程路由器

4．路由协议（RIP、OSPF、EIGRP 和 BGP）

对于路由器而言，要找出最优的数据传输路径是一件比较有意义却很复杂的工作。最优路径有可能会有赖于结点间的转发次数、当前的网络运行状态、不可用的连接、数据传输速率和拓扑结构。为了找出最优路径，各个路由器间要通过路由协议来相互通信。需要区别的一点是，路由协议与可路由的协议是不能等同的，如 TCP/IP 和 IPX/SPX，尽管它们可能处于可路由的协议的顶端。路由协议只用于收集关于网络当前状态的数据并负责寻找最优传输路径。根据这些数据，路由器就可以创建路由表来用于以后的数据包转发。除了寻找最优路径的能力之外，路由协议还可以用收敛时间——路由器在网络发生变化或断线时寻找出最优传输路径所耗费的时间——来表征。带宽开销——运行中的网络为支持路由协议所需要的带宽，也是一个比较显著的特征。尽管并不需要精确地知道路由协议的工作原理，你还是应该对最常见的路由协议有所了解，如 RIP、OSPF、EIGRP 和 BGP（还有更多的其他路由协议，但它们使用得并不广泛）。对这四种常见的路由协议介绍如下：

（1）RIP（路由信息协议）。该路由协议为 IP 和 IPX 设计，是一种最早出现的路由协议，但现在仍然被广泛使用，原因在于它在选择两点间的最优路径时只考虑结点间的中继次数。例如，它不考虑网络的拥塞状况和连接速率这些因素。使用 RIP 的路由器每 30 秒钟向其他路由器广播一次自己的路由表，这种广播会造成极大的数据传输量，特别是网络中存在大量的路由器时。如果路由表改变了，新的信息要传输到网络中较远的地方，可能就会花费几分钟的时间，所以 RIP 的收敛时间是非常长的。而且，RIP 还限制中继次数不能超过 16 跳（经过 16 台路由器设备）。所以，在一个大型网络中，如果数据要被中继 16 跳以上，它就不能再传输了。而且，与其他类型的路由协议相比，RIP 还要慢一些，而安全性却差一些。

（2）OSPF（开放式最短路径优先路由协议）。该路由协议为 IP 设计，这种路由协议弥补了 RIP 的一些缺陷，并能与 RIP 在同一网络中共存。OSPF 在选择最优路径时使用了一种更灵活的算法。最优路径这个术语是指从一个结点到另一个结点效率最高的路径。在理想的网络环境中，两点间的最优路径就是直接连接两点的路径。如果要传输的数据量过大，或数据在传输过程中损耗过大，数据不能沿最直接的路径传输，路由器就要另外选择出一条还要通过其他路由器但效率最高的路径。这种方案就要求路由器带有更多的内存和功能更强大的中央处理器。这样，用户就不会感觉到占用的带宽降到了最低，而收敛时间却很短。OSPF 是继 RIP 之后第二种使用得最多的协议。

（3）EIGRP（增强型内部网关路由协议）。该路由协议为 IP、IPX 和 AppleTalk 而设计。此路由协议由 Cisco 公司在 20 世纪 80 年代中期开发，具有快速收敛时间和低网络开销。与 OSPF 相比，EIGRP 容易配置，需要较少的 CPU，也支持多协议且限制路由器之间多余的网络流量。

（4）BGP（边界网关协议）。该路由协议为 IP、IPX 和 AppleTalk 而设计。BGP 是为因特网主干网设计的一种路由协议。因特网的飞速发展对路由器需求的增长，推动了对 BGP 这种最复杂的路由协议的开发工作。BGP 的开发人员面对的不仅是它能够连接十万台路由器的美好前景，他们还要面对如何才能通过成千上万的因特网主干网合理有效地路由的问题。

1.3.3　三层交换机

三层交换机就是具有部分路由器功能的交换机，其最重要的目的就是加快大型局域网内部的数据交换。三层交换机所具有的路由功能也是为此目的服务的，能够做到一次路由、多次转发。对于数据包转发等规律性的过程由硬件高速实现，而像路由信息更新、路由表维护、路由计算、路由确定等功能则由软件实现。三层交换技术就是二层交换技术＋三层转发技术。传统交换技术是在 OSI 参考模型第 2 层——数据链路层进行操作的，而三层交换技术是在 OSI 参考模型中的第 3 层实现了数据包的高速转发，既可实现网络路由功能，又可根据不同网络状况做到最优网络性能。

出于安全和管理方便的考虑，并减小广播风暴的危害，我们在设计局域网拓扑结构的时候必须将大型局域网按功能或地域等划分成若干个局域网，使得 VLAN 技术在网络中大量应用，而各个不同 VLAN 间的通信都要经过三层设备来完成转发。随着网间互访的不断增加，单纯性使用路由器实现网间访问，不但由于端口数量有限，而且路由速率较低，限制了网络的规模和访问速率。基于这种情况，三层交换机便应运而生。三层交换机是为 IP 设计的，接口类型简单，同时拥有很强的二层包处理能力，非常适用于大型局域网内的数据路由与交换。它既可以工作在协议第三层替代或部分完成传统路由器的功能，同时又具有几乎第二层交换的速度，且价格相对便宜。

除了优秀的性能之外，三层交换机还具有一些传统的二层交换机所没有的特性，这些特性可以给校园网和城域教育网的建设带来许多好处，列举如下：

1. 三层交换机的特性

（1）高可扩充性。三层交换机在连接多个子网时，子网只是与第三层交换模块建立逻辑连接，不像传统外接路由器那样需要增加端口，从而保护了用户对校园网、城域教育网的投资，并满足学校 3～5 年内网络应用快速增长的需要。

（2）高性价比。三层交换机具有连接大型网络的能力，功能基本上可以取代某些传统路由器，但是价格却接近二层交换机。现在一台万兆三层交换机的价格只有数千元，而二层交换机的价格更低。

（3）内置安全机制。三层交换机可以与普通路由器一样，具有访问列表的功能，可以实现不同 VLAN 间的单向或双向通信。如果在访问列表中进行设置，可以限制用户访问特定的 IP 地址，这样学校就可以禁止学生访问受限的站点。

访问列表不仅可以用于禁止内部用户访问某些站点，也可以用于防止校园网、城域教育网外部的非法用户访问校园网、城域教育网内部的网络资源，从而提高网络的安全性。

（4）适合多媒体传输。教育网经常需要传输多媒体信息，这是教育网的一个特色。三层交换机具有 QoS（服务质量）的控制功能，可以给不同的应用程序分配不同的带宽。

例如，在校园网、城域教育网中传输视频流时，就可以专门为视频传输预留一定量的专用带宽，相当于在网络中开辟了专用通道，其他的应用程序不能占用这些预留的带宽，因此能够保证视频流传输的稳定性。而普通的二层交换机就没有这种特性，因此在传输视频数据时就会出现视频忽快忽慢的抖动现象。

另外，视频点播（VoD）也是教育网中经常使用的业务。但是由于有些视频点播系统使用广播来传输，而广播包是不能实现跨网段的，这样 VoD 就不能实现跨网段进行；如果采用单播形式实现 VoD，虽然可以实现跨网段，但是支持的同时连接数就非常少，一般几十个连接就占用了全部带宽。而三层交换机具有组播功能，VoD 的数据包以组播的形式发向各个子网，既实现了跨网段传输，又保证了 VoD 的性能。

2. 三层交换机与路由器的区别

（1）主要功能不同。虽然三层交换机与路由器都具有路由功能，但我们不能因此而把它们等同起来，正如现在许多网络设备同时具备多种传统网络设备功能一样，就如现在有许多宽带路由器不仅具有路由功能，还提供了交换机端口、硬件防火墙功能，但不能把它与交换机或者防火墙等同起来一样。因为这些路由器的主要功能还是路由功能，其他功能只不过是其附加功能，其目的是使设备适用面更广，使其更加实用。三层交换机也一样，它仍是交换机产品，只不过它是具备了一些基本的路由功能的交换机，它的主要功能仍是数据交换。也就是说，它同时具备了数据交换和路由转发两种功能，但其主要功能还是数据交换；而路由器仅具有路由转发这一种主要功能。

（2）适用的环境不一样。三层交换机的路由功能通常比较简单。因为三层交换机主要用于简单局域网连接，所以三层交换机的路由功能通常比较简单，路由路径远没有路由器那么复杂。它在局域网中的主要用途还是提供快速数据交换功能，满足局域网数据交换频繁的应用特点。而路由器则不同，它的设计初衷就是为了满足不同类型的网络连接，虽然也适用于局域网之间的连接，但它的路由功能更多体现在不同类型网络之间的互联上，如局域网与广域网之间的连接、不同协议的网络之间的连接等，所以路由器主要用于不同类型的网络之间。它最主要的功能就是路由转发，解决好各种复杂路由路径网络的连接就是它的最终目的，所以路由器的路由功能通常非常强大，不仅适用于同种协议的局域网之间，更适用于不同协议的局域网与广域网之间。路由器的优势在于选择最佳路由、负荷分担、链路备份以及与其他网络进行路由信息的交换等。

（3）性能体现不一样。从技术上来说，路由器和三层交换机在数据包交换操作上存在着明显区别。路由器一般由基于微处理器的软件路由引擎执行数据包交换，而三层交换机通过硬件执行数据包交换。三层交换机在对第一个数据流进行路由后，它将会产生一个 MAC 地址与 IP 地址的映射表，当同样的数据流再次通过时，将根据此表直接从二层通过而不是再次路由，这就消除了路由器进行路由选择而造成的网络延迟，提高了数据包转发的效率。同时，三层交换机的路由查找是针对数据流的，它利用缓存技术，很容易利用 ASIC 芯片实现，因此可以大大节约成本，并实现快速转发。而路由器转发采用最长匹配方式，实现方式复杂，通常使用软件来实现，转发效率较低。正因如此，从整体性能上比较的话，三层交换机的性能要远优于路由器，非常适用于数据交换频繁的局域网中；而路由器虽然路由功能非常强大，但它的数据包转发效率远低于三层交换机，更适合于数据交换不是很频繁的不同类型网络的互联。

1.4　网络安全设备

1.4.1　防火墙

1．防火墙简介

防火墙（FireWall）技术最初是针对 Internet 网络不安全因素所采取的一种保护措施。顾名思义，防火墙就是用来阻挡外部不安全因素影响的内部网络屏障，其目的就是防止外部网络用户未经授权的访问。它是一种计算机硬件和软件的结合，使 Internet 与 Intranet 之间建立起一个安全网关（Security Gateway），从而保护内部网免受非法用户的侵入。防火墙主要由服务访问政策、验证工具、包过滤和应用网关 4 个部分组成，防火墙就是一个位于计算机和它所连接的网络之间的软件或硬件（其中硬件防火墙用得很少，因为它价格昂贵），该计算机流入/流出的所有网络通信均要经过此防火墙。

2．防火墙概念原理

防火墙是汽车中一个部件的名称。在汽车中，利用防火墙把乘客和引擎隔开，以便汽车引擎一旦着火，防火墙不但能保护乘客安全，而且同时还能让司机继续控制引擎。在计算机术语中，当然就不是这个意思了，我们可以类比来理解。在网络中，所谓"防火墙"，是指一种将内部网和公众访问网（如 Internet）分开的方法，它实际上是一种隔离技术。防火墙是在两个网络通信时执行的一种访问控制尺度，它能允许你"同意"的人和数据进入你的网络，同时将你"不同意"的人和数据拒之门外，最大限度地阻止网络中的黑客来访问你的网络。换句话说，如果不通过防火墙，公司内部的人就无法访问 Internet，Internet 上的人也无法和公司内部的人进行通信。

防火墙是用来保护计算机网络安全的技术性措施。它是一种隔离控制技术，在某个机构的网络和不安全的网络（如 Internet）之间设置屏障，阻止对信息资源的非法访问，也可以使用防火墙阻止重要信息从企业的网络上被非法输出。作为 Internet 的安全性保护软件，防火墙已经得到广泛的应用。通常企业为了维护内部的信息系统安全，在企业网和 Internet 间设立防火墙软件。企业信息系统对于来自 Internet 的访问，采取有选择的接收方式。它可以允许或禁止一类具体的 IP 地址访问，也可以接收或拒绝 TCP/IP 上的某一类具体的应用。如果在某一台 IP 主机上有需要禁止的信息或危险的用户，则可以通过设置使用防火墙过滤掉从该主机发出的包。如果一个企业只是使用 Internet 的电子邮件和 WWW 服务器向外部提供信息，那么就可以在防火墙上设置使得只有这两类应用的数据包可以通过。这对于路由器来说，就要不仅分析 IP 层的信息，而且还要进一步了解 TCP 传输层甚至应用层的信息以进行取舍。防火墙一般安装在路由器上以保护一个子网，也可以安装在一台主机上以保护这台主机不受侵犯。

3．防火墙的种类

从实现原理上分，防火墙技术包括四大类：网络级防火墙（也叫包过滤型防火墙）、应用级网关、电路级网关和规则检查防火墙。它们之间各有所长，具体使用哪一种或者是否混合使用，要看具体需要。

（1）网络级防火墙。一般是基于源地址和目的地址、应用、协议以及每个 IP 包的端口来做出通过与否的判断。一个路由器便是一个"传统"的网络级防火墙，大多数的路由器都能通过检查这些信息来决定是否将所收到的包转发出去，但它不能判断出一个 IP 包来自何方以及去向何处。防火墙检查每一条规则直至发现包中的信息与某规则相符。如果没有一条规则能符合，防火墙就会使用默认规则，一般情况下，默认规则就是要求防火墙丢弃该包。另外，通过定义基于 TCP 或 UDP 数据包的端口号，防火墙能够判断是否允许建立特定的连接，如 TELNET、FTP 连接。

（2）应用级网关。应用级网关能够检查进出的数据包，通过网关复制传递数据，防止在受信任服务器和客户机与不受信任的主机间直接建立联系。应用级网关能够理解应用层上的协议，能够实现复杂一些的访问控制，并进行精细的注册和稽核。它针对特别的网络应用服务协议即数据过滤协议，并且能够对数据包进行分析并形成相关的报告。应用网关对某些易于登录和控制所有输出/输入的通信环境给予严格的控制，以防有价值的程序和数据被窃取。在实际工作中，应用网关一般由专用工作站系统来完成。但每一种协议需要相应的代理软件，使用时工作量大，效率不如网络级防火墙。应用级网关有较好的访问控制，是目前最安全的防火墙技术，但实现困难，而且有的应用级网关缺乏"透明度"。在实际使用中，用户在受信任的网络上通过防火墙访问 Internet 时，经常会发现存在延迟并且必须进行多次登录（Login）才能访问 Internet 或 Intranet。

（3）电路级网关。电路级网关用来监控受信任的客户或服务器与不受信任的主机间的 TCP 握手信息，这样来决定该会话（Session）是否合法。电路级网关是在 OSI 参考模型中的会话层来过滤数据包的，这样比包过滤防火墙要高两层。电路级网关还提供一个重要的安全功能——代理服务器（Proxy Server）。代理服务器是设置在 Internet 防火墙网关的专用应用级代码。这种代理服务准许网络管理员允许或拒绝特定的应用程序或一个应用的特定功能。包过滤技术和应用网关通过特定的逻辑判断来决定是否允许特定的数据包通过，一旦判断条件满足，防火墙内部网络的结构和运行状态便"暴露"在外来用户面前，这就引入了代理服务的概念，即防火墙内外计算机系统应用层的"链接"由两个终止于代理服务的"链接"来实现，这就成功地实现了防火墙内外计算机系统的隔离。同时，代理服务还可用于实施较强的数据流监控、过滤、记录和报告等功能。代理服务技术主要通过专用计算机硬件（如工作站）来承担。

（4）规则检查防火墙。该防火墙结合了包过滤防火墙、电路级网关和应用级网关的特点。同包过滤防火墙一样，规则检查防火墙能够在 OSI 网络层上通过 IP 地址和端口号过滤进出的数据包。它也像电路级网关一样，能够检查 SYN 和 ACK 标记及序列数字是否逻辑有序。当然它也像应用级网关一样，可以在 OSI 应用层上检查数据包的内容，查看这些内容是否符合企业网络的安全规则。规则检查防火墙虽然集成前三者的特点，但是不同于一个应用级网关的是，它并不打破客户机/服务器模式来分析应用层的数据，它允许受信任的客户机和不受信任的主机建立直接连接。规则检查防火墙不依靠与应用层有关的代理，而是依靠某种算法来识别进出的应用层数据，这些算法通过已知合法数据包的模式来比较进出数据包，这样从理论上就能比应用级代理在过滤数据包上更有效。

4. 防火墙的使用

防火墙具有很好的保护作用。入侵者必须首先穿越防火墙的安全防线，才能接触目标计算机。你可以将防火墙配置成许多不同保护级别。高级别的保护可能会禁止一些服务，如视频流等，但至少这是你自己的保护选择。

在具体应用防火墙技术时，还要考虑到两个方面：

一是防火墙是不能防病毒的，尽管有不少的防火墙产品声称其具有这个功能。

二是防火墙技术的一个弱点在于数据在防火墙之间的更新是一个难题，如果延迟太大将无法支持实时服务请求。并且，防火墙采用滤波技术，滤波通常使网络的性能降低 50%以上，如果为了改善网络性能而购置高速路由器，又会大大提高经济预算。

总之，防火墙是解决企业网安全问题的流行方案，即把公共数据和服务置于防火墙外，使其对防火墙内部资源的访问受到限制。作为一种网络安全技术，防火墙具有简单实用的特点，并且透明度高，可以在不修改原有网络应用系统的情况下达到一定的安全要求。

5. 防火墙的功能

防火墙对流经它的网络通信进行扫描，这样能够过滤掉一些攻击，以免其在目标计算机上被执行。防火墙还可以关闭不使用的端口，而且它还能禁止特定端口的流出通信，封锁特洛伊木马。最后，它可以禁止来自特殊站点的访问，从而防止来自不明入侵者的所有通信。

（1）网络安全的屏障。一个防火墙（作为阻塞点、控制点）能极大地提高一个内部网络的安全性，并通过过滤不安全的服务来降低风险。由于只有经过精心选择的应用协议才能通过防火墙，所以网络环境变得更安全。如防火墙可以禁止诸如众所周知的不安全的 NFS 协议进出受保护网络，这样外部的攻击者就不可能利用这些脆弱的协议来攻击内部网络。防火墙同时可以保护网络免受基于路由的攻击，如 IP 选项中的源路由攻击和 ICMP 重定向中的重定向路径。防火墙应该可以拒绝所有以上类型攻击的报文并通知防火墙管理员。

（2）强化网络安全策略。通过以防火墙为中心的安全方案配置，能将所有安全软件（如口令、加密、身份认证、审计等）配置在防火墙上。与将网络安全问题分散到各个主机上相比，防火墙的集中安全管理更经济。例如，在网络访问时，一次一密口令系统和其他的身份认证系统完全可以不必分散在各个主机上，而集中在防火墙上。

（3）监控审计。如果所有的访问都经过防火墙，那么，防火墙就能记录下这些访问并做出日志记录，同时也能提供网络使用情况的统计数据。当发生可疑动作时，防火墙能进行适当的报警，并提供网络是否受到监测和攻击的详细信息。另外，收集一个网络的使用和误用情况也是非常重要的。首选的理由是可以清楚防火墙是否能够抵挡攻击者的探测和攻击，并且清楚防火墙的控制是否充足。而网络使用统计对网络需求分析和威胁分析等而言也是非常重要的。

（4）防止内部信息的外泄。通过利用防火墙对内部网络的划分，可实现内部网重点网段的隔离，从而限制了局部重点或敏感网络安全问题对全局网络造成的影响。另外，隐私是内部网络非常关心的问题，一个内部网络中不引人注意的细节可能包含了有关安全的线索而引起外部攻击者的兴趣，甚至因此而暴露了内部网络的某些安全漏洞。使用防火墙就可以隐蔽那些透漏内部细节如 Finger、DNS 等服务。Finger 显示了主机的所有用户的注册名、真名、最后登录时间和使用 shell 类型等，但是 Finger 显示的信息非常容易被攻击者所获悉。攻击者可以知道一个系统使用的频繁程度，这个系统是否有用户正在连线上网，这个系统是否在被攻击时引起注意等。防火墙可以同样阻塞有关内部网络中的 DNS 信息，这样一台主机的域名和 IP 地址就不会被外界所了解。除了安全作用，防火墙还支持具有 Internet 服务特性的企业内部网络技术体系 VPN（虚拟专用网）。

6．防火墙的特性

典型的防火墙具有以下基本特性：

（1）数据必经之地。内部网络和外部网络之间的所有网络数据流都必须经过防火墙。这是防火墙所处网络位置特性，同时也是一个前提。因为只有当防火墙是内、外部网络之间通信的唯一通道，才可以全面、有效地保护企业内部网络不受侵害。根据美国国家安全局制定的《信息保障技术框架》，防火墙适用于用户网络系统的边界，属于用户网络边界的安全保护设备。所谓网络边界即是采用不同安全策略的两个网络连接处，比如用户网络和互联网之间连接、与其他业务往来单位的网络连接、用户内部网络不同部门之间的连接等。设置防火墙的目的就是在网络连接之间建立一个安全控制点，通过允许、拒绝或重新定向经过防火墙的数据流，实现对进、出内部网络的服务和访问的审计和控制。

典型的防火墙体系网络结构一端连接企事业单位内部的局域网，而另一端则连接着互联网。所有的内、外部网络之间的通信都要经过防火墙，只有符合安全策略的数据流才能通过防火墙。

（2）网络流量的合法性。防火墙最基本的功能是确保网络流量的合法性，并在此前提下将网络的流量快速从一条链路转发到另外的链路上去。从最早的防火墙模型开始谈起，原始的防火墙是一台"双穴主机"，即具备两个网络接口，同时拥有两个网络层地址。防火墙将网络上的流量通过相应的网络接口接收上来，按照 OSI 协议栈的七层结构顺序上传，在适当的协议层进行访问规则和安全审查，然后将符合通过条件的报文从相应的网络接口送出，而对于那些不符合通过条件的报文则予以阻断。因此，从这个角度上来说，防火墙是一个类似于桥接或路由器的、多端口的（网络接口≥2）转发设备，它跨接于多个分离的物理网段之间，并在报文转发过程中完成对报文的审查工作。

（3）抗攻击免疫力。防火墙自身应具有非常强的抗攻击免疫力，这是防火墙之所以能担当企业内部网络安全防护重任的先决条件。防火墙处于网络边缘，它就像一个边界卫士一样，每时每刻都要面对黑客的入侵，这样就要求防火墙自身具有非常强的抗击入侵本领。它之所以具有这么强的本领，防火墙操作系统本身是关键，只有自身具有完整信任关系的操作系统才可以谈论系统的安全性。其次就是防火墙自身具有非常低的服务功能，除了专门的防火墙嵌入系统外，再没有其他应用程序在防火墙上运行。当然这些安全性也只能说是相对的。目前国内的防火墙几乎被国外的品牌占据了一半的市场，国外品牌的优势主要是在技术和知名度上比国内产品高。而国内防火墙厂商对国内用户了解更加透彻，价格上也更具有优势。防火墙产品中，国外主流厂商为思科（Cisco）、CheckPoint、NetScreen等，国内主流厂商为东软、天融信、联想、方正等，它们都提供不同级别的防火墙产品。

防火墙的硬件体系结构曾经历过通用CPU架构、ASIC架构和网络处理器架构，它们各自的特点分别介绍如下：

通用CPU架构：通用CPU架构最常见的是基于Intel x86架构的防火墙，在百兆防火墙中Intel x86架构的硬件以其高灵活性和扩展性而一直受到防火墙厂商的青睐；由于采用了PCI总线接口，Intel x86架构的硬件虽然理论上能达到2Gbps的吞吐量甚至更高，但是在实际应用中，尤其是在小包情况下，远远达不到标称性能，通用CPU的处理能力也很有限。国内安全设备主要采用的就是基于x86的通用CPU架构。

ASIC架构：ASIC（Application Specific Integrated Circuit，应用专用集成电路）技术是国外高端网络设备几年前广泛采用的技术。由于采用了硬件转发模式、多总线技术、数据层面与控制层面分离等技术，ASIC架构防火墙解决了带宽容量和性能不足的问题，稳定性也得到了很好的保证。ASIC技术的性能优势主要体现在网络层转发上，而对于需要强大计算能力的应用层数据的处理则不占优势，而且面对频繁变异的应用安全问题，其灵活性和扩展性也难以满足要求。由于该技术有较高的技术和资金门槛，主要是国内外知名厂商在采用，国外主要代表厂商是Netscreen，国内主要代表厂商为天融信。

网络处理器架构：由于网络处理器所使用的微码编写有一定技术难度，难以实现产品的最优性能，因此网络处理器架构的防火墙产品难以占有大量的市场份额。随着网络处理器的主要供应商Intel、Broadcom、IBM等相继出售其网络处理器业务，目前该技术在网络安全产品中的应用已经走到了尽头。

1.4.2　入侵检测系统

1．入侵检测简介

入侵检测系统（Intrusion Detection System，IDS）是一种对网络传输进行即时监视，在发现可疑传输时发出警报或者采取主动反应措施的网络安全设备。与其他网络安全设备的不同之处便在于，IDS是一种积极主动的安全防护技术。IDS最早出现在1980年4月，当时James P. Anderson为美国空军做了一份题为"*Computer Security Threat Monitoring and Surveillance*"的技术报告，他在其中提出了IDS的概念。1980年代中期，IDS逐渐发展成为入侵检测专家系统（IDES）。1990年，IDS分化为基于网络的IDS和基于主机的IDS，后来又出现分布式IDS。目前，IDS发展迅速，已有人宣称IDS可以完全取代防火墙。

入侵检测系统（IDS）可以被定义为对计算机和网络资源的恶意使用行为进行识别和相

应处理的系统，包括系统外部的入侵和内部用户的非授权行为，是为保证计算机系统的安全而设计与配置的一种能够及时发现并报告系统中未授权或异常现象的技术，是一种用于检测计算机网络中违反安全策略行为的技术。

此处做一个形象的比喻，假如防火墙是一幢大楼的门卫，那么 IDS 就是这幢大楼里的监视系统。一旦小偷爬窗进入大楼，或内部人员有越界行为，只有实时监视系统才能发现情况并发出警告。IDS 入侵检测系统以信息来源的不同和检测方法的差异分为几类。根据信息来源可分为基于主机的 IDS 和基于网络的 IDS，根据检测方法又可分为异常入侵检测和滥用入侵检测。不同于防火墙，IDS 入侵检测系统是一个监听设备，没有跨接在任何链路上，无须网络流量流经它便可以工作。因此，对 IDS 的部署，唯一的要求是 IDS 应当挂接在所有所关注流量都必须流经的链路上。在这里，"所关注流量"指的是来自高危网络区域的访问流量和需要进行统计、监视的网络报文。在如今的网络拓扑中，已经很难找到以前的 Hub 式共享介质冲突域的网络，绝大部分的网络区域都已经全面升级到交换式的网络结构。因此，IDS 在交换式网络中的位置一般选择在：

（1）尽可能靠近攻击源；

（2）尽可能靠近受保护资源。

这些位置通常是：

● 服务器区域的交换机上；

● Internet 接入路由器之后的第一台交换机上；

● 重点保护网段的局域网交换机上。

入侵检测方法很多，如基于专家系统入侵检测方法、基于神经网络的入侵检测方法等。目前一些入侵检测系统在应用层入侵检测中已有实现。

入侵检测通过执行以下任务来实现：

（1）监视、分析用户及系统活动；

（2）系统构造和弱点的审计；

（3）识别和反映已知进攻的活动模式并向相关人士报警；

（4）异常行为模式的统计分析；

（5）评估重要系统和数据文件的完整性；

（6）操作系统的审计跟踪管理，并识别用户违反安全策略的行为。

2．入侵检测系统的组成

IETF 将一个入侵检测系统分为四个组件：事件产生器（Event generators），事件分析器（Event analyzers），响应单元（Response units），事件数据库（Event databases）。

事件产生器的目的是从整个计算环境中获得事件，并向系统的其他部分提供此事件。事件分析器分析得到的数据，并产生分析结果。响应单元则是对分析结果做出反应的功能单元，它可以做出切断连接、改变文件属性等强烈反应，也可以只是简单地报警。事件数据库是存放各种中间和最终数据的地方的统称，它可以是复杂的数据库，也可以是简单的文本文件。

3．入侵检测系统典型代表

入侵检测系统的典型代表是 ISS 公司（国际互联网安全系统公司）的 RealSecure。它是计算机网络上自动实时的入侵检测和响应系统。它无妨碍地监控网络传输并自动检测和响应可疑的行为，在系统受到危害之前截取和响应安全漏洞及内部误用，从而最大限度地为企业网络提供安全保障。

4．入侵检测系统目前存在的问题

（1）现有的入侵检测系统检测速度远小于网络传输速率，导致误报率和漏报率提高。

（2）入侵检测产品和其他网络安全产品的结合问题，即期间的信息交换，共同协作发现攻击并阻击攻击。

（3）基于网络的入侵检测系统对加密的数据流及交换网络下的数据流不能进行检测，并且其本身易受攻击。

（4）入侵检测系统的体系结构问题。

5．发展趋势

（1）基于 agent（代理服务）的分布协作式入侵检测与通用入侵检测结合。

（2）入侵检测标准的研究，目前缺乏统一标准。

（3）宽带高速网络实时入侵检测技术。

（4）智能入侵检测。

（5）入侵检测的测度。

1.4.3　入侵防护系统

入侵防护系统（Intrusion Prevention System，IPS）整合了防火墙技术和入侵检测技术，采用 In-line 工作模式，所有接收到的数据包都要经过入侵防护系统检查之后再决定是否放行，或者执行缓存、抛弃策略，发生攻击时及时发出警报，并将网络攻击事件及所采取的措施和结果记录下来。

入侵防护系统主要由嗅探器、检测分析组件、策略执行组件、状态开关、日志系统和控制台组成。

1．IPS 的原理

防火墙是实施访问控制策略的系统，对流经的网络流量进行检查，拦截不符合安全策略的数据包。入侵检测技术通过监视网络或系统资源，寻找违反安全策略的行为或攻击迹象并发出报警。传统的防火墙旨在拒绝那些明显可疑的网络流量，但仍然允许某些流量通过，因此防火墙对于很多入侵攻击仍然无计可施。绝大多数 IDS 系统都是被动的，而不是主动的。也就是说，在攻击实际发生之前，它们往往无法预先发出警报。而入侵防护系统 （IPS）则倾向于提供主动防护，其设计宗旨是预先对入侵活动和攻击性网络流量进行拦截，避免其造成损失，而不是简单地在恶意流量传送时或传送后才发出警报。IPS 是通过直接嵌入网络流量中实现这一功能的，即通过一个网络端口接收来自外部系统的流量，经过检查确认其中不包含异常活动或可疑内容后，再通过另外一个端口将它传送到内部系统中。这样一来，有问题的数据包以及所有来自同一数据流的后续数据包，都能在 IPS 设备中被清除掉。

IPS 实现实时检查和阻止入侵的原理在于 IPS 拥有数目众多的过滤器，能够防止各种攻击。当新的攻击手段被发现之后，IPS 就会创建一个新的过滤器。IPS 数据包处理引擎是专业化定制的集成电路，可以深层检查数据包的内容。如果有攻击者利用 Layer 2（介质访问控制层）至 Layer 7（应用层）的漏洞发起攻击，IPS 能够从数据流中检查出这些攻击并加以阻止。传统的防火墙只能对 Layer 3 或 Layer 4 进行检查，不能检测应用层的内容。防火墙的包过滤技术不会针对每一字节进行检查，因而也就无法发现攻击活动，而 IPS 可以做到逐一字节地检查数据包。所有流经 IPS 的数据包都被分类，分类的依据是数据包中的报头信息，如源 IP 地址和目的 IP 地址、端口号和应用域。每种过滤器负责分析对应的数据包,通过检查的数据包可以继续前进,包含恶意内容的数据包就会被丢弃,被怀疑的数据包则需要接受进一步的检查。

针对不同的攻击行为,IPS 需要不同的过滤器。每种过滤器都设有相应的过滤规则,为了确保准确性,这些规则的定义非常广泛。在对传输内容进行分类时,过滤引擎还需要参照数据包的信息参数,并将其解析至一个有意义的域中进行上下文分析,以提高过滤准确性。

过滤器引擎集合了流水和大规模并行处理硬件,能够同时执行数千次的数据包过滤检查。并行过滤处理可以确保数据包能够不间断地快速通过系统,不会对速度造成影响。这种硬件加速技术对于 IPS 具有重要意义,因为传统的软件解决方案必须串行进行过滤检查,会导致系统性能大打折扣。

2．IPS 的种类

(1)基于主机的入侵防护(HIPS)。HIPS 通过在主机/服务器上安装软件代理程序,防止网络攻击入侵操作系统以及应用程序。基于主机的入侵防护能够保护服务器的安全弱点不被不法分子所利用。Cisco 公司的 Okena、NAI 公司的 McAfee Entercept、冠群金辰的龙渊服务器核心防护都属于这类产品,因此它们在防范红色代码和 Nimda 的攻击中起到了很好的防护作用。基于主机的入侵防护技术可以根据自定义的安全策略以及分析学习机制来阻断对服务器、主机发起的恶意入侵。HIPS 可以阻断缓冲区溢出、改变登录口令、改写动态链接库以及其他试图从操作系统夺取控制权的入侵行为,整体提升主机的安全水平。

在技术上,HIPS 采用独特的服务器保护途径,利用由包过滤、状态包检测和实时入侵检测组成分层防护体系。这种体系能够在提供合理吞吐率的前提下,最大限度地保护服务器的敏感内容,即可通过软件形式嵌入应用程序对操作系统的调用当中,通过拦截针对操作系统的可疑调用,提供对主机的安全防护。也可以以更改操作系统内核程序的方式,提供比操作系统更加严谨的安全控制机制。

由于 HIPS 工作在受保护的主机/服务器上,它不但能够利用特征和行为规则检测,阻止诸如缓冲区溢出之类的已知攻击,还能够防范未知攻击,防止针对 Web 页面、应用和资源的未授权的任何非法访问。HIPS 与具体的主机/服务器操作系统平台紧密相关,不同的平台需要不同的软件代理程序。

(2)基于网络的入侵防护(NIPS)。NIPS 通过检测流经的网络流量,提供对网络系统的安全保护。由于它采用在线连接方式,所以一旦辨识出入侵行为,NIPS 就可以去除整个网络会话,而不仅仅是复位会话。同样由于实时在线,NIPS 需要具备很高的性能,以免成为网络的瓶颈,因此 NIPS 通常被设计成类似于交换机的网络设备,提供线速吞吐速率以及多个网络端口。

NIPS 必须基于特定的硬件平台,才能实现千兆级网络流量的深度数据包检测和阻断功能。这种特定的硬件平台通常可以分为三类:第一类是网络处理器(网络芯片),第二类是专用的 FPGA 编程芯片,第三类是专用的 ASIC 芯片。

在技术上,NIPS 吸取了目前 NIDS 所有的成熟技术,包括特征匹配、协议分析和异常检测。特征匹配是最广泛应用的技术,具有准确率高、速度快的特点。基于状态的特征匹配不但检测攻击行为的特征,还要检查当前网络的会话状态,避免受到欺骗攻击。

协议分析是一种较新的入侵检测技术,它充分利用网络协议的高度有序性,并结合高速数据包捕捉和协议分析,来快速检测某种攻击特征。协议分析正在逐渐进入成熟应用阶段。

协议分析能够理解不同协议的工作原理，以此分析这些协议的数据包，来寻找可疑或不正常的访问行为。协议分析不仅仅基于协议标准（如 RFC），还基于协议的具体实现，这是因为很多协议的实现偏离了协议标准。通过协议分析，IPS 能够针对插入（Insertion）与规避（Evasion）攻击进行检测。异常检测的误报率比较高，NIPS 不将其作为主要技术。

（3）应用入侵防护（AIP）。NIPS 产品有一个特例，即应用入侵防护（Application Intrusion Prevention，AIP），它把基于主机的入侵防护扩展成为位于应用服务器之前的网络设备。AIP 被设计成一种高性能的设备，配置在应用数据的网络链路上，以确保用户遵守设定好的安全策略，保护服务器的安全。NIPS 工作在网络上，直接对数据包进行检测和阻断，与具体的主机/服务器操作系统平台无关。

NIPS 的实时检测与阻断功能很有可能出现在未来的交换机上。随着处理器性能的提高，每一层次的交换机都有可能集成入侵防护功能。

3．IPS 的技术特征

（1）嵌入式运行。只有以嵌入模式运行的 IPS 设备才能够实现实时的安全防护，实时阻拦所有可疑的数据包，并对该数据流的剩余部分进行拦截。

（2）深入分析和控制。IPS 必须具有深入分析能力，以确定哪些恶意流量已经被拦截，根据攻击类型、策略等来确定哪些流量应该被拦截。

（3）入侵特征库。高质量的入侵特征库是 IPS 高效运行的必要条件，IPS 还应该定期升级入侵特征库，并快速应用到所有传感器。

（4）高效处理能力。IPS 必须具有高效处理数据包的能力，对整个网络性能的影响保持在最低水平。

4．IPS 面临的挑战

IPS 技术需要面对很多挑战，其中主要有三点：一是单点故障，二是性能瓶颈，三是误报和漏报。

（1）单点故障。设计要求 IPS 必须以嵌入模式工作在网络中，而这就有可能造成瓶颈问题或单点故障。如果 IDS 出现故障，最坏的情况也就是造成某些攻击无法被检测到，而嵌入式的 IPS 设备出现问题就会严重影响网络的正常运转。如果 IPS 出现故障，用户就会面对一个由 IPS 造成的拒绝服务问题，所有客户都将无法访问企业网络提供的应用。

（2）性能瓶颈。即使 IPS 设备不出现故障，它仍然是一个潜在的网络瓶颈，不仅会增加滞后时间，而且会降低网络的效率。IPS 必须与数千兆或者更大容量的网络流量保持同步，尤其是当加载了数量庞大的检测特征库时，设计不够完善的 IPS 嵌入设备无法支持这种响应速度。绝大多数高端 IPS 产品供应商都通过使用自定义硬件（FPGA、网络处理器和 ASIC 芯片）来提高 IPS 的运行效率。

（3）误报和漏报。误报率和漏报率也需要 IPS 认真面对。在繁忙的网络当中，如果以每秒需要处理十条警报信息来计算，IPS 每小时至少需要处理 36000 条警报，一天就是 864000 条。一旦生成了警报，最基本的要求就是 IPS 能够对警报进行有效处理。如果入侵特征编写得不是十分完善，那么"误报"就有了可乘之机，导致合法流量也有可能被意外拦截。对于实时在线的 IPS 来说，一旦拦截了"攻击性"数据包，就会对来自可疑攻击者的所有数据流进行拦截。如果触发了误报警报的流量恰好是某个客户订单的一部分，那么其结果可想而知，这个客户整个会话就会被拦截，而且此后该客户所有重新连接到企业网络的合法访问都会被"尽职尽责"的 IPS 拦截。

5．IPS 的发展前景

IPS 厂商采用各种方式对上述挑战加以解决。一是综合采用多种检测技术，二是采用专用硬件加速系统来提高 IPS 的运行效率。尽管如此，为了避免 IPS 重蹈 IDS 覆辙，厂商对 IPS 的态度还是十分谨慎的。例如，NAI 提供的基于网络的入侵防护设备提供多种接入模式，其中包括旁路接入方式，在这种模式下运行的 IPS 实际上就是一台纯粹的 IDS 设备，NAI 希望提供可选择的接入方式来帮助用户实现从旁路监听向实时阻止攻击的自然过渡。

IPS 的不足并不会成为阻止人们使用 IPS 的理由，因为安全功能的融合是大势所趋，入侵防护顺应了这一潮流。对于用户而言，在厂商提供技术支持的条件下，有选择地采用 IPS，仍不失为一种应对攻击的理想选择。

1.5　华为 eNSP 模拟器使用简介

在本书接下来的各种任务和实践环节中，将用到华为 eNSP 模拟器。该模拟器以华为的基本网络互联设备为基础，可以完成简单和较复杂的网络工程项目的模拟，包括网络工程的整个拓扑结构，工程中所用到的交换机和路由器的命令行配置及调试，还可以进一步模拟无线网络。该模拟器最大的好处在于可以单步仿真，看到数据包的走向，分析网络互联中出现的各种问题和故障。这些功能后面将会详细介绍。

1．熟悉界面

如图 1-28 所示为华为 eNSP 软件运行后的界面。该界面的左侧面板（图 1-28 中的区域 1）中的图标代表 eNSP 所支持的各种产品和设备；中间面板（图 1-28 中的区域 2）则包含多种网络场景的样例；单击右上角的"新建拓扑"图标（图 1-28 中的区域 3）即可进入 eNSP 软件的主界面。

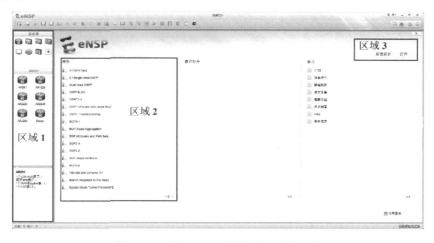

图 1-28　华为 eNSP 软件运行后的界面

eNSP 软件的主界面如图 1-29 所示。在主界面的上方有一个区域（图 1-29 中的区域 1），从左到右依次为新建拓扑、新建试卷工程、打开、保存、另存为、打印、撤销、恢复、恢复鼠标、拖动（总体移动，移动某一设备，直接拖动它就可以了）、删除、删除所有连线、文本（注解）、调色板、放大、缩小、重设、开启设备（默认所有设备都是关机状态，需要开启）、停止设备、数据抓包、显示所有接口、显示网格以及打开所有 CLI（打开所有设备的控制界面）；主界面的中间工作区域（图 1-29 中的区域 2）用来搭建网络拓扑。

如图 1-29 所示 eNSP 主界面的左侧有许多种类的硬件设备（如图 1-30 中的区域 1 所示），从左至右、从上到下依次为路由器、交换机、无线设备、防火墙、终端设备、其他设备、自定义设备、设备之间的连线。鼠标单击特定种类设备图标后，会在下方出现不同型号的产品（如图 1-30 中的区域 2 所示）。

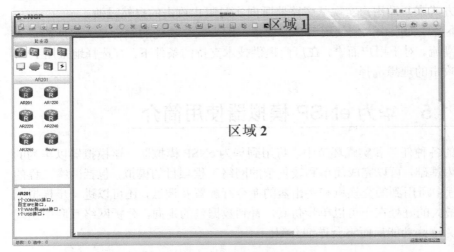

图 1-29　华为 eNSP 软件主界面

图 1-30　设备区

2．设备的选择与连接

如图 1-31 所示为 1 台交换机和 1 台路由器的连接图，接下来以图 1-31 为例，介绍如何选择设备以及设备之间是如何连接的。

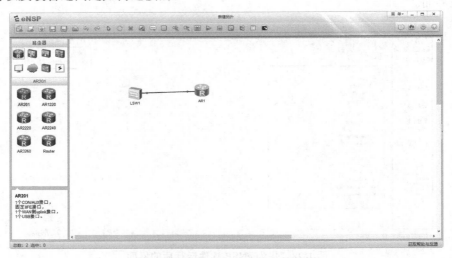

图 1-31　交换机与路由器的连接图

在如图 1-29 所示的主界面中，首先从设备区选中 1 台交换机，用鼠标单击它，然后在中央工作区域单击鼠标即可，或者直接用鼠标将交换机拖到中央工作区域，如图 1-32 所示。采用相同的方法，将路由器拖到中央工作区域，如图 1-33 所示。接着，在左侧设备区选择合适的连接线，如图 1-34 所示，然后在中央工作区域的交换机上单击一下鼠标以选择一个接口，再单击路由器选择一个接口，这样就完成了交换机与路由器的连接。

图 1-32 拖动交换机的效果图

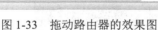

图 1-33 拖动路由器的效果图

图 1-34 选择合适的连接线

值得注意的是，当我们用鼠标将位于第一行的第一个设备也就是 Router 中的任意两个拖到工作区后，尝试用串行线 Serial 连接这两个路由器时发现，它们之间是无法正常连接的，原因是这两个设备初始化时都是模块化的，但是没有添加接口，比如多个串口等。此时可以用鼠标右键单击中央工作区域中的路由器，在弹出的快捷菜单中单击"设置"命令进入设置窗口，关闭路由器电源，选择"视图"选项，在"eNSP 支持的接口卡"栏选中模块即可，在接下来的设备管理中详细介绍。

3. 设备管理

华为 eNSP 模拟器提供了很多典型的网络设备，它们有各自迥然不同的功能，管理界面和使用方式也不同，这里就不一一介绍了，只简单介绍一下 PC 和路由器这两种设备的管理方法。

（1）PC。一般情况下，PC 不像路由器有 CLI，只需在图形界面下简单地配置即可。如图 1-35 所示，一般通过"基础配置"选项卡下面的"IPv4 配置"就可对 IP 地址、子网掩码、网关和 DNS 进行配置。如果要设置 PC 自动获取 IP 地址，可以对"IPv4 配置"里的 DHCP 进行设置。此外，还提供了"命令行"选项卡（只能执行一般的网络命令）、"组播"选项卡、"UDP 发包工具"选项卡和"串口"选项卡。

图1-35　PC配置界面图

（2）路由器。一般情况下，选好设备并连好线后就可以直接进行配置了，然而有些设备，如某些路由器，需要添加一些模块才能使用。在中央工作区域，用鼠标右键单击某个路由器设备，在弹出的快捷菜单中单击"设置"命令进入设置窗口，如图1-36所示。在属性配置界面有"视图"和"配置"两个选项卡，关闭路由器电源，选择"视图"选项卡，在"eNSP支持的接口卡"栏（图1-36中的区域1）选中模块，"eNSP支持的接口卡"下有许多模块，属性配置界面的右下角是对该模块的文字描述（图1-36中的区域2）。这里只举例介绍路由器，其他的设备请读者自行研究。

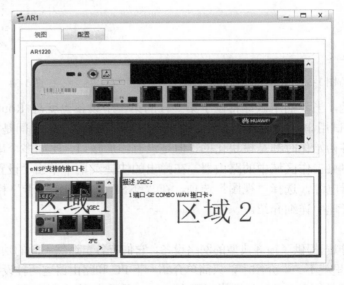

图1-36　路由器的配置界面

此外，在路由器的配置界面中，还可以观察到该路由器的模拟图。从模拟图中，可以看到该路由器有许多现成的接口和空槽，如图1-37所示。

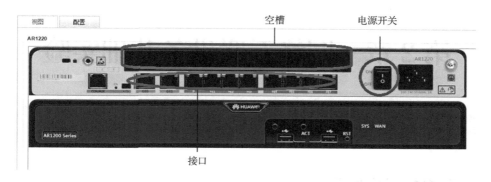

图 1-37 路由器模拟图

在空槽上可添加模块，如 1GEC、2FE。在关闭路由器电源后，先在"eNSP 支持的接口卡"栏选中模块，接着用鼠标左键按住该模块不放，拖到插槽中即可完成添加。添加模块后重新打开电源，这时路由器又重新启动了。如果没有添加 1GEC 或 2FE 这一模块，当用串口线连接 2 台路由器时是无法连接成功的，因为它还没有 Serial 接口。

在命令行界面中，可以设置路由器的显示名称，查看和配置路由协议与接口。

第2章 网络互联设备基础实验

2.1 交换技术基础

2.1.1 交换机工作原理

交换机通过不断自学习，在交换机内部逐步建立起一张 MAC 地址和端口号的映射表，即转发表，如表 2-1 所示。交换机依据数据帧中的目的 MAC 地址查找转发表，并将数据帧从相应的端口转发出去，如图 2-1 所示。从图 2-1 可以看出，当交换机收到一个数据帧后，首先获取这个数据帧中的目的 MAC 地址，如果目的 MAC 地址是 A，那么交换机就将此数据帧从端口 1 转发出去；如果目的 MAC 地址是 C，那么交换机就将此数据帧从端口 6 转发出去。

表 2-1 交换机内部的转发表 1

数据帧要去往的 MAC 地址	交换机端口
03-D2-E8-20-A1-11	1
03-D2-E8-20-A1-22	5
03-D2-E8-20-A1-33	6
03-D2-E8-20-A1-44	11

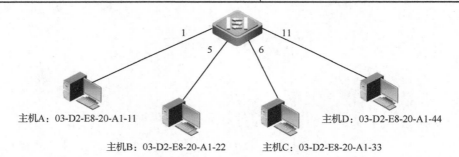

图 2-1 交换式网络

以太网交换机的工作过程如下：

（1）接收网段上的所有数据帧。

（2）交换机根据收到的数据帧中的源 MAC 地址建立该地址同交换机端口的映射（源地址自学习），即每收到一个数据帧，就记下该帧的源 MAC 地址和进入交换机的端口，作为转发表中的一个项目，同时使用地址老化机制进行转发表的维护。

（3）交换机获取数据帧中的目的 MAC 地址，并在转发表中查找该目的 MAC 地址。如果转发表中有目的 MAC 地址，就将该数据帧从相应的端口（不包括源端口）转发出去；如果转发表中没有目的 MAC 地址，就将该数据帧从所有的端口（不包括源端口）转发出去，即泛洪。

（4）对于广播帧和组播帧，交换机向所有的端口（不包括源端口）转发。

如图 2-2 所示交换机的端口 1、2、3、4 分别连接了主机 A、B、C、D。初始情况下，交换机的转发表为空，如表 2-2 所示。

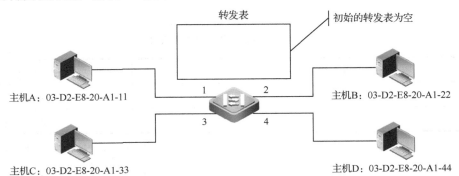

图 2-2　交换机转发数据的过程

表 2-2　初始情况下交换机内部的转发表

数据帧要去往的 MAC 地址	交换机端口

当主机 A 给主机 C 发送数据帧时，交换机从端口 1 收到该数据帧后，首先将数据帧中的源 MAC 地址（主机 A 的 MAC 地址）与端口 1 做映射，并将该映射写入转发表中，如表 2-3 所示。接着，交换机根据数据帧中的目的 MAC 地址（C 的 MAC 地址）查找转发表，发现转发表中没有主机 C 的 MAC 地址和端口的映射关系，于是该数据帧被泛洪，如图 2-3 所示。

表 2-3　交换机内部的转发表 2

数据帧要去往的 MAC 地址	交换机端口
03-D2-E8-20-A1-11	1

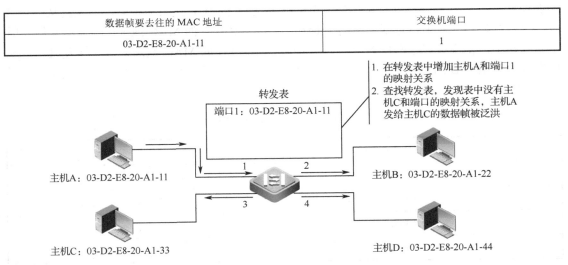

图 2-3　交换机转发数据的过程

当主机 B 给主机 C 发送数据帧时，交换机从端口 2 收到该数据帧后，首先将数据帧中的源 MAC 地址（主机 B 的 MAC 地址）与端口 2 做映射，并将该映射写入转发表中，如表 2-4 所示。接着，交换机根据数据帧中的目的 MAC 地址（C 的 MAC 地址）查找转发表，发现转发表中没有主机 C 的 MAC 地址和端口的映射关系，于是该数据帧被泛洪，如图 2-4 所示。

表 2-4　交换机内部的转发表 3

数据帧要去往的 MAC 地址	交换机端口
03-D2-E8-20-A1-11	1
03-D2-E8-20-A1-22	2

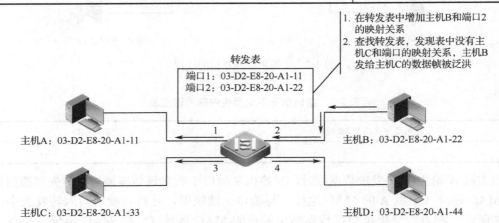

图 2-4　交换机转发数据的过程

经过上述数据帧的转发，此时交换机的转发表已经有了主机 A 的 MAC 地址—端口、主机 B 的 MAC 地址—端口两条映射，那么经过若干次数据帧的转发后，交换机的转发表逐渐增加项目条数，如表 2-5 所示。此时，当主机 D 给主机 B 发送数据帧时，交换机从端口 4 收到该数据帧后，首先将数据帧中的源 MAC 地址（主机 D 的 MAC 地址）与端口 4 做映射更新；接着，交换机根据数据帧中的目的 MAC 地址（B 的 MAC 地址）查找转发表，发现转发表中有主机 B 的 MAC 地址和端口 2 的映射关系，于是该数据帧从端口 2 转发出去，如图 2-5 所示。

表 2-5　交换机内部的转发表 4

数据帧要去往的 MAC 地址	交换机端口
03-D2-E8-20-A1-11	1
03-D2-E8-20-A1-22	2
03-D2-E8-20-A1-44	4
03-D2-E8-20-A1-33	3

图 2-5　交换机转发数据的过程

2.1.2　以太网交换机的基本参数

1．以太网设备接口

以太网设备接口分为固化接口和扩展插槽。

（1）固化接口。直接与主板集成在一体的端口称为固化端口，这类端口在设备上是不允许插拔的。

（2）扩展插槽。扩展插槽主要是用来扩展端口的，用于安装各种功能模块和接口模块，比如可以插 10/100/1000Mbps 自适应电口，也可以插 100/1000Mbps 光纤接口，还可以再扩展 16 口 100Mbps 的铜端口。由于各个接口模块的端口数量是有限的，因此扩展插槽的数量往往对交换机所能容纳的端口数量影响很大。此外，所有功能模块（如 IP 语音模块、安全服务模块、扩展服务模块、网络监控模块等）都需要占用插槽，所以扩展插槽的数量对交换机的可扩展性影响也很大。

2．模块化硬件设计

模块化设计可以提高设备的灵活性与扩展性，在实现硬件冗余与更换方面比较便捷。模块化设计常常分为简单模块化和全模块化。

（1）简单模块化。简单模块化设计在中低端设备中用得比较多，一般采用固化端口+扩展插槽方式设计，例如盒式设备。

（2）全模块化。全模块化设计一般在高端设备中用得比较多，电源、线卡（端口接入）、引擎（控制中心）、风扇等都可以采用此设计，例如箱式设备。

3．交换容量

交换容量是指网络设备接口处理器或接口卡和数据总线间所能吞吐的最大数据量，它是网络设备设计时决定的参数，常常用来衡量交换机的转发能力。

交换容量的衡量标准包括：

（1）盒式交换机交换容量≥端口速率×端口数×2 时，可实现全双工无阻塞转发数据。

（2）箱式交换机整机交换容量=线卡交换容量×线卡数。

4．背板带宽

背板带宽是指线卡插槽和背板之间的接口带宽，它是背板设计时决定的参数，常常用来衡量箱式交换机的背板。

背板带宽决定交换机的处理数据能力，一台交换机的背板带宽越高，其处理数据的能力就越强。所以，背板带宽越大越好，尤其是对汇聚层交换机和中心交换机而言。若要实现网络的全双工无阻塞传输，必须满足最小背板带宽的要求。其计算公式如下：

$$背板带宽 = 端口数 \times 相应端口速率 \times 2$$

当背板带宽≥线卡交换容量×线卡数×2 时，可实现全双工无阻塞交换。

5．包转发率

网络中的数据是由一个个数据包构成的，处理每个数据包都需要消耗资源。包转发率是指在不丢包的情况下，以太网接口每秒转发数据包的个数，又叫端口吞吐量，单位为 pps（packet per second）。

其实，决定包转发率的一个重要指标就是交换机的背板带宽，背板带宽标志了交换机总的数据交换能力。一台交换机的背板带宽越高，它处理数据的能力就越强，也就是包转发率越高。

2.1.3　认识接入层以太网交换机

1．启动交换机

交换机相当于一台特殊的计算机，同样有 CPU、存储介质和操作系统，只不过这些都与 PC 有些差别而已。交换机也由硬件和软件两部分组成，软件部分主要是操作系统，硬件主要包含 CPU、端口和存储介质。交换机启动过程在终端屏幕上的显示如下所示：

```
<Huawei>###############################################################
<Huawei>
Mar 31 2019 15:58:43-08:00 Huawei %%01IFNET/4/CARD_ENABLE(l)[0]:Board 0 card 0 h
as been available.
Mar 31 2019 15:58:43-08:00 Huawei %%01PHY/1/PHY(l)[1]:          GigabitEthernet0/0/1:
change status to down
Mar 31 2019 15:58:43-08:00 Huawei %%01IFNET/4/IF_STATE(l)[2]:Interface Vlanif1 h
as turned into DOWN state.
Mar 31 2019 15:58:43-08:00 Huawei %%01PHY/1/PHY(l)[3]:          GigabitEthernet0/0/2:
change status to down
Mar 31 2019 15:58:43-08:00 Huawei %%01PHY/1/PHY(l)[4]:          GigabitEthernet0/0/3:
change status to down
Mar 31 2019 15:58:43-08:00 Huawei %%01PHY/1/PHY(l)[5]:          GigabitEthernet0/0/4:
change status to down
Mar 31 2019 15:58:43-08:00 Huawei %%01PHY/1/PHY(l)[6]:          GigabitEthernet0/0/5:
change status to down
Mar 31 2019 15:58:43-08:00 Huawei %%01PHY/1/PHY(l)[7]:          GigabitEthernet0/0/6:
change status to down
Mar 31 2019 15:58:43-08:00 Huawei %%01PHY/1/PHY(l)[8]:          GigabitEthernet0/0/7:
change status to down
Mar 31 2019 15:58:43-08:00 Huawei %%01PHY/1/PHY(l)[9]:          GigabitEthernet0/0/8:
change status to down
Mar 31 2019 15:58:43-08:00 Huawei %%01PHY/1/PHY(l)[10]:          GigabitEthernet0/0/9:
  change status to down
Mar 31 2019 15:58:43-08:00 Huawei %%01PHY/1/PHY(l)[11]:          GigabitEthernet0/0/10
```

: change status to down

Mar 31 2019 15:58:43-08:00 Huawei %%01PHY/1/PHY(l)[12]:　　GigabitEthernet0/0/11
: change status to down

Mar 31 2019 15:58:43-08:00 Huawei %%01PHY/1/PHY(l)[13]:　　GigabitEthernet0/0/12
: change status to down

Mar 31 2019 15:58:43-08:00 Huawei %%01PHY/1/PHY(l)[14]:　　GigabitEthernet0/0/13
: change status to down

Mar 31 2019 15:58:43-08:00 Huawei %%01PHY/1/PHY(l)[15]:　　GigabitEthernet0/0/14
: change status to down

Mar 31 2019 15:58:43-08:00 Huawei %%01PHY/1/PHY(l)[16]:　　GigabitEthernet0/0/15
: change status to down

Mar 31 2019 15:58:43-08:00 Huawei %%01PHY/1/PHY(l)[17]:　　GigabitEthernet0/0/16
: change status to down

Mar 31 2019 15:58:43-08:00 Huawei %%01PHY/1/PHY(l)[18]:　　GigabitEthernet0/0/17
: change status to down

Mar 31 2019 15:58:43-08:00 Huawei %%01PHY/1/PHY(l)[19]:　　GigabitEthernet0/0/18
: change status to down

Mar 31 2019 15:58:43-08:00 Huawei %%01PHY/1/PHY(l)[20]:　　GigabitEthernet0/0/19
: change status to down

Mar 31 2019 15:58:43-08:00 Huawei %%01PHY/1/PHY(l)[21]:　　GigabitEthernet0/0/20
: change status to down

Mar 31 2019 15:58:43-08:00 Huawei %%01PHY/1/PHY(l)[22]:　　GigabitEthernet0/0/21
: change status to down

Mar 31 2019 15:58:43-08:00 Huawei %%01PHY/1/PHY(l)[23]:　　GigabitEthernet0/0/22
: change status to down

Mar 31 2019 15:58:43-08:00 Huawei %%01PHY/1/PHY(l)[24]:　　GigabitEthernet0/0/23
: change status to down

Mar 31 2019 15:58:43-08:00 Huawei %%01PHY/1/PHY(l)[25]:　　GigabitEthernet0/0/24
: change status to down

Mar 31 2019 15:58:43-08:00 Huawei %%01IFNET/4/IF_ENABLE(l)[26]:Interface Gigabit
Ethernet0/0/1 has been available.

Mar 31 2019 15:58:44-08:00 Huawei %%01IFNET/4/IF_ENABLE(l)[27]:Interface Gigabit
Ethernet0/0/2 has been available.

Mar 31 2019 15:58:44-08:00 Huawei %%01IFNET/4/IF_ENABLE(l)[28]:Interface Gigabit
Ethernet0/0/3 has been available.

Mar 31 2019 15:58:44-08:00 Huawei %%01IFNET/4/IF_ENABLE(l)[29]:Interface Gigabit
Ethernet0/0/4 has been available.

Mar 31 2019 15:58:44-08:00 Huawei %%01IFNET/4/IF_ENABLE(l)[30]:Interface Gigabit
Ethernet0/0/5 has been available.

Mar 31 2019 15:58:44-08:00 Huawei %%01IFNET/4/IF_ENABLE(l)[31]:Interface Gigabit
Ethernet0/0/6 has been available.

Mar 31 2019 15:58:44-08:00 Huawei %%01IFNET/4/IF_ENABLE(l)[32]:Interface Gigabit
Ethernet0/0/7 has been available.

Mar 31 2019 15:58:44-08:00 Huawei %%01IFNET/4/IF_ENABLE(l)[33]:Interface Gigabit
Ethernet0/0/8 has been available.

Mar 31 2019 15:58:44-08:00 Huawei %%01IFNET/4/IF_ENABLE(l)[34]:Interface Gigabit

```
Ethernet0/0/9 has been available.
Mar 31 2019 15:58:44-08:00 Huawei %%01IFNET/4/IF_ENABLE(l)[35]:Interface Gigabit
Ethernet0/0/10 has been available.
Mar 31 2019 15:58:44-08:00 Huawei %%01IFNET/4/IF_ENABLE(l)[36]:Interface Gigabit
Ethernet0/0/11 has been available.
Mar 31 2019 15:58:44-08:00 Huawei %%01IFNET/4/IF_ENABLE(l)[37]:Interface Gigabit
Ethernet0/0/12 has been available.
Mar 31 2019 15:58:44-08:00 Huawei %%01IFNET/4/IF_ENABLE(l)[38]:Interface Gigabit
Ethernet0/0/13 has been available.
Mar 31 2019 15:58:44-08:00 Huawei %%01IFNET/4/IF_ENABLE(l)[39]:Interface Gigabit
Ethernet0/0/14 has been available.
Mar 31 2019 15:58:44-08:00 Huawei %%01IFNET/4/IF_ENABLE(l)[40]:Interface Gigabit
Ethernet0/0/15 has been available.
Mar 31 2019 15:58:44-08:00 Huawei %%01IFNET/4/IF_ENABLE(l)[41]:Interface Gigabit
Ethernet0/0/16 has been available.
Mar 31 2019 15:58:44-08:00 Huawei %%01IFNET/4/IF_ENABLE(l)[42]:Interface Gigabit
Ethernet0/0/17 has been available.
Mar 31 2019 15:58:44-08:00 Huawei %%01IFNET/4/IF_ENABLE(l)[43]:Interface Gigabit
Ethernet0/0/18 has been available.
Mar 31 2019 15:58:44-08:00 Huawei %%01IFNET/4/IF_ENABLE(l)[44]:Interface Gigabit
Ethernet0/0/19 has been available.
Mar 31 2019 15:58:44-08:00 Huawei %%01IFNET/4/IF_ENABLE(l)[45]:Interface Gigabit
Ethernet0/0/20 has been available.
Mar 31 2019 15:58:44-08:00 Huawei %%01IFNET/4/IF_ENABLE(l)[46]:Interface Gigabit
Ethernet0/0/21 has been available.
Mar 31 2019 15:58:44-08:00 Huawei %%01IFNET/4/IF_ENABLE(l)[47]:Interface Gigabit
Ethernet0/0/22 has been available.
Mar 31 2019 15:58:44-08:00 Huawei %%01IFNET/4/IF_ENABLE(l)[48]:Interface Gigabit
Ethernet0/0/23 has been available.
Mar 31 2019 15:58:44-08:00 Huawei %%01IFNET/4/IF_ENABLE(l)[49]:Interface Gigabit
Ethernet0/0/24 has been available.
Mar 31 2019 15:58:44-08:00 Huawei %%01PHY/1/PHY(l)[50]:        GigabitEthernet0/0/1:
  change status to up
Mar 31 2019 15:58:44-08:00 Huawei %%01IFNET/4/IF_STATE(l)[51]:Interface Vlanif1
has turned into UP state.
```

到此为止，交换机启动与配置成功。在设置交换机的管理 IP 地址时，对于二层交换机，一般设置为该交换机以后所在 VLAN 的地址，可选择该网段内靠前或靠后的地址，以便尽量避免与网段内客户机的 IP 地址产生冲突。

2．交换机的配置途径

（1）通过 Console 端口配置。交换机和路由器一般都提供一个名为 Console 的控制台端口，此端口采用 RJ-45 接口，是一个符合 EIA/TIA RS-232 异步串行规范的配置端口，通过此控制台端口可以实现对交换机的本地配置。

将 Console 线缆的一端连接到交换机的 Console 端口，另一端经 AUI-RJ45 转换器连接到 PC 的 DB9 串口，如图 2-6 所示。

图 2-6　通过 Console 线管理交换机

在超级终端组件界面直接按回车键，不进入建立对话状态，直接用 CLI 方式进行 IP 地址配置管理，以便后续操作。

```
<Huawei>system-view
[Huawei]vlan 1
[Huawei]interface Vlanif 1
[Huawei-Vlanif1]ip address 192.168.1.1 24
[Huawei-Vlanif1]undo shutdown
[Huawei-Vlanif1]quit
```

在 PC 上启动 ping 工具，登录到交换机的方法是在 Windows 7 的"命令提示符"界面中输入"ping 设置的 vlan 1 的 IP 地址"。也可以在"开始"菜单→"运行"中的"打开"栏输入"ping 设置的 vlan 1 的 IP 地址"。观察 PC 是否连通交换机的管理接口 vlan 1。

配置虚拟线路终端 VTY，从而使交换机支持 TELNET 访问。此后，设置进入视图模式的口令、线路口令与主机名等。

```
<Huawei>system-view
[Huawei]user-interface vty 0 4
[Huawei-ui-vty0-4]authentication-mode password          （身份验证模式为密码）
[Huawei-ui-vty0-4]set authentication password ?          （选择密码类型）
  cipher    Set the password with cipher text            （密文）
  simple    Set the password in plain text               （明文）
[Huawei-ui-vty0-4]set authentication password simple huawei   （配置虚拟线路终端 VTY 的登录密码）
[Huawei-ui-vty0-4]user privilege level 15                （设置密码权限级别）
[Huawei-ui-vty0-4]quit
```

（2）通过 TELNET 访问。在通过 Console 完成交换机的以下两项配置后，可以通过 TELNET 来实现对它的远程配置和监测，如图 2-7 所示。

图 2-7　通过 TELNET 登录路由器

①对于二层交换机，必须配置了管理 IP 地址；对于三层交换机，至少有一个接口配置了 IP 地址。

②配置了 VTY（虚拟终端）的远程登录密码。

在 PC 上启动 TELNET 工具，登录到交换机的方法是在 Windows 7 的"命令提示符"界面中输入"telnet 设置的交换机管理的 IP 地址"。也可以在"开始"菜单→"运行"中的"打开"栏输入"telnet 设置的交换机管理的 IP 地址"。

（3）通过其他方法访问。

①利用 SecureCRT 软件登录。

②利用 HTTP 访问。

3．交换机的基本配置

（1）华为交换机的命令配置模式。HW IOS 共包括 7 种不同的命令模式，在不同的模式下，CLI 界面中会出现不同的提示符。为了方便大家的查找和使用，在此为大家列出各种模式及其相应进入方式：

①用户视图：查看交换机的简单运行状态和统计信息，与交换机建立连接即进入；

②系统视图：配置系统参数，在用户视图下输入"system-view"命令即进入；

③以太网端口视图：配置以太网端口参数，在系统视图下输入"interface interface-id"命令即进入；

④VLAN 视图：配置 VLAN 参数，在系统视图下输入"vlan vlan-id"命令即进入；

⑤VLAN 接口视图：配置 VLAN 和 VLAN 汇聚对应的 IP 接口参数，在系统视图下输入"interface vlan-interface 1"命令即进入；

⑥本地用户视图：配置本地用户参数，在系统视图下输入"local-user user1"命令即进入；

⑦用户界面视图：配置用户界面参数，在系统视图下输入"user-interface"命令即进入。

eNSP 命令需要在各自的命令模式下才能执行，因此，如果想执行某个命令，必须先进入相应的配置模式。

在交换机 CLI 命令中，有一个最基本的命令，那就是帮助命令"?"。在任何命令模式下，只需输入"?"，即显示该命令模式下所有可用到的命令及其用途，这就是交换机的帮助命令。另外，还可以在一个命令和参数后面加"?"，以寻求相关的帮助。

（2）基本配置方法。

①设置主机名。

<Huawei>	（用户模式提示符）
<Huawei>system-view	（进入配置视图）
[Huawei]sysname xxx	（设置主机名为 xxx）

②交换机口令设置。

[Huawei]aaa	（进入 aaa 认证模式定义用户账户 ）
[Huawei-aaa]local-user xxx password cipher xxx	（配置用户名和密码）
[Huawei-aaa]local-user xxx level 15	（配置用户优先级）
[Huawei-aaa]local-user xxx service-type telnet terminal ssh	（定义口令协议）
[Huawei-aaa]quit	
[Huawei]user-interface vty 0 4	（进入远程虚拟终端）
[Huawei-ui-vty0-4]authentication-mode aaa	（设置身份验证模式为 aaa）
[Huawei-ui-vty0-4]quit	

③交换机管理地址设置。三层交换机可以利用已有的任意一个接口地址来完成远程登录管理，不需要单独设置管理地址。对于二层交换机来说，只有 VLAN 1 接口可以设置 IP 地址，因此，二层交换机的管理地址通常设置在 VLAN 1 的接口上。管理地址必须设置为此交换机所在的网段。

```
[Huawei]interface vlanif1                              （进入接口视图）
[Huawei-Vlan-interfacex]ip address 192.168.1.2 255.255.255.0    （配置 VLAN 的 IP 地址）
[Huawei-Vlan-interfacex]quit                           （退出）
```

④交换机 VLAN 的创建和删除。

```
[Huawei]vlan 10           （创建 VLAN 10，并进入 VLAN 10 配置视图）
[Huawei-vlan10]quit       （回到配置视图 ）
[Huawei]undo vlan 10      （删除 VLAN 10）
```

⑤端口属性的设置。交换机默认端口设置自动检测端口速率和双工状态，也就是 Auto-speed、Auto-duplex，一般情况下不需要对每个端口进行设置。

speed 命令可以选择搭配 10、100 和 auto，分别代表 10Mbps，100Mbps 和自动协商速率。duplex 命令也可以选择 full、half 和 auto，分别代表全双工、半双工和自动协商双工状态。description 命令用于描述特定端口名字，建议对特殊端口进行描述。

```
[Huawei]interface Ethernet 1/0/1                    （进入端口）
[Huawei-Ethernet1/0/1]duplex {half|full|auto}       （配置端口工作状态）
[Huawei-Ethernet1/0/1]speed {10|100|auto}           （配置端口工作速率）
[Huawei-Ethernet1/0/1]quit                          （退出）
```

⑥配置交换机端口模式。交换机的端口工作模式一般可以分为三种：Access，Hybrid，Trunk。Trunk 模式的端口用于交换机与交换机，交换机与路由器，大多用于级联网络设备，所以也叫干道模式。Access 多用于接入层，也叫接入模式。我们先介绍 Trunk 模式和 Access 模式，Hybrid 模式在此暂时不做过多介绍。

```
[Huawei]interface Ethernet 1/0/1                         （进入端口）
[Huawei-Ethernet1/0/1]port link-type {trunk|access|hybrid}   （设置端口工作模式）
[Huawei-Ethernet1/0/1]quit                               （退出）
```

⑦交换机设置 IP 地址和默认网关。应该注意的是，交换机的 IP 地址、网关等信息是为管理交换机而设置的，与连接在该交换机上的网络设备无关，也就是说不配置 IP 信息，把线缆插进端口，照样可以工作。

```
[Huawei]interface Vlanif1                              （进入 VLAN 1）
[Huawei-Vlanif1]ip address 192.168.1.1 255.255.255.0   （设置 IP 地址）
[Huawei-Vlanif1]quit                                   （退出）
[Huawei]ip route-static 0.0.0.0 0.0.0.0 192.168.1.6    （设置默认网关）
```

⑧交换机显示命令。

显示系统版本信息：display version

显示诊断信息：display diagnostic-information

显示系统当前配置：display current-configuration

显示系统保存配置： display saved-configuration

　　显示接口信息：display interface
　　显示路由信息：display ip routing-table
　　显示 VLAN 信息：display vlan
　　显示生成树信息：display stp
　　显示 MAC 地址表：display mac-address
　　显示 ARP 表信息：display arp
　　显示系统 CPU 使用率：display cpu
　　显示系统内存使用率：display memory
　　显示系统日志：display log
　　显示系统时钟：display clock
　　验证配置正确后，使用保存配置命令：save
　　删除某条命令，一般使用命令：undo

2.1.4　基础实验 2.1　交换机基本配置实验

1．实验目的
（1）熟悉交换机开机界面；
（2）掌握交换机基本配置及查看统计信息的方法；
（3）掌握配置交换机的常用功能；
（4）配置文件的备份和擦除。

2．实验设备
在华为 eNSP 实验平台上连接 1 台 S5700 交换机和 1 台 PC，使用直连双绞线连接。

3．实验拓扑图
实验拓扑图如图 2-8 所示。

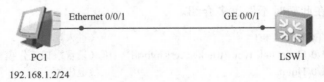

图 2-8　交换机基本配置实验拓扑图

4．实验步骤
第 1 步：配置 system-view 口令和用户名及密码。

华为 eNSP 模拟器无法直接在配置模式下添加用户名和密码属性，需要先进入 aaa 配置模式，然后在 aaa 配置模式下设置用户名和密码属性。

`<Huawei>`	（用户执行模式提示符）
`<Huawei>system-view`	（进入视图模式）
`[Huawei]`	（视图模式提示符）
`[Huawei]aaa`	（进入 aaa 配置模式）
`[Huawei-aaa]`	（aaa 配置模式提示符）
`[Huawei-aaa]local-user ?`	（配置用户名，"?" 可以查看提示和子命令）
STRING<1-64>　　User name, in form of 'user@domain'. Can use wildcard '*',	

```
                while displaying and modifying, such as *@isp,user@*,*@*.Can
                not include invalid character / \ : * ? " < > | @ '
[Huawei-aaa]local-user huawei ?                （设置用户名为 huawei，选 password 配置密码）
   access-limit      Set access limit of user(s)
   ftp-directory     Set user(s) FTP directory permitted
   idle-timeout      Set the timeout period for terminal user(s)
   password          Set password
   privilege         Set admin user(s) level
   service-type      Service types for authorized user(s)
   state             Activate/Block the user(s)
[Huawei-aaa]local-user huawei password ?       （选择加密方式）
   cipher   User password with cipher text       （带密码文本）
   simple   User password with plain text        （纯文本）
[Huawei-aaa]local-user huawei password cipher huawei   （设置密码为 huawei）
```

用户名和密码配置完成后，还应该为其设置权限等级，命令如下：

```
[Huawei-aaa]local-user huawei privilege level ?
   INTEGER<0-15>   Level value                （权限等级分为 1～15 级，最高级为 15）
[Huawei-aaa]local-user huawei privilege level 15   （在这里我们选择 15）
[Huawei-aaa]quit                               （退出 aaa 配置模式）
[Huawei]quit                                   （退出全局配置模式）
<Huawei>display current-configuration          （查看当前运行配置文件）
#
sysname Huawei
#
cluster enable
ntdp enable
ndp enable
#
drop illegal-mac alarm
#
diffserv domain default
#
drop-profile default
#
aaa
   authentication-scheme default
   authorization-scheme default
   accounting-scheme default
   domain default
   domain default_admin
   local-user admin password simple admin
   local-user admin service-type http
   local-user huawei password cipher $K&%QCXM$NYNZPO3JBXBHA!!
   local-user huawei privilege level 15
#
interface Vlanif1
#
interface MEth0/0/1
```

```
#
interface GigabitEthernet0/0/1
#
interface GigabitEthernet0/0/2
#
interface GigabitEthernet0/0/3
#
interface GigabitEthernet0/0/4
#
interface GigabitEthernet0/0/5
#
interface GigabitEthernet0/0/6
#
interface GigabitEthernet0/0/7
#
interface GigabitEthernet0/0/8
#
interface GigabitEthernet0/0/9
#
interface GigabitEthernet0/0/10
#
interface GigabitEthernet0/0/11
#
interface GigabitEthernet0/0/12
#
interface GigabitEthernet0/0/13
#
interface GigabitEthernet0/0/14
#
interface GigabitEthernet0/0/15
#
interface GigabitEthernet0/0/16
#
interface GigabitEthernet0/0/17
#
interface GigabitEthernet0/0/18
#
interface GigabitEthernet0/0/19
#
interface GigabitEthernet0/0/20
#
interface GigabitEthernet0/0/21
#
interface GigabitEthernet0/0/22
#
interface GigabitEthernet0/0/23
#
interface GigabitEthernet0/0/24
#
interface NULL0
```

```
#
user-interface con 0
user-interface vty 0 4
  authentication-mode aaa
#
Return


<Huawei>
```

第 2 步：配置交换机的端口属性。

交换机的端口属性默认支持一般网络环境下的正常工作，一般情况下是不需要对其端口进行设置的。在某些情况下需要对其端口属性进行配置时，配置的属性主要有速率、双工和端口描述等信息。

```
[Huawei]interface GigabitEthernet 0/0/1        （进入快速以太网接口 0/0/1 的配置模式）
[Huawei-GigabitEthernet0/0/1]speed ?            （查看 speed 命令的子命令）
  10              10M port speed mode            （显示结果）
  100             100M port speed mode
  1000            1000M port speed mode
  auto-negotiation    Auto negotiation
```

在华为交换机中配置端口速率之前，应先关闭端口自动协商协议，命令如下：

```
[Huawei-GigabitEthernet0/0/1]undo negotiation auto
```

接下来就可以为端口设置速率：

```
[Huawei-GigabitEthernet0/0/1]speed 100          （设置端口速率为 100Mbps）
[Huawei-GigabitEthernet0/0/1]duplex ?           （查看 duplex 命令的子命令）
  full   Full-Duplex mode                        （全双工）
  half   Half-Duplex mode                        （半双工）
[Huawei-GigabitEthernet0/0/1]duplex full         （设置该端口为全双工）
[Huawei-GigabitEthernet0/0/1]description TO_PC   （设置该端口描述为 TO_PC）
[Huawei-GigabitEthernet0/0/1]quit

[Huawei]quit                                     （退出配置模式）
<Huawei>display interface GigabitEthernet 0/0/1  （查看端口 0/0/1 配置结果）
GigabitEthernet0/0/1 current state : UP
Line protocol current state : UP
Description:TO_PC
Switch Port, PVID :        1, TPID : 8100(Hex), The Maximum Frame Length is 9216
IP Sending Frames' Format is PKTFMT_ETHNT_2, Hardware address is 4c1f-cc06-7f19
Last physical up time     : 2019-04-17 09:47:01 UTC-08:00
Last physical down time : 2019-04-17 09:47:00 UTC-08:00
Current system time: 2019-04-17 11:12:14-08:00
Hardware address is 4c1f-cc06-7f19
    Last 300 seconds input rate 0 bytes/sec, 0 packets/sec
    Last 300 seconds output rate 0 bytes/sec, 0 packets/sec
    Input: 0 bytes, 0 packets
    Output: 279650 bytes, 2350 packets
    Input:
```

Unicast: 0 packets, Multicast: 0 packets

Broadcast: 0 packets

Output:

Unicast: 0 packets, Multicast: 2350 packets

Broadcast: 0 packets

Input bandwidth utilization　:　0%

Output bandwidth utilization :　0%

2.1.5　虚拟局域网（VLAN）

我们在第 1 章已介绍了 VLAN 技术。VLAN 技术的出现，使得管理员根据实际应用需求，将同一物理局域网内的不同用户逻辑划分成不同的广播域，每一个 VLAN 都包含一组有着相同需求的计算机工作站，与物理上形成的 LAN 有着相同的属性。由于它是从逻辑上划分，而不是从物理上划分，所以同一个 VLAN 内的各个工作站没有限制在同一个物理范围中，即这些工作站可以在不同的物理 LAN 内。由 VLAN 的特点可知，一个 VLAN 内部的广播和单播数据都不会转发到其他 VLAN 中，从而有助于控制流量、减少设备投资、简化网络管理、提高网络的安全性。

VLAN 除了能将网络划分为多个广播域，从而有效地控制广播风暴的发生，以及使网络的拓扑结构变得非常灵活等优点外，还可以用于控制网络中不同部门、不同站点之间的互相访问。VLAN 是为解决以太网的广播问题和安全性而提出的一种协议，它在以太网帧的基础上增加了 VLAN 头，用 VLAN ID 把用户划分为更小的工作组，限制不同工作组之间的用户互访，每个工作组就是一个虚拟局域网。虚拟局域网的好处是可以限制广播范围，并能够形成虚拟工作组，动态管理网络。

若需要实现 VLAN 之间数据通信，必须为需要相互通信的 VLAN 配置各自的 VLAN 接口地址，即每个 VLAN 的网关地址。二层交换机可以划分 VLAN，并且使得各 VLAN 之间无法通信。三层交换机可以实现各 VLAN 之间的数据通信。

1．Trunk 链路与封装协议及配置

（1）Trunk 链路。在实际应用中，会遇到一个 VLAN 的所属端口分布在两个或多个交换机上的情况。例如，按照部门划分 VLAN 时，同一部门的员工可能分布在不同的楼层，其接入交换机不同，而又需要在同一 VLAN 之中，此时的 VLAN 需要跨越多台交换机。

为了解决该问题，将交换机级联的链路允许各 VLAN 数据通过，这条链路称之为 VLAN 链路，如图 2-9 所示。

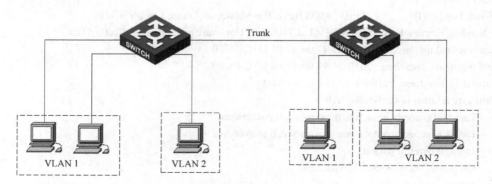

图 2-9　Trunk 链路

用于做 Trunk 链路的交换机接口工作模式必须设置为 Trunk 模式，接口速率必须大于等于 100Mbps。因此，当属于同一个 VLAN 的端口分布在两个或多个交换机上时，交换机之间的级联链路必须采用 Trunk 链路，即链路两端的交换机级联端口必须设置为 Trunk 模式。

（2）Trunk 链路封装协议。Trunk 协议主要包括 802.1Q 和 ISL。其中，802.1Q 是一个工业标准的 Trunk 协议，支持不同厂商的 VLAN 设备；ISL 是 Cisco 公司制定的私有协议，只适用于 Cisco 某些产品。

①IEEE 802.1Q 封装协议。支持 802.1Q 的交换端口可被配置用来传输标签帧或无标签帧，IEEE 802.1Q 的关键在于标签。一个包含 VLAN 信息的标签字段可以插入以太帧中。如果端口有支持 802.1Q 的设备（如另一台交换机）相连，那么这些标签帧可以在交换机之间传送 VLAN 成员信息，这样 VLAN 就可以跨越多台交换机。

IEEE 802.1Q 所附加的 VLAN 标签，位于数据帧中发送源 MAC 地址和类别域之间，所添加的内容为 2 字节的 TPID 和 2 字节的 TCI，共计 4 字节。对数据帧的封装过程如图 2-10 所示。

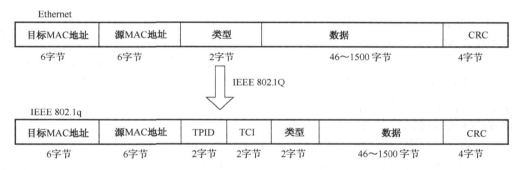

图 2-10　802.1Q 对数据帧的封装过程

TPID（Tag Protocol Identifier）：值为 8100（hex），交换机据此确定数据帧内附加基于 IEEE 802.1Q 协议的 VLAN 信息。

TCI（Tag Control Information）：标签控制信息字段，包括用户优先级（User Priority）、规范格式指示器（Canonical Format Indicator，CFI）和 VID（VLAN ID）。

User Priority：定义用户优先级，包括 8 个优先级别。IEEE 802.1Q 为 3 位的用户优先级位定义了操作。

CFI：以太网交换机中，规范格式指示器总被设置为 0。由于兼容特性，CFI 常用于以太网类网络和令牌环类网络之间。如果在以太网端口接收的帧具有 CFI，那么设置为 1，表示该帧不进行转发，这是因为以太网端口是一个无标签端口。

VID：是对 VLAN 的识别字段，在标准 802.1Q 中常被使用。该字段为 12 位，支持 4096 个 VLAN 的识别。在 4096 个可能的 VID 中，VID=0 用于识别帧的优先级，4095（FFF）作为预留值，所以 VLAN 配置的最大可能值为 4094。

②ISL 封装协议。ISL（Cisco Inter-Switch Link Protocol，交换链路内协议）是思科私有协议，主要用于维护交换机和路由器间的通信流量等 VLAN 信息。ISL 标签（Tagging）能与 802.1Q 干线执行相同任务，只是所采用的帧格式不同。

ISL 干线（Trunks）是 Cisco 私有的，是指两个设备之间（如交换机）的一条点对点连接线路，在"交换链路内协议"名称中即包含了这层含义。ISL 帧标签采用一种低延迟

（Low-Latency）机制为单个物理路径上的多个 VLAN 数据提供复用技术。ISL 主要用于实现交换机、路由器以及各结点（如服务器所使用的网络接口卡）之间的连接操作。为支持 ISL 功能特征，每台连接设备都必须采用 ISL 配置，ISL 所配置的路由器支持 VLAN 内通信服务。

和 802.1Q 一样，ISL 作用于 OSI 参考模型的第 2 层，所不同的是，ISL 协议头和协议尾封装了整个第 2 层的以太帧。正因为如此，ISL 被认为是一种能在交换机间传送第 2 层任何类型的帧或上层协议的独立协议。ISL 所封装的帧可以是令牌环（Token Ring）或快速以太网（Fast Ethernet），它们在发送端和接收端之间不断传送。

2．VLAN 的创建与配置步骤

需要配置 VLAN 时，首先根据需求和设计好的网络拓扑结构，进行 VLAN 的规划和 IP 地址分配，然后创建和配置 VLAN。

VLAN 创建分为三个步骤：创建 VLAN，配置 VLAN 子接口地址，划分端口所属 VLAN。

（1）创建 VLAN。创建 VLAN 可以在二层或三层交换机上进行，其命令为：

```
[Huawei]vlan vlan-id
```

其中，vlan-id 表示需要创建的 VLAN 号。

（2）配置 VLAN 子接口地址。要实现 VLAN 间的数据通信，必须配置 VLAN 的子接口 IP 地址。对于在三层交换机上创建的 VLAN，每个 VLAN 对应有一个虚拟的 VLAN 子接口，通过配置各 VLAN 子接口 IP 地址，能够实现各 VLAN 之间的数据通信。配置命令为：

```
[Huawei]interface Vlanif vlan-id
[Huawei-Vlanif1]ip address    address netmask
[Huawei-Vlanif1]undo shutdown
```

以上配置步骤是先进入某 VLAN 的虚拟接口，然后定义该接口 IP 地址及其子网掩码，最后启用该接口。

（3）划分 VLAN 端口。划分 VLAN 端口是将交换机的端口划分并指派到各自所属的 VLAN，分两步进行：

①选择需要划分的端口。

②在接口配置模式下，通过以下命令，将当前所选择的端口划分到指定 VLAN 中去。

```
[Huawei-GigabitEthernet0/0/1]port default vlan vlan-id
```

如果一个 VLAN 所属端口分布在多台交换机上，则需要分别在这些交换机上进行端口划分，并配置这些交换机之间的级联链路为 Trunk 链路。

2.1.6　基础实验 2.2　在单台交换机下实现 VLAN

1．实验目的

（1）了解 VLAN 的基本配置；

（2）能够在交换机上启用 VLAN，并将相应的端口划入 VLAN。

2．实验设备

在华为 eNSP 实验平台上连接 1 台 S3700 交换机和 2 台 PC，直连双绞线若干，进行设备配置。

3．实验拓扑图

实验拓扑图如图 2-11 所示。

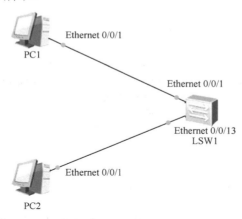

图 2-11　单台交换机 VLAN 划分实验拓扑图

4．实验步骤

如图 2-11 所示，为了清晰起见，建议删除交换机上所有配置并重新启动交换机。现在我们在交换机上划分两个 VLAN，即 VLAN 2 和 VLAN 3。一台没有经过任何配置的交换机默认是将所有的端口划分在 VLAN 1 中。S3700 交换机共有 24 个端口，即 22 个 Ethernet 端口和 2 个 GigabitEthernet 端口。现在我们将前面的 1～11 端口划分在 VLAN 2 中，将后面的 12～22 端口划分在 VLAN 3 中。然后检查 PC 之间能否 ping 通，同一个 VLAN 间的 PC 若能 ping 通，而不同 VLAN 间的 PC 不能 ping 通，说明 VLAN 配置成功。具体操作如下：

```
<Huawei>system-view                              （进入视图模式）
[Huawei]sysname S3700                            （交换机重命名为 S3700）
[S3700]vlan ?                                     （查看当前命令下的子命令）
   INTEGER<1-4094>    VLAN ID
   batch                Batch process
[S3700]vlan 2                                     （创建 VLAN 2）
[S3700-vlan2]description ?
   TEXT    VLAN description(no more than 80 characters)
[S3700-vlan2]description Workgroup2               （为 VLAN 2 添加描述：Workgroup2）
[S3700-vlan2]quit
[S3700]vlan 3
[S3700-vlan3]description Workgroup3
[S3700-vlan3]quit
[S3700]port-group ?
   STRING<1-32>    Port-group name
   group-member    Add port to current port-group
[S3700]port-group vlan2                           （创建组 vlan2）
[S3700-port-group-vlan2]group-member Ethernet 0/0/1 to Ethernet 0/0/11
   （将端口 1-11 添加进组）
[S3700-port-group-vlan2]port link-type access     （将端口设置成 Access）
[S3700-port-group-vlan2]port default vlan 2        （将端口放进 VLAN 2）
[S3700-port-group-vlan2]quit                       （退出组配置）
[S3700]port-group vlan3
[S3700-port-group-vlan3]group-member Ethernet 0/0/12 to Ethernet 0/0/22
```

```
[S3700-port-group-vlan3]port link-type access
[S3700-port-group-vlan3]port default vlan 3
[S3700-port-group-vlan3]quit
[S3700]quit
<S3700>display vlan          （查看 VLAN 信息）
The total number of vlans is : 3
--------------------------------------------------------------------------------
U: Up;              D: Down;            TG: Tagged;            UT: Untagged;
MP: Vlan-mapping;                       ST: Vlan-stacking;
#: ProtocolTransparent-vlan;       *: Management-vlan;
--------------------------------------------------------------------------------

VID   Type    Ports
--------------------------------------------------------------------------------
1     common  UT:GE0/0/1(D)          GE0/0/2(D)

2     common  UT:Eth0/0/1(U)       Eth0/0/2(D)        Eth0/0/3(D)        Eth0/0/4(D)

              Eth0/0/5(D)          Eth0/0/6(D)        Eth0/0/7(D)        Eth0/0/8(D)
              Eth0/0/9(D)          Eth0/0/10(D)       Eth0/0/11(D)

3     common  UT:Eth0/0/12(D)      Eth0/0/13(U)       Eth0/0/14(D)       Eth0/0/15(D)

              Eth0/0/16(D)         Eth0/0/17(D)       Eth0/0/18(D)       Eth0/0/19(D)
              Eth0/0/20(D)         Eth0/0/21(D)       Eth0/0/22(D)

VID   Status  Property       MAC-LRN Statistics Description
--------------------------------------------------------------------------------

1     enable  default        enable  disable      VLAN 0001
2     enable  default        enable  disable      Workgroup2
3     enable  default        enable  disable      Workgroup3
<S3700>
<S3700>save
The current configuration will be written to the device.
Are you sure to continue?[Y/N]Y          （保存配置信息）
Info: Please input the file name ( *.cfg, *.zip ) [vrpcfg.zip]:
Apr 18 2019 11:01:20-08:00 S3700 %%01CFM/4/SAVE(l)[1]:The user chose Y when   deci
ding whether to save the configuration to the device.
```

注意：在华为交换机中，想要同时为多个连续端口添加相同配置，可以先用 port-group 命令创建一个组，然后使用 group-member [Ethernet-number] to [Ethernet-number]命令将其添加进组以后进行配置。

配置完成后，将 PC1 和 PC2 同时接入 VLAN 2 中，测试一下同一 VLAN 内的主机之间是否可以 ping 通，答案是肯定的。接下来将 PC2 接入 VLAN 3 中，测试一下不同 VLAN 内的主机是否可以 ping 通，答案是否定的，因为 PC1 和 PC2 不属于同一个 VLAN。

通过测试可以知道，不在同一个 VLAN 中的计算机之间不能通信，同一个 VLAN 中的计算机可以相互通信。

2.1.7　基础实验 2.3　实现交换机 Trunk 功能

1．实验目的

（1）了解 VLAN Trunk 技术；

（2）能够配置交换机的端口为 Trunk 模式，实现跨交换机的 VLAN 配置。

2．实验设备

在华为 eNSP 实验平台上连接 2 台 S3700 交换机和 4 台 PC，直连双绞线若干，交叉双绞线若干，进行设备配置。

3．实验拓扑图

实验拓扑图如图 2-12 所示。

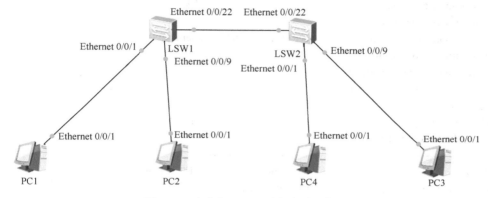

图 2-12　交换机 Trunk 功能实验拓扑图

4．实验步骤

（1）配置 VLAN Trunk 端口。分别在服务器和客户端进行中继端口设置。

交换机 LSW1：

```
<Huawei>system-view
[Huawei]int Ethernet 0/0/22
[Huawei-Ethernet0/0/22]port link-type ?
  access          Access port
  dot1q-tunnel    QinQ port
  hybrid          Hybrid port
  trunk           Trunk port
[Huawei-Ethernet0/0/22]port link-type trunk
[Huawei-Ethernet0/0/22]port trunk allow-pass vlan all
（允许所有 VLAN 信息通过此 Trunk 链路口）
[Huawei-Ethernet0/0/22]quit
```

在交换机 LSW2 中进行同样的配置。

（2）创建 VLAN。VLAN 信息可以在服务器模式或透明模式交换机上创建。

交换机 LSW1：

```
[Huawei]vlan 2
[Huawei-vlan2]description Workgroup2            （为 VLAN 2 添加描述：Workgroup2）
```

```
[Huawei-vlan2]quit
[Huawei]vlan 3
[Huawei-vlan3]description Workgroup3
[Huawei-vlan3]quit
```

在交换机 LSW2 中进行同样的配置。

（3）在交换机 LSW1 和交换机 LSW2 中分别将端口加入 VLAN 中。

```
[Huawei]port-group vlan2                              （创建组 vlan2）
[Huawei-port-group-vlan2]group-member Ethernet 0/0/1 to Ethernet 0/0/8
    （将端口 1-11 添加进组）
[Huawei-port-group-vlan2]port link-type access        （将端口设置成 Access）
[Huawei-port-group-vlan2]port default vlan 2          （将端口放进 VLAN 2）
[Huawei-port-group-vlan2]quit                         （退出组配置）
[Huawei]port-group vlan3
[Huawei-port-group-vlan3]group-member Ethernet 0/0/9 to Ethernet 0/0/16
[Huawei-port-group-vlan3]port link-type access
[Huawei-port-group-vlan3]port default vlan 3
[Huawei-port-group-vlan3]quit
[Huawei]quit
<Huawei>display vlan                                  （查看 VLAN 信息）
The total number of vlans is : 3
--------------------------------------------------------------------------
U: Up;          D: Down;          TG: Tagged;          UT: Untagged;
MP: Vlan-mapping;                 ST: Vlan-stacking;
#: ProtocolTransparent-vlan;      *: Management-vlan;
--------------------------------------------------------------------------

VID   Type    Ports
--------------------------------------------------------------------------
1     common  UT:Eth0/0/17(D)    Eth0/0/18(D)     Eth0/0/19(D)    Eth0/0/20(D)
              Eth0/0/21(D)       Eth0/0/22(U)     GE0/0/1(D)      GE0/0/2(D)
2     common  UT:Eth0/0/1(U)     Eth0/0/2(D)      Eth0/0/3(D)     Eth0/0/4(D)
              Eth0/0/5(D)        Eth0/0/6(D)      Eth0/0/7(D)     Eth0/0/8(D)
              TG:Eth0/0/22(U)
3     common  UT:Eth0/0/9(U)     Eth0/0/10(D)     Eth0/0/11(D)    Eth0/0/12(D)
              Eth0/0/13(D)       Eth0/0/14(D)     Eth0/0/15(D)    Eth0/0/16(D)
              TG:Eth0/0/22(U)
VID   Status  Property      MAC-LRN Statistics Description
--------------------------------------------------------------------------
1     enable  default       enable  disable     VLAN 0001
2     enable  default       enable  disable     Workgroup2
3     enable  default       enable  disable     Workgroup3
<Huawei>
```

接下来将 PC1 用直连双绞线连接到 LSW1 交换机，PC2 连接到 VLAN 3，PC3 用直连双绞线连接到 LSW2 交换机，PC4 连接到 VLAN 3。测试 VLAN 间的内部通信。

2.1.8　基础实验 2.4　跨交换机实现不同 VLAN 之间的通信

1．实验目的

（1）实现不同 VLAN 间的通信；

（2）能够在交换机上熟练划分和配置 VLAN。

2．实验设备

在华为 eNSP 实验平台上连接 1 台 S5700 交换机、2 台 S3700 交换机和 2 台 PC，直连双绞线若干，交叉双绞线若干，进行设备配置。

3．实验拓扑图

实验拓扑图如图 2-13 所示。

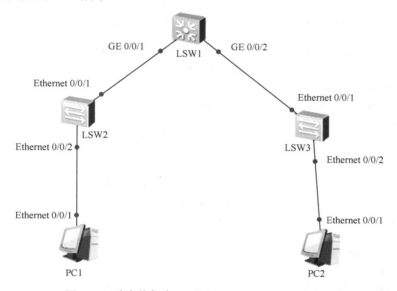

图 2-13　跨交换机实现不同 VLAN 通信实验拓扑图

4．实验步骤

（1）配置交换机 LSW1。在交换机 LSW1 上划分 2 个 VLAN，分别为 VLAN 2 和 VLAN 3；在 LSW1 上配置两个 SVI 接口 interface vlan 2、interface vlan 3，两个 SVI 接口的 IP 地址分别是 192.168.2.1 和 192.168.3.1，并将 LSW1 的 1～2 号端口划分为 Trunk 模式。具体的操作步骤如下：

```
<Huawei>system-view                          （进入视图模式）
[Huawei]sysname S5700                        （交换机重命名为 S5700）
[S5700]vlan ?                                 （查看当前命令下的子命令）
   INTEGER<1-4094>    VLAN ID
   batch              Batch process
[S5700]vlan 2                                 （创建 VLAN 2）
[S5700-vlan2]description ?
   TEXT   VLAN description(no more than 80 characters)
[S5700-vlan2]description Workgroup2           （为 VLAN 2 添加描述：Workgroup2）
[S5700-vlan2]quit
```

```
[S5700]int vlan2
[S5700-Vlanif2]ip add 192.168.2.1 24          （为 VLAN 2 分配地址）
[S5700-Vlanif2]quit
[S5700]vlan 3
[S5700-vlan3]description Workgroup3
[S5700-vlan3]quit
[S5700]int vlan2
[S5700-Vlanif2]ip add 192.168.3.1 24
[S5700-Vlanif2]quit
[S5700]port-group
    STRING<1-32>    Port-group name
    group-member    Add port to current port-group
[S5700]port-group trunk                        （创建组 trunk）
[S5700-port-group-vlan2]group-member GigabitEthernet 0/0/1 to GigabitEthernet 0/0/2（将端口 1-2 添加进
组）
[S5700-port-group-vlan2]port link-type trunk    （将端口设置成 Trunk 模式）
[S5700-port-group-vlan2]port trunk allow-pass vlan all
（允许所有 VLAN 信息通过此 Trunk 链路口）
[S5700-port-group-vlan2]quit                    （退出组配置）
[S5700]quit
<S5700>display vlan                            （查看 VLAN 信息）
The total number of vlans is : 3
--------------------------------------------------------------------------
U: Up;          D: Down;          TG: Tagged;          UT: Untagged;
MP: Vlan-mapping;                 ST: Vlan-stacking;
#: ProtocolTransparent-vlan;      *: Management-vlan;
--------------------------------------------------------------------------
VID   Type     Ports
--------------------------------------------------------------------------
1     common   UT:GE0/0/1(U)    GE0/0/2(U)      GE0/0/3(D)      GE0/0/4(D)
               GE0/0/5(D)       GE0/0/6(D)      GE0/0/7(D)      GE0/0/8(D)
               GE0/0/9(D)       GE0/0/10(D)     GE0/0/11(D)     GE0/0/12(D)
               GE0/0/13(D)      GE0/0/14(D)     GE0/0/15(D)     GE0/0/16(D)
               GE0/0/17(D)      GE0/0/18(D)     GE0/0/19(D)     GE0/0/20(D)
               GE0/0/21(D)      GE0/0/22(D)     GE0/0/23(D)     GE0/0/24(D)
2     common   TG:GE0/0/1(U)    GE0/0/2(U)
3     common   TG:GE0/0/1(U)    GE0/0/2(U)

VID   Status   Property       MAC-LRN Statistics Description
--------------------------------------------------------------------------
1     enable   default        enable  disable    VLAN 0001
2     enable   default        enable  disable    VLAN 0002
3     enable   default        enable  disable    VLAN 0003
<S5700>
<S5700>save       （保存所有配置）
```

（2）配置交换机 LSW2。在交换机 LSW2 上创建 VLAN2、VLAN3，将它们的 1 号端口
也设置为 Trunk 模式，并将 LSW2 的 2 号端口划入 VLAN2。具体的操作步骤如下：

```
<Huawei>system-view                    （进入视图模式）
[Huawei]sysname S5700                  （交换机重命名为 S5700）
[S5700]vlan 2                          （创建 VLAN 2）
[S5700-vlan2]quit
[S5700]vlan 3
[S5700-vlan3]quit
[S5700]int Ethernet 0/0/1
[S5700-Ethernet0/0/1]port link-type ?
    access          Access port
    dot1q-tunnel    QinQ port
    hybrid          Hybrid port
    trunk           Trunk port
[S5700-Ethernet0/0/1]port link-type trunk
[S5700-Ethernet0/0/1]port trunk allow-pass vlan all    （允许所有 VLAN 信息通过此 Trunk 链路口）
[S5700-Ethernet0/0/1]quit
[S5700]int Ethernet 0/0/2
[S5700-Ethernet0/0/2]port link-type access
[S5700-Ethernet0/0/2]port default vlan 2
```

在交换机 LSW3 上创建 VLAN2、VLAN3，将它们的 1 号端口也设置为 Trunk 模式，并将 LSW3 的 2 号端口划入 VLAN3。具体操作步骤与交换机 LSW1 类似，在这里就不再列出了。

（3）配置 PC。2 台 PC 的配置分别如图 2-14 和图 2-15 所示。

PC1 与 PC2 分别属于 VLAN 2、VLAN 3，它们的 IP 地址分别在网络 192.18.2.0/24、192.18.3.0/24 内。利用 ping 命令验证 PC1 与 PC2 能相互通信，若是则说明 VLAN 配置成功。

图 2-14　PC1 的配置

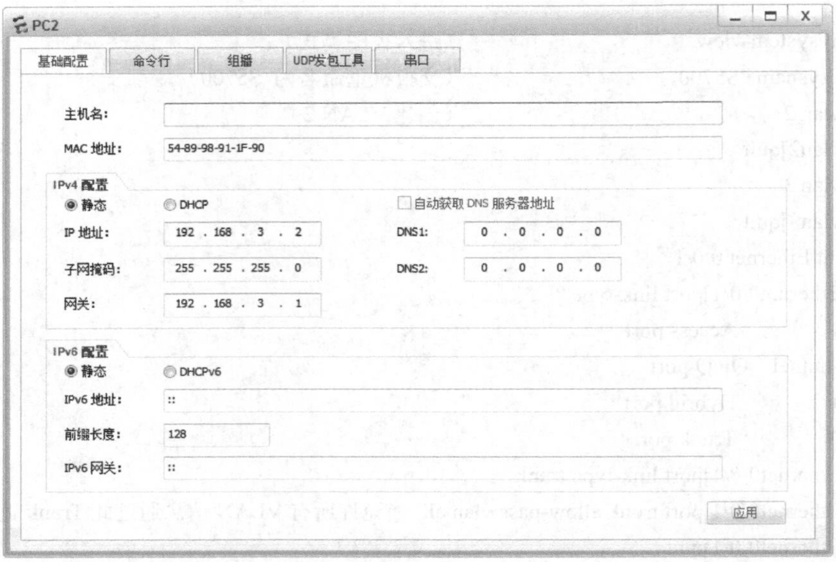

图 2-15　PC2 的配置

2.1.9　生成树协议（STP）及其原理

1. 生成树协议的作用

由交换机构成的交换网络中，在设计时应该有冗余链路和设备。这种设计的目的在于能防止因一个交换机出现故障而导致相关网络功能的丢失，但也导致了交换回路的产生，它会带来如下问题：

（1）广播风暴；

（2）同一帧的多份复制；

（3）不稳定的 MAC 地址表。

因此，在交换网络中必须有一个机制来阻止回路，而生成树协议（Spanning Tree Protocol，STP）的作用正在于此。一旦桥接器/交换机检测到故障，生成树协议就能立即重新配置，启用备份链路，保证网络的连通。

生成树协议（STP 协议）的国际标准是 IEEE 802.1D。

运行生成树算法的网桥/交换机在规定的间隔内通过网桥协议数据单元（BPDU）的组播帧与其他交换机交换配置信息。

2. 生成树算法 SPA

在 STP 协议中定义了根桥（Root Bridge）、根端口（Root Port）、指定端口（Designated Port）、路径开销（Path Cost）等概念。其目的就在于通过构造一棵自然树的方法裁剪冗余环路，同时实现链路备份和路径最优化。用于构造这棵树的算法称为生成树算法 SPA（Spanning Tree Algorithm）。

（1）通过比较网桥/交换机优先级选取根网桥/交换机（同一广播域内只有一个根网桥/交换机）；所有在根桥的端口处于转发状态，称为转发端口。

（2）其余的非根网桥/交换机只有一个通向根网桥/交换机的端口，称为根端口，处于转发状态。

（3）连接到同一个网段的几个端口通过 CBPDU（Configuration Bridge Protocol Data Unit，配置网桥协议数据单元）声明到根桥的距离，具有最小值的桥叫作指定桥 Designated Bridge。Designated Bridge 上的端口处于转发状态。每个网段只有一个转发端口。

3．生成树协议的工作过程

生成树协议工作过程如图 2-16 所示。

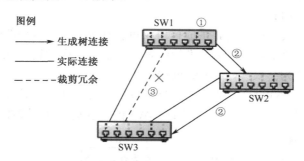

图 2-16　生成树协议工作过程示意图

（1）进行根桥的选举。选举的依据是网桥优先级和网桥 MAC 地址组合成的桥 ID（Bridge ID），桥 ID 最小的网桥将成为网络中的根桥。在如图 2-16 所示的网络中，各网桥都以默认配置启动，在网桥优先级都一样（默认优先级是 32768）的情况下，MAC 地址最小的网桥成为根桥，例如图 2-16 中的 SW1，它的所有端口的角色都成为指定端口，进入"转发"状态。

（2）其他网桥到根桥的路径选择。其他网桥将各自选择一条"最粗壮"的树枝作为到根桥的路径，相应端口的角色就成为根端口。

假设图 2-16 中 SW1 和 SW2、SW2 和 SW3 之间的链路是千兆 GE 链路，SW1 和 SW3 之间的链路是百兆 FE 链路，SW3 从端口 1 到根桥的路径开销的默认值是 19，而从端口 2 经过 SW2 到根桥的路径开销是 4+4=8，所以端口 2 成为根端口，进入"转发"状态。同理，SW2 的端口 2 成为根端口，端口 1 成为指定端口，进入"转发"状态。根桥和根端口都确定之后一棵树就生成了，如图 2-16 中实线箭头所示。

（3）裁剪冗余的环路。下面的任务是裁剪冗余的环路，这个工作是通过阻塞非根桥上相应端口来实现的，例如 SW3 的端口 1 的角色成为禁用端口，进入"阻塞"状态（图中用"×"表示）。

4．生成树状态

生成树经过一段时间（默认值是 30s 左右）稳定之后，所有端口要么进入"转发"状态，要么进入"阻塞"状态。STP BPDU 仍然会定时从各个网桥的指定端口发出，以维护链路的状态。如果网络拓扑发生变化，生成树就会重新计算，端口状态也会随之改变。

运行生成树协议的交换机上的端口总是处于以下四个状态中的一个：

● 阻塞：启动时，所有端口处于阻塞状态以防止回路，由生成树确定哪个端口切换为转发状态，处于阻塞状态的端口不转发数据帧但可接收 BPDU（桥协议数据单元）。

● 监听：不转发数据帧，但检测 BPDU（临时状态）。

● 学习：不转发数据帧，但学习 MAC 地址表（临时状态）。

● 转发：可以传送和接收数据帧。

通常，端口处于转发或阻塞状态。当检测到网络拓扑结构有变化时，交换机会自动进行状态转换，在此期间端口暂时处于监听和学习状态。

在交换机的实际应用中，还可能会出现一种特殊的端口状态——禁用状态。这是由于端口故障或交换机配置错误而导致数据发生冲突造成的死锁状态。如果不是端口故障，可通过重启交换机来解决这一问题。

当网络的拓扑结构发生改变时，生成树协议重新计算，以生成新的生成树结构。在此期间，交换机不转发任何数据帧。当交换机的所有端口状态切换为转发或阻塞状态时，表明重计算完毕，这一状态称为会聚（Convergence）。

以图 2-16 为例，当 SW2 和 SW3 之间的链路出现故障时，生成树协议重新开始计算，产生以 SW1 为根桥，从 SW1→SW2，SW1→SW3 的一棵树，如图 2-17 所示。

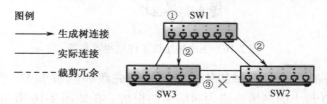

图 2-17　生成树的重新计算

生成树协议（STP）是在 IEEE 802.1D 标准中定义的。802.1w 通过利用快速生成树协议（RSTP）提供快速的重新配置功能，改进了 STP。

STP 与 RSTP 之间的主要不同在于进行收敛时所用时间。一旦一条链路中断或拓扑结构发生变化，STP 需要 30～60s 时间检测这些变化和重新配置，这将影响到网络性能。在正确部署的情况下，RSTP 在发生链路故障和恢复链路时，可以将重新配置和恢复服务的时间减少到秒级以下，同时保持与 STP 设备的兼容性。

端口状态只有丢弃、学习或转发三种。

由于 STP 与 RSTP 之间的兼容性，由 STP 到 RSTP 转换是无缝的。但是，RSTP 使用了快速状态转换，而快速状态转换常常会增加帧复制率和帧乱序率。因此，为了使 RSTP 与 STP 正确配合，用户可以使用 RSTP 执行协议参数来关闭快速转换功能。

目前华为交换机默认使用多实例生成树 MSTP。

2.1.10　基础实验 2.5　交换机生成树协议的基本配置

1. 实验目的
掌握生成树协议 STP 的配置及原理。

2. 实验设备
在华为 eNSP 实验平台上连接 2 台 S3700 交换机，2 台 PC，使用直连线将设备连接起来。

3. 实验拓扑图
实验拓扑图如图 2-18 所示。

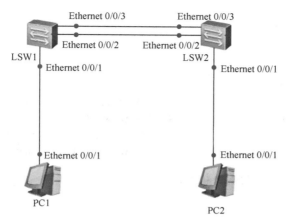

图 2-18 交换机生成树协议基本配置实验拓扑图

4．实验步骤

（1）交换机 1（LSW1）和交换机 2（LSW2）的基本配置：

```
<Huawei>sys
[Huawei]sysname SW1
[SW1]vlan 10
[SW1-vlan10]quit
[SW1]int e 0/0/1
[SW1-Ethernet0/0/1]port link-type access
[SW1-Ethernet0/0/1]port default vlan 10
[SW1-Ethernet0/0/1]quit
[SW1]int e 0/0/2
[SW1-Ethernet0/0/2]port link-type trunk
[SW1]int e 0/0/3
[SW1-Ethernet0/0/3]port link-type trunk
[SW1-Ethernet0/0/3]quit
[SW1]quit
<SW1>

<Huawei>sys
[Huawei]sysname SW2
[SW2]vlan 10
[SW2-vlan10]quit
[SW2]int e 0/0/1
[SW2-Ethernet0/0/1]port link-type access
[SW2-Ethernet0/0/1]port default vlan 10
[SW2-Ethernet0/0/1]quit
[SW2]int e 0/0/2
[SW2-Ethernet0/0/2]port link-type trunk
[SW2]int e 0/0/3
[SW2-Ethernet0/0/3]port link-type trunk
[SW2-Ethernet0/0/3]quit
[SW2]quit
<SW2>
```

（2）设置交换机的优先级。

指定 SW1 为根交换机：

```
[SW1]stp root primary
<SW1>display stp brief
 MSTID  Port                      Role  STP State    Protection
 0      Ethernet0/0/1             DESI  FORWARDING   NONE
 0      Ethernet0/0/2             DESI  FORWARDING   NONE
 0      Ethernet0/0/3             DESI  FORWARDING   NONE
```

（3）查看 SW1 和 SW2 的端口状态：

```
<SW1>display stp brief
 MSTID  Port                      Role  STP State    Protection
 0      Ethernet0/0/1             DESI  FORWARDING   NONE
 0      Ethernet0/0/2             DESI  FORWARDING   NONE
 0      Ethernet0/0/3             DESI  FORWARDING   NONE

<SW2>display stp brief
 MSTID  Port                      Role  STP State    Protection
 0      Ethernet0/0/1             DESI  FORWARDING   NONE
 0      Ethernet0/0/2             ROOT  FORWARDING   NONE
 0      Ethernet0/0/3             ALTE  DISCARDING   NONE
```

从以上配置信息可知，SW2 的 Ethernet 0/0/3 是阻塞（discarding）状态。

2.1.11　交换机的端口聚合

端口聚合也叫作以太通道（Ethernet Channel），主要用于交换机之间的连接。由于两个交换机之间有多条冗余链路的时候，STP 会将其中的几条链路关闭，只保留一条，这样可以避免二层的环路产生。但是，这样又失去了路径冗余的优点，因为 STP 的链路切换会很慢，在 50s 左右。使用以太通道的话，交换机会把一组物理端口联合起来，作为一个逻辑的通道，这样交换机会认为这个逻辑通道为一个端口。

端口汇聚是将多个端口聚合在一起形成一个汇聚组，以实现负荷在各成员端口中的分担，同时也提供了更高的连接可靠性。端口汇聚可以分为手工汇聚、动态 LACP 汇聚和静态 LACP 汇聚。同一个汇聚组中端口的基本配置应该保持一致，即如果某端口为 Trunk 端口，则其他端口也配置为 Trunk 端口；如该端口的链路类型改为 Access 端口，则其他端口的链路类型也改为 Access 端口。

1. 端口的基本配置

端口的基本配置主要包括 STP、QoS、VLAN、端口属性等相关配置。其中，STP 配置包括端口的 STP 使能/关闭、与端口相连的链路属性（如点对点或非点对点）、STP 优先级、路径开销、报文发送速率限制、是否环路保护、是否根保护、是否为边缘端口；QoS 配置包括流量限速、优先级标记、默认的 802.1p 优先级、带宽保证、拥塞避免、流重定向、流量统计等；VLAN 配置包括端口上允许通过的 VLAN、端口默认 VLAN ID；端口属性配置包括端口的链路类型，如 Trunk、Hybrid、Access 属性、绑定侦测组配置。一台 S9500 系列路由交换机最多可以配置 920 个汇聚组，其中 1～31 为手工或者静态聚合组；32～64 为预留组号；65～192 为 routed trunk；193～920 为动态聚合组。系统中存在 MPLS VPN 单板时，只支持 7 个负载分担聚合组；没有 MPLS VPN 单板时，可以支持 31 组负载分担分组。对于 FE 单板（采用 EX 芯片），只支持 7 个负载分担聚合组。目前 S9500 还支持跨接口板聚合，跨接口板与本板的聚合是一样的。

2．端口聚合的优势

（1）带宽增加。带宽相当于组成组的端口的带宽总和。

（2）增加冗余。只要组内不是所有的端口都关闭掉，两个交换机之间仍然可以继续通信。

（3）负载均衡。可以在组内的端口上配置，使流量可以在这些端口上自动进行负载均衡。端口聚合可将多物理连接当作一个单一的逻辑连接来处理，它允许两个交换机之间通过多个端口并行连接，同时传输数据，以提供更高的带宽、更大的吞吐量和可恢复性的技术。一般来说，两个普通交换机连接的最大带宽取决于媒介的连接速率（100BAST-TX 双绞线为 200Mbps），而使用 Trunk 技术可以将 4 个 200Mbps 的端口捆绑后成为一个高达 800Mbps 的连接。这一技术的优点是以较低的成本通过捆绑多端口提高带宽，而其增加的开销只是连接用的普通五类网线和多占用的端口，它可以有效地提高子网的上行速率，从而消除网络访问中的瓶颈。另外，Trunk 还具有自动带宽平衡即容错功能，即使 Trunk 只有一个连接存在时仍然会工作，这无形中增加了系统的可靠性。

3．端口聚合的方式

（1）人为配置聚合。手工聚合和静态 LACP 聚合都是人为配置的聚合组，不允许系统自动添加或删除手工或静态聚合端口。手工或静态聚合组必须包含至少一个端口，当聚合组只有一个端口时，只能通过删除聚合组的方式将该端口从聚合组中删除。手工聚合端口的 LACP 协议为关闭状态，禁止用户使能手工聚合端口的 LACP 协议。静态聚合端口的 LACP 协议为使能状态，当一个静态聚合组被删除时，其成员端口将形成一个或多个动态 LACP 聚合，并保持 LACP 使能。禁止用户关闭静态聚合端口的 LACP 协议。

在手工和静态聚合组中，稳定时端口可能处于两种状态：Selected 和 Standby，聚合过程中可能会有短暂的 Unselected 状态。其中，只有 Selected 状态的端口能够收发用户业务报文；而 Standby 状态的端口不能收发用户业务报文；Unselected 状态只是一个中间状态，不需要关心。在一个聚合组中，处于 Selected 状态的端口中的最小端口是聚合组的主端口，其他的作为成员端口。

在手工聚合组中，系统按照以下原则设置端口处于 Selected 或者 Standby 状态：端口因存在硬件限制（如不能跨板聚合）无法聚合在一起，而无法与处于 Selected 状态的最小端口聚合的端口将处于 Standby 状态。

在静态聚合组中，系统按照以下原则设置端口处于 Selected 或者 Standby 状态：

①系统按照端口全双工/高速率、全双工/低速率、半双工/高速率、半双工/低速率的优先次序，选择优先次序最高的端口处于 Selected 状态，其他端口则处于 Standby 状态。

②与处于 Selected 状态的最小端口所连接的对端设备不同，或者连接的是同一个对端设备，但端口在不同的聚合组内的端口将处于 Standby 状态。

③端口因存在硬件限制（如不能跨板聚合）无法聚合在一起，而无法与处于 Selected 状态的最小端口聚合的端口将处于 Standby 状态。

④与处于 Selected 状态的最小端口的基本配置不同的端口将处于 Standby 状态。

⑤由于设备所能支持的聚合组中的最大端口数有限制，如果处于 Selected 状态的端口数

超过设备所能支持的聚合组中的最大端口数，系统将按照端口号由小到大的顺序选择一些端口为 Selected 端口，其他则为 Standby 端口。Selected 端口和 Standby 端口都能收发 LACP 协议，但是 Standby 端口不能转发用户的业务报文。

（2）动态 LACP 聚合。动态 LACP 聚合是一种系统自动创建/删除的聚合，不允许用户增加或删除动态 LACP 聚合中的成员端口。即使只有一个端口也可以创建动态聚合，此时为单端口聚合。动态聚合端口的 LACP 协议为使能状态。只有速率和双工属性相同、连接到同一个设备、有相同的基本配置的端口才能被动态聚合在一起。

由于设备所能支持的聚合组中的最大端口数有限制，如果当前的成员端口数量超过最大端口数的限制，则选择设备 ID（系统优先级+系统 MAC 地址）小且端口 ID（端口优先级+端口号）小的端口为 Selected 端口，剩余端口为 Standby 端口；若成员端口数量未超过最大 Selected 端口数限制，所有成员端口都是 Selected 端口。Selected 端口和 Standby 端口都能收发 LACP 协议，但是 Standby 端口不能转发用户的业务报文。在一个聚合组中，Selected 端口中的最小端口是聚合组的主端口，其他的作为成员端口。在设备 ID 比较时，先比较系统优先级，如果相同再比较系统 MAC，值小的一方将被认为优；比较端口 ID 时，先比较端口优先级，如果相同再比较端口号，值小的一方将被认为优。如果设备 ID 由原来的不优变为优，则聚合组成员的 Selected 和 Standby 状态由本设备的端口优先级确定。用户可以通过设置系统优先级和端口优先级来调整端口为 Selected 端口还是 Standby 端口。

2.1.12　基础实验 2.6　交换机端口聚合的基本配置

1．实验目的

掌握交换机端口聚合的基本配置及原理。

2．实验设备

在华为 eNSP 实验平台上连接 1 台 S3700 交换机、1 台 S5700 交换机，使用两条直连线将设备连接起来。

3．实验拓扑图

实验拓扑图如图 2-19 所示。

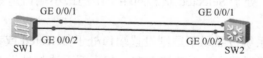

图 2-19　交换机端口聚合配置实验拓扑图

4．实验步骤

（1）SW1 和 SW2 的配置。

```
<Huawei>sys
[Huawei]sysname SW1
[SW1]int Eth-Trunk 1
[SW1-Eth-Trunk1]port link-type trunk
[SW1-Eth-Trunk1]trunkport GigabitEthernet 0/0/1 to 0/0/2
Info: This operation may take a few seconds. Please wait for a moment...done.
[SW1-Eth-Trunk1]
Apr 23 2019 09:13:01-08:00 SW1 %%01IFNET/4/IF_STATE(l)[53]:Interface Eth-Trunk1
```

has turned into UP state.
[SW1-Eth-Trunk1]quit

<Huawei>sys
[Huawei]sysname SW2
[SW2]int Eth-Trunk 1
[SW2-Eth-Trunk1]port link-type trunk
[SW2-Eth-Trunk1]trunkport GigabitEthernet 0/0/1 to 0/0/2
Info: This operation may take a few seconds. Please wait for a moment...done.
[SW2-Eth-Trunk1]
Apr 23 2019 09:13:01-08:00 SW1 %%01IFNET/4/IF_STATE(l)[53]:Interface Eth-Trunk1
has turned into UP state.
[SW1-Eth-Trunk1]quit

（2）使用 show 命令查看 SW1 和 SW2 的 Eth-Trunk 状态。

<SW1>display interface Eth-Trunk 1
Eth-Trunk1 current state : UP
Line protocol current state : UP
Description:
Switch Port, PVID :　　1, Hash arithmetic : According to SIP-XOR-DIP,Maximal BW:
 2G, Current BW: 2G, The Maximum Frame Length is 9216
IP Sending Frames' Format is PKTFMT_ETHNT_2, Hardware address is 4c1f-cc6a-53ac
Current system time: 2019-04-23 09:26:38-08:00
　　Input bandwidth utilization :　　0%
　　Output bandwidth utilization :　　0%

PortName	Status	Weight
GigabitEthernet0/0/1	UP	1
GigabitEthernet0/0/2	UP	1

The Number of Ports in Trunk : 2
The Number of UP Ports in Trunk : 2

<SW2>display interface Eth-Trunk 1
Eth-Trunk1 current state : UP
Line protocol current state : UP
Description:
Switch Port, PVID :　　1, Hash arithmetic : According to SIP-XOR-DIP,Maximal BW:
 2G, Current BW: 2G, The Maximum Frame Length is 9216
IP Sending Frames' Format is PKTFMT_ETHNT_2, Hardware address is 4c1f-cc61-6831
Current system time: 2019-04-23 09:55:50-08:00
　　Input bandwidth utilization :　　0%
　　Output bandwidth utilization :　　0%

PortName	Status	Weight
GigabitEthernet0/0/1	UP	1

```
GigabitEthernet0/0/2              UP              1
-------------------------------------------------------
The Number of Ports in Trunk : 2
The Number of UP Ports in Trunk : 2
```

2.2 路由技术基础

2.2.1 路由基本原理及动态路由协议

　　路由是指路由器从一个接口上收到数据包，根据数据包的目的地址进行定向并转发到另一个接口的过程。在因特网中进行路由选择和路由转发要使用路由器，路由器根据收到的报文的目的地址选择一条合适的路径（包含一个或多个路由器的网络），将报文传送到下一个路由器，路径中最后的路由器负责将报文送交目的主机。

　　例如，在图 2-20 中，主机 A 到主机 C 共经过了 3 个网络和 2 台路由器。路由器到与它直接相连网络的跳数为 0，通过一台路由器可达的网络的跳数为 1，其余以此类推。若一台路由器通过一个网络与另一台路由器相连接，则这两台路由器相隔一个网段，在因特网中认为这两台路由器相邻。在图 2-20 中，用箭头表示这些网段。至于每一个网段又由哪几条物理链路构成，路由器并不关心。

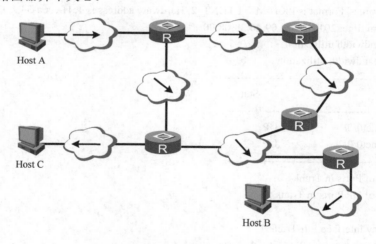

图 2-20　路由跳数和网段的概念

　　由于网络大小可能相差很大，而每个网段的实际长度并不相同，因此对不同的网络，可以将其网段乘以一个加权系数，用加权后的网段数来衡量通路的长短。

　　采用网段数最小的路由有时也并不一定是最理想的。例如，经过 3 个高速局域网段的路由可能比经过 2 个低速广域网段的路由快得多。

　　在校园网中，当我们需要将数据包从一个子网发往另一个子网时，必须借助于具有 IP 数据包路由能力的三层设备，通常这些设备包括了路由器以及三层交换机。比如科技楼中的某台计算机要和行政楼中的某台计算机通信时（两台计算机属于不同的网段），数据包要经过汇聚层以及核心层的转发，通常来说校园网中的汇聚层设备以及核心层设备是具有运行各种路由协议能力的三层交换机。

通过在设备之间提供路由选择信息共享机制，为被路由协议提供支持。这类协议使用一定的路由算法来找到到达目的主机或网络的最佳路径。常见的路由选择协议有路由信息协议（RIP）、内部网关路由协议（IGRP）、增强型内部网关路由协议（EIGRP）、开放式最短路径优先路由协议（OSPF）、路由传送协议（Routed Protocol）。这类协议沿已选好的路径传送数据包，实现网络层功能，是为分组从一个主机发送到另一个主机提供充分的第三层地址信息的任何网络协议，也叫作被路由协议。被路由协议定义了分组所包含的字段格式。分组一般在端到端系统之间传送，如 Internet 协议（IP）、网间分组交换（IPX）、AppleTalk。二者关系是：路由转发协议和路由选择协议是相互配合又相互独立的概念，前者使用后者维护的路由表，同时后者要利用前者提供的功能来发布路由协议数据分组。RG-R2628 路由器上可以配置三种路由，包括静态路由、动态路由、缺省路由。

一般地，路由器查找路由的顺序为静态路由→动态路由，如果以上路由表中都没有合适的路由，则通过缺省路由将数据包传输出去。可以综合使用三种路由。静态路由是指由网络管理员手工配置的路由信息。当网络的拓扑结构或链路的状态发生变化时，网络管理员需要手工去修改路由表中相关的静态路由信息。静态路由信息在缺省情况下是私有的，不会传递给其他的路由器。当然，网管员也可以通过对路由器进行设置使之成为共享的。静态路由一般适用于比较简单的网络环境，在这样的环境中，网络管理员易于清楚地了解网络的拓扑结构，便于设置正确的路由信息。

在一个支持 DDR（Dial-on-Demand Routing）的网络中，拨号链路只在需要时才拨通，因此不能为动态路由信息表提供路由信息的变更情况。在这种情况下，网络也适合使用静态路由。

使用静态路由的另一个好处是网络安全保密性高。动态路由因为需要路由器之间频繁地交换各自的路由表，而对路由表的分析可以揭示网络的拓扑结构和网络地址等信息。因此，网络出于安全方面的考虑也可以采用静态路由。

大型和复杂的网络环境通常不宜采用静态路由。一方面，网络管理员难以全面地了解整个网络的拓扑结构；另一方面，当网络的拓扑结构和链路状态发生变化时，路由器中的静态路由信息需要大范围地调整，这一工作的难度和复杂程度非常高。

动态路由是指路由器能够自动地建立自己的路由表，并且能够根据实际情况的变化适时地进行调整。

动态路由机制的运作依赖路由器的两个基本功能：对路由表的维护；路由器之间适时的路由信息交换。路由器之间的路由信息交换是基于路由协议实现的。交换路由信息的最终目的在于通过路由表找到一条数据交换的"最佳"路径。每一种路由算法都有其衡量"最佳"的一套原则。大多数算法使用一个量化的参数来衡量路径的优劣，一般来说，参数值越小，路径越好。该参数可以通过路径的某一特性进行计算，也可以在综合多个特性的基础上进行计算。几个比较常用的特征包括：路径所包含的路由器结点数（Hop Count）、网络传输费用（Cost）、带宽（Bandwidth）、延迟（Delay）、负载（Load）、可靠性（Reliability）和最大传输单元 MTU（Maximum Transmission Unit）。

IP 路由选择协议用有效的、无循环的路由信息填充路由选择表（路由表），从而为数据包在网络之间传递提供可靠的路径信息。动态路由选择协议又分为距离矢量、链路状态和平衡混合 3 种。

距离矢量（Distance Vector）路由协议计算网络中所有链路的矢量和距离，并以此为依据确认最佳路径。使用距离矢量路由协议的路由器定期向其相邻的路由器发送全部或部分路由表。典型的距离矢量路由协议是 RIP 和 IGRP。

链路状态（Link State）路由协议使用为每个路由器创建的拓扑数据库来创建路由表，每个路由器通过此数据库建立一个全网络的拓扑图。在拓扑图的基础上通过相应的路由算法计算出通往各目标网段的最佳路径，并最终形成路由表。典型的链路状态路由协议是 OSPF。

平衡混合（Balanced Hybrid）路由协议结合了链路状态和距离矢量两种协议的优点，此类协议的代表是 EIGRP，即增强型内部网关路由协议。

路由选择是路由器用来将分组转发到目的地网络的过程。路由器根据分组的 IP 地址做出决定，沿途所有的设备使用目的 IP 地址指向分组的正确方向，目的 IP 地址使分组最终可以到达目的地。为了做出正确的决定，路由器必须获得远程网络的方向。当使用静态路由选择时，网络管理员手工配置远程网络的信息。只要网络拓扑发生改变，管理员就必须手工更新这些静态路由条目。

静态路由的操作共有三个步骤：

第 1 步：网络管理员配置路由。

第 2 步：路由器将路由装入路由选择表。

第 3 步：使用静态路由来路由分组。因为静态路由是手工配置的，管理员必须在路由器上使用 ip route 命令配置静态路由，其格式为：

> ip route　目地子网地址　子网掩码　相邻路由器相邻端口地址或者本地物理端口号

配置静态路由有如下几个步骤：

第 1 步：确认所有想要到达网络的前缀、掩码和地址。地址可以是本地接口或者是指向所要到达目的地的下一跳地址。

第 2 步：进入视图模式。

第 3 步：输入 ip route 命令和前缀、掩码及地址。

第 4 步：重复步骤 3 以完成步骤 1 定义的许多目的网络。

第 5 步：退出视图模式，并在用户模式下保存配置。

度量值和管理距离是路由器中路由条目的两个重要参数。管理距离是提供路由可靠性测量的一个可选参数，管理距离值越小表示路由越可靠。这意味着具有较小管理距离的路由将在具有较大管理距离的相同路由之前被安装。使用静态路由，默认管理距离是 1。在路由选择表中，会显示具有出站接口选项的静态路由是直接相连的。这有时会发生混淆，因为真正直连路由的管理距离是 0。要验证特定的路由管理距离，可使用 show ip route address 命令，address 选项处加入特定路由的 IP 地址。默认路由用来路由那些目的不匹配路由选择表中的任何一条其他路由的分组。路由器典型地为 Internet 边界流量配置一条默认路由，因为维护 Internet 上所有网络的路由是不切实际和不必要的。事实上，默认路由是使用以下格式的一条特殊的静态路由：

> ip route 0.0.0.0 0.0.0.0　相邻路由器的相邻端口地址或本地物理端口号

配置默认路由的几个步骤：

第 1 步：进入视图模式。

第 2 步：输入目的网络地址为 0.0.0.0，子网掩码为 0.0.0.0，ip route 命令。默认路由的

address 参数可以是连接外部网络的本地路由器接口，也可以是下一跳路由器的 IP 地址。

第 3 步：退出视图模式，并在用户模式下保存配置。

2.2.2　RIP 路由协议及其基本原理

RIP（Routing Information Protocol，路由信息协议）是应用较早、使用较普遍的内部网关协议，适用于小型同类网络，是典型的距离向量路由协议。RIP 在两个文档中正式定义：RFC 1058 和 1723。RFC 1058（1988）描述了 RIP 的第一版实现；RFC 1723（1994）定义了 RIPv2，像 RIP 版本 1 一样，仍是基于经典的距离向量路由算法的。RIPv2 中加入了一些现在的大型网络中所要求的特性，如认证、路由汇总、无类域间路由和变长子网掩码（VLSM）。这些高级特性都不被 RIP 版本 1 支持。

RIP 的主要特点归纳如下：

（1）它是一个距离向量路由协议。

（2）由 RIP 路由协议生成的路由条目默认管理距离为 120。

（3）路由选择的度量值是跳步数。

（4）最大允许的跳步数是 16。

（5）缺省情况下每隔 30s 广播一次路由更新。

（6）缺省情况下 RIP 路由信息报文被封装在 IP 广播或组播数据包的 UPD 数据段中发送，端口号为 520。

（7）它有在多条路径上进行负载平衡的功能。

RIP 是一个用于路由器和主机间交换路由信息的距离向量协议，它基于 Bellham-Ford 算法（距离向量），此算法 1969 年被用于计算机路由选择。Xerox 首先于 1970 年开发出今天为大家所熟知的 RIP 协议，作为 Xerox Networking Services（XNS）协议簇的一部分。尽管 RIP 协议有技术限制（后面还会讲到），RIP 还是一种被广泛应用于同构网络的内部网关协议。其使用源于广泛使用的 4BSD UNIX 上的 Berkeley 分布路由软件。路由软件用 RIP 给本地网络上的机器提供路径选择和可达信息。TCP/IP 最早用 RIP 提供局域网的路由信息，最后用 RIP 提供广域网的路由信息。

RIP 使用广播用户数据报协议（User Datagram Protocol，UDP）数据报文的方式把路由表项发送到相邻路由器。因为 RIP 使用 UDP 作为其发送机制，所以发送到相邻路由器的路由表更新不能得到保证。路由器间 RIP 表项的发送缺省是在路由器初始启动后 30s。当一个路由器在到另一个已经活动的路由器的连接上变成活动时，这种路由器的"公布"也会出现在路由器之间。使用 RIP 的路由器期待在 180s 之内从邻接路由器获得更新。如果在这段时间内没有收到邻接路由器的路由表更新，则去往未更新路由器的网络路由被标识为不可用，强制把 ICMP 网络不可到达消息返回给通过未更新路由器而连接的资源请求者。一旦接收更新定时器到达 240s，未更新路由器的路由表项将被从路由表中移除。路由器现在接收到的要到达通过未更新路由器连接的报文，可以被重定向到此路由器的缺省网络路径上。"缺省路由"可以通过 RIP 学习或是用缺省 RIP 度量定义。目的网络在路由表中没有找到的报文被重定向到定义缺省路由的接口上。

1．度量值和管理距离

RIP 使用的度量值不同，路由价值的度量值是"跳步数"。跳步数是一条路由要经过的路由器（或三层交换机以及其他三层设备）的数目。一个直接相连的网络的跳步数是零，不可达网络的跳步数是 16。这非常有限的度量值使得 RIP 不能作为一个大型网络的路由协议。如果一个路由器有一个缺省的网络路径，那么 RIP 就通告一条路由，它链接着路由器和一个虚网络 0.0.0.0。网络 0.0.0.0 并不存在，但是 RIP 把 0.0.0.0 当作一个实现缺省路由的网络。所有直接连接接口的跳数为零，考虑如图 2-21 所示的路由器和网络。虚线是广播 RIP 报文的方向，路由器 R1 通过发送广播到 N1，通告它与 N2 之间的跳数是 1（发送给 N1 的广播中通告它与 N1 之间的路由是无用的）。同时也通过发送广播给 N2，通告它与 N1 之间的跳数为 1。同样，R2 通告它与 N2 的度量为 1，与 N3 的度量为 1。如果相邻路由器通告它与其他网络路由的跳数为 1，那么我们与那个网络的度量就是 2，这是因为为了发送报文到该网络，我们必须经过那个路由器。在我们的例子中，R2 到 N1 的度量是 2，与 R1 到 N3 的度量一样。

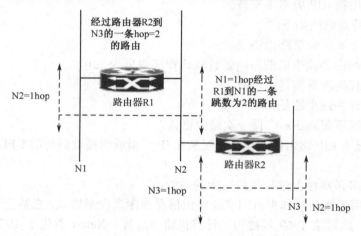

图 2-21   度量值与管理距离

由于每个路由器都发送其路由表给邻站，因此，可以判断在同一个自治系统 AS 内到每个网络的路由。如果在该 AS 内从一个路由器到一个网络有多条路由，那么路由器将选择跳数最小的路由，而忽略其他路由。跳数的最大值是 15，这意味着 RIP 只能用在主机间最大跳数值为 15 的 AS 内。度量为 16 表示无路由到达该 IP 地址。

2．定时器

RIP 协议定义了四种定时器：更新定时器、无效定时器、保持定时器和刷新定时器。

更新定时器（以秒为单位）设置路由器发送更新信息的速度，默认值是 30s。

无效定时器（以秒为单位）设置路径被认为无效的时间间隔，指明经过多长时间一条路由将被认为是无效的。如果某条路径在常规更新信息中不出现，就启动该定时器，默认值是 180s。它至少是更新定时器值的 3 倍。当没有更新报文刷新路由时，这条路由将成为无效路由。这时，路由进入一种保持状态，即路由被标记并通告为不可达。但是路由器仍然可以使用这条路由发送报文。

保持定时器（以秒为单位）设置拒绝好的路由信息的间隔时间，指明在多长时间之内将搁置提供更好的路由的信息。它的思想是保证每个路由器都收到了路径不可达信息，而且没有路由器发出无效路径信息，默认值是 180s。它应该至少是更新定时器值的 3 倍。当有一个更新报文到达，指明一个路由不可达时，这条路由就进入保持状态，并被标记、通告为不可达。但是，这条路由仍然可以用来发送报文。当保持计时器超时，如果有别的路由器更新报文到达，这条路由可能就不再是不可达的了。

刷新定时器（以秒为单位）设置路径从路由表中删除必须等待的时间，默认值是 240s。它的值应该比无效定时器的值大。如果它的值更小，那么正常的保持定时器间隔时间就不能保证，就会造成在保持定时器间隔时间之内接受一条新的路由。

3．协议流程

RIP 使用的 UDP 端口号是 520。一旦在某个接口上配置好 RIP 协议并设置相应的版本，协议就按如下流程工作。

（1）初始化。在启动一个路由守护程序时，它先判断启动了哪些接口，并在每个接口上发送一个请求报文，要求其他路由器发送完整路由表。在点对点链路中，该请求是发送给其他终点的。如果网络支持广播的话，这种请求是以广播形式发送的。目的 UDP 端口号是 520（这是其他路由器的路由守护程序端口号）。这种请求报文的命令字段为 1，但地址系列字段设置为 0，而度量字段设置为 16。这是一种要求另一端完整路由表的特殊请求报文。

（2）接收到请求。如果这个请求是刚才提到的特殊请求，那么路由器就将完整的路由表发送给请求者。如果不是，就处理请求中的每一个表项：若有连接到指明地址的路由，则将度量设置成路由表中该路由的度量值，否则将度量值置为 16（度量为 16 是一种称为"无穷大"的特殊值，它意味着没有到达目的的路由），然后发回响应。接收到响应，使响应生效，可能会更新路由表；可能会增加新表项，对已有的表项进行修改，或是将已有表项删除。

（3）定期选路更新。每过 30s，所有或部分路由器会将其完整路由表发送给相邻路由器。发送路由表可以是广播形式的（如在以太网上），或是发送给点对点链路的其他终点的。

（4）触发更新。每当一条路由的度量发生变化时，就对它进行更新。不需要发送完整路由表，而只需要发送那些发生变化的表项。每条路由都有与之相关的定时器。如果运行 RIP 的系统发现一条路由在 180s 内未更新，就将该路由的度量设置成无穷大（16），并标注为删除。这意味着已经在 6 个 30s 更新时间里没收到通告该路由的路由器更新了。再过 60s，将从本地路由表中删除该路由，以保证该路由的失效已被传播开。

4．存在的问题

这种方法看起来很简单，但它有一些缺陷。首先，RIP 没有子网地址的概念。例如，如果标准的 B 类地址中 16 位的主机号不为 0，那么 RIP 无法区分非零部分是一个子网号，或者是一个主机地址。有一些实现中通过接收到的 RIP 信息来使用接口的网络掩码，而这有可能出错。其次，在路由器或链路发生故障后，需要很长的一段时间才能稳定下来，这段时间通常需要几分钟。在这段路由建立的时间里，可能会发生路由环。在实现 RIP 时，必须采用很多微妙的措施来防止路由环的出现，并使其尽快建立。RFC 1058 中指出了很多实现 RIP 的细节。采用跳数作为路由度量忽略了其他一些应该考虑的因素。同时，度量最大值为 15，则限制了可以使用 RIP 的网络的大小。

RIP 同任何距离向量路由选择协议一样，都有一个缺陷：路由器不知道网络的全局情况。路由器必须依靠相邻路由器来获取网络的可达信息。由于路由选择更新信息在网络上传播慢，距离向量路由选择算法有一个慢收敛问题，这个问题将导致不一致性产生。RIP 使用以下机制减少因网络上的不一致带来的路由选择环路的可能性：计数到无穷大，水平分割，破坏逆转更新，保持计数器和触发更新。

（1）计数到无穷大问题。RIP 允许最大跳数为 15，大于 15 的目的地被认为是不可达的。这个数字在限制了网络大小的同时，也防止了一个叫作计数到无穷大的问题。

路由器 A 的以太网接口 E0 变为不可用后，产生一个触发更新送往路由器 B 和路由器 C，如图 2-22 所示。这个更新信息告诉路由器 B 和路由器 C，路由器 A 不能到达 E0 所连的网络，假设为网络 A。这个更新信息传输到路由器 B 被推迟了（CPU 忙、链路拥塞等），但到达了路由器 C。路由器 C 从路由表中删除到该网络的路径。

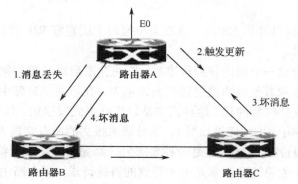

图 2-22　计数到无穷大

路由器 B 仍未收到路由器 A 的触发更新信息，并发出它的常规路由选择更新信息，通告网络 A 以 2 跳的距离可达。路由器 C 收到这个更新信息，认为出现了一条新路径到网络 A。

路由器 C 告诉路由器 A 它能以 3 跳的距离到达网络 A。

路由器 A 告诉路由器 B 它能以 4 跳的距离到达网络 A。

这个循环将进行到跳数为无穷，在 RIP 中定义为 16。一旦一个路径跳数达到无穷，它将声明这条路径不可用并将其从路由表中删除。

由于计数到无穷大问题，路由选择信息将从一个路由器传到另一个路由器，每次段数加 1，路由选择环路问题将无限制地进行下去，除非达到某个限制。这个限制就是 RIP 的最大跳数。当路径的跳数超过 15，这条路径就从路由表中删除。

（2）水平分割。水平分割规则如下：路由器不向收到某条路由到来的方向回传此路由。当打开路由器接口后，路由器记录路由是从哪个接口来的，并且不向此接口回传此路由。路由器应该可以对每个接口关闭水平分割功能，因为水平分割在非广播多路访问 hub-and-spoke 环境下（Non Broadcast Multiple Access，NBMA）有不利影响。在图 2-23 中，路由器 A 通过一个中间网络连接路由器 B、C 和 D。如果在路由器 A 启用水平分割，路由器 C、D 将收不到路由器 A 通过接口 E0 从路由器 B 学来的路由信息。

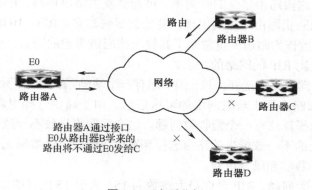

图 2-23　水平分割

（3）毒性逆转。水平分割是路由器用来防止把一个接口得来的路由又从此接口传回导致问题的方案，如图 2-24 所示。水平分割方案忽略在更新过程中从一个路由器获取的路由又传回该路由器。有毒性逆转的水平分割的更新信息中包括这些路径，但这个处理过程把这些路径的度量设为 16（无穷）。通过把跳数设为无穷并把这条路径告诉源路由器，有可能立刻解决路由选择环路，否则，不正确的路径将在路由表中驻留到超时为止。毒性逆转的缺点是它增加了路由更新的数据大小。

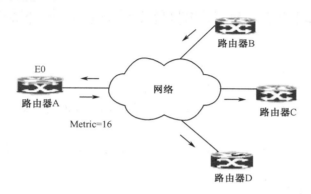

图 2-24   毒性逆转

毒性逆转，即路由器 C、D 会收到路由器 A 通过接口 E0 从路由器 B 学来的路由信息，但是这些路由信息的度量值为 16。

（4）保持定时器。保持定时器防止路由器在路径从路由表中删除后一定的时间内接收新的路由信息。其思想是保证每个路由器都收到了路径不可达信息，而且没有路由器发出无效路径信息。

（5）触发更新。有破坏逆转的水平分割将任何两个路由器构成的环路打破。三个或更多路由器构成的环路仍会发生，直到无穷（16）时为止。触发式更新想加速收敛时间。当某个路径的度量改变了，路由器立即发出更新信息，路由器不管是否到达常规信息更新时间都发出更新信息。

RIP 路由协议路由 IPv4 数据包有两个子版本，即 RIPv1 和 RIPv2，目前园区网多用 RIPv2 协议。如表 2-6 所示是 RIPv1 与 RIPv2 的比较。

表 2-6   RIPv1 与 RIPv2 的比较

比较的项目	RIPv1	RIPv2
采用跳数为度量值	是	是
15 是最大的有效度量值，16 为无穷大	是	是
默认 30s 更新周期	是	是
周期性更新时发送全部路由信息	是	是
拓扑改变时发送只针对变化的触发更新	是	是
使用路由毒化、水平分割、毒性逆转	是	是
使用抑制计时器	是	是
发送更新的方式	广播	组播

续表

比较的项目	RIPv1	RIPv2
使用 UDP 520 端口发送报文	是	是
更新中携带子网掩码，支持 VLSM	否	是
支持认证	否	是

2.2.3 基础实验 2.7 静态路由及默认路由的基本配置

1. 实验目的

（1）了解路由器的基本功能；

（2）掌握路由器接口地址和子网掩码配置方法；

（3）掌握静态路由的配置方法，能够通过静态路由实现网络互联。

2. 实验设备

在华为 eNSP 实验平台上连接 AR201 系列路由器 3 台，通过 3 条交叉双绞线进行配置。

3. 实验拓扑图

实验拓扑图如图 2-25 所示。

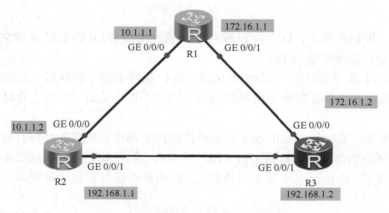

图 2-25 静态路由配置实验拓扑图

4. 实验步骤

（1）对 R1 路由器进行配置。

```
<Huawei>sys                                    （进入系统视图模式）
Enter system view, return user view with Ctrl+Z.
[Huawei]sys R1                                 （将路由器命名为 R1）
[R1]int gi0/0/0                                （进入 gi0/0/0 接口）
[R1-GigabitEthernet0/0/0]ip add 10.1.1.1 24    （给接口增加地址及掩码）
[R1-GigabitEthernet0/0/0]quit                  （退回系统视图模式）
[R1]int gi0/0/1                                （进入 gi0/0/1 接口）
[R1-GigabitEthernet0/0/1]ip add 172.16.1.1 16  （给接口增加地址及掩码）
[R1]ip route 192.168.1.0 255.255.255.0 10.1.1.2   （配置静态路由）
[R1]ip route 192.168.1.0 255.255.255.0 172.16.1.2
[R1]quit
```

配置完成后，可通过在视图模式下输入"display ip route"命令来查看路由表中的信息。

```
[R1]display ip routing
Route Flags: R - relay, D - download to fib
------------------------------------------------------------------------
Routing Tables: Public
            Destinations : 11        Routes : 12
Destination/Mask    Proto    Pre   Cost   Flags NextHop        Interface
        10.1.1.0/24    Direct   0     0      D     10.1.1.1       GigabitEthernet0/0/0
        10.1.1.1/32    Direct   0     0      D     127.0.0.1      GigabitEthernet0/0/0
      10.1.1.255/32    Direct   0     0      D     127.0.0.1      GigabitEthernet0/0/0
       127.0.0.0/8     Direct   0     0      D     127.0.0.1      InLoopBack0
       127.0.0.1/32    Direct   0     0      D     127.0.0.1      InLoopBack0
    127.255.255.255/32 Direct   0     0      D     127.0.0.1      InLoopBack0
      172.16.0.0/16    Direct   0     0      D     172.16.1.1     GigabitEthernet0/0/1
      172.16.1.1/32    Direct   0     0      D     127.0.0.1      GigabitEthernet0/0/1
    172.16.255.255/32  Direct   0     0      D     127.0.0.1      GigabitEthernet0/0/1
     192.168.1.0/24    Static   60    0      RD    10.1.1.2       GigabitEthernet0/0/0
                       Static   60    0      RD    172.16.1.2     GigabitEthernet0/0/1
   255.255.255.255/32  Direct   0     0      D     127.0.0.1      InLoopBack00
```

也可以通过在视图模式下输入"display current-configuration"命令来查看配置信息。

配置完成后，保存配置信息：

```
<R1>save
```

（2）配置路由器 R2、R3。路由器 R2、R3 配置过程与路由器 R1 配置过程相似，这里就不再详细列出。但要注意的是，在实际的网络工程中，路由器之间的连接会较多地使用串口，如两台路由器通过串口相连。

（3）配置默认路由。要通过总校区的路由器访问外网，我们还需要在每台路由器上配置默认路由（有两种置方配法）。

```
[R1]ip route-static 0.0.0.0 0.0.0.0 10.1.1.2          （在 R1 中配置默认路由）
[R2]ip route-static 0.0.0.0 0.0.0.0 10.1.1.1          （在 R2 中配置默认路由）
[R3]ip route-static 0.0.0.0 0.0.0.0 172.16.1.1        （在 R3 中配置默认路由）
```

（4）验证配置。当所有的路由器配置完成后，可以在每台路由器的视图模式下，通过 ping 命令来访问其他路由器的 IP 地址。例如，在 R1 路由器上来 ping 路由器 R3 的 GigabitEthernet 0/0/1 端口的 IP。

```
[R1]ping 192.168.1.2
    PING 192.168.1.2: 56    data bytes, press CTRL_C to break
      Reply from 192.168.1.2: bytes=56 Sequence=1 ttl=255 time=100 ms
      Reply from 192.168.1.2: bytes=56 Sequence=2 ttl=255 time=20 ms
      Reply from 192.168.1.2: bytes=56 Sequence=3 ttl=255 time=30 ms
      Reply from 192.168.1.2: bytes=56 Sequence=4 ttl=255 time=20 ms
      Reply from 192.168.1.2: bytes=56 Sequence=5 ttl=255 time=40 ms

    --- 192.168.1.2 ping statistics ---
```

```
5 packet(s) transmitted
5 packet(s) received
0.00% packet loss
round-trip min/avg/max = 20/42/100 ms
```

通过 ping 命令，可以获知路由器之间是否可以进行通信。结果表明，此次配置静态路由选择协议是成功的。

2.2.4　基础实验2.8　RIP 路由协议的基本配置

1．实验目的

（1）掌握在路由器上启动 RIP 协议的配置命令；

（2）掌握如何查看路由表并理解相关字段含义；

（3）能够使用命令查看 RIP 协议配置信息；

（4）能够使用命令监测 RIP 协议相关信息。

2．实验设备

在华为 eNSP 实验平台上连接 3 台 AR201 系列路由器，分别为 R1、R2 和 R3，通过 3 条交叉双绞线进行设备配置。

3．实验拓扑图

实验拓扑图如图 2-26 所示。

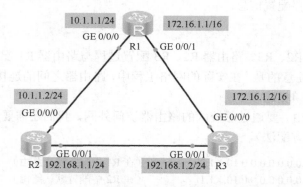

图 2-26　RIP 协议配置实验拓扑图

4．实验步骤

（1）完成各路由器基本信息和端口信息的配置。配置主机名和各端口 IP 地址。当所有路由器的端口均配置完成后，可使用"display interface"命令查看端口的状态。

（2）启动 RIP 协议。依次在每一台路由器上启动 RIP 协议。每台路由器上 RIP 相关的命令如下：

```
<R1>sys                        （进入系统视图模式）
[R1]rip                        （进入 RIP 协议配置子模式）
[R1-rip-1]version 2            （启用 RIPv2 版本）
[R1-rip-1]undo summary         （关闭自动汇总）
[R1-rip-1]network 10.0.0.0     （声明网络 10.0.0.0/24）
[R1-rip-1]network 172.16.0.0   （声明网络 172.16.0.0/16）
```

```
<R2>sys                              （进入系统视图模式）
[R2]rip                              （进入 RIP 协议配置子模式）
[R2-rip-1]version 2                  （启用 RIPv2 版本）
[R2-rip-1]undo summary               （关闭自动汇总）
[R2-rip-1]network 10.0.0.0           （声明网络 10.0.0.0/24）
[R2-rip-1]network 192.168.1.0        （声明网络 192.168.1.0/24）

<R3>sys                              （进入系统视图模式）
[R3]rip                              （进入 RIP 协议配置子模式）
[R3-rip-1]version 2                  （启用 RIPv2 版本）
[R3-rip-1]undo summary               （关闭自动汇总）
[R3-rip-1]network 172.16.0.0         （声明网络 172.16.0.0/16）
[R3-rip-1]network 192.168.1.0        （声明网络 192.168.1.0/24）
```

（3）验证配置。在网络中所有路由器上都配置好 RIP 协议，等待网络处于收敛状态后，我们来检查每个路由器的路由表，查看除了直连路由外，路由器是否通过 RIP 协议找到了到达拓扑图中各网络的路径。如果找到则证明 RIP 协议配置成功。

①RIP 协议常用监测命令：

● display rip 1 route：查看路由表。

● reset rip 1 statistics：清除路由表。

● display rip 1：查看路由协议进程的参数和当前状态。

● debugging rip 1：专门用来显示路由器发送和接受的 RIP 更新信息。

②以下是路由器 R1 的路由表：

```
[R1]display rip 1 route
Route Flags : R - RIP
                    A - Aging, G - Garbage-collect
-------------------------------------------------------------------
Peer 10.1.1.2 on GigabitEthernet0/0/0
     Destination/Mask        Nexthop      Cost    Tag     Flags    Sec
     192.168.1.0/24          10.1.1.2     1       0       RA       23
Peer 172.16.1.2 on GigabitEthernet0/0/1
     Destination/Mask        Nexthop      Cost    Tag     Flags    Sec
     192.168.1.0/24          172.16.1.2   1       0       RA       15
```

从显示的信息可以发现，目前市面上的企业级路由器大多支持路由器 RIP 和 OSPF（又分 NSS 版和扩展增强版）两种路由协议。

③显示 R1 路由协议进程的参数和当前状态：

```
[R1]display rip 1
Public VPN-instance
     RIP process : 1      （进程 1）
         RIP version    : 2     （RIPv2 版本）
         Preference     : 100
         Checkzero      : Enabled
         Default-cost   : 0
         Summary        : Disabled
```

```
Host-route      : Enabled
Maximum number of balanced paths : 4
Update time    : 30 sec                    Age time : 180 sec
Garbage-collect time : 120 sec
Graceful restart   : Disabled
BFD                 : Disabled
Silent-interfaces : None
Default-route : Disabled
Verify-source : Enabled
Networks :
172.16.0.0              10.0.0.0
Configured peers              : None
Number of routes in database : 4
Number of interfaces enabled : 2
Triggered updates sent        : 3
Number of route changes       : 2
Number of replies to queries : 2
Number of routes in ADV DB    : 4
```

通过这条命令我们可以知道很多 RIP 协议的信息，这对于监视和诊断网络是很有用的。

RIP 协议的基本配置非常简单。首先使用"rip"命令进入 RIP 协议配置模式，然后用 network 语句声明进入 RIP 进程的网络。可以看到 network 语句中使用的是网络号，而不是子网号。当我们试图把 172.16.1.0 这样的子网号码加入 R1 的 RIP 路由进程中而发出"network l72.16.1.0"的命令后，display current-configuration 的结果会显示此处的语句变为"network 72.16.0.0"，即 B 类网络 172.16.0.0 下的所有子网都加入了 RIP 路由进程。A 类地址也一样，这说明 RIP 协议不支持 VLSM（Variable Length Subnet Mask，变长子网掩码）。RIPv2 才支持 VLSM，需要做相关配置。

使用"display ip routing-table"命令查看路由表。在 R1 路由器上可以看到，通过 RIP 协议，学到了与 R1 不直接相连的网段 192.168.1.0。路由表中的项目解释如下：

Peer 10.1.1.2 on GigabitEthernet0/0/0					
Destination/Mask	Nexthop	Cost	Tag	Flags	Sec
192.168.1.0/24	10.1.1.2	1	0	RA	23

Nexthop 10.1.1.2：是由当前路由器出发，到达目标网段所需经过的下一个跳点的 IP 地址。

Cost：度量值，度量值越小优先级越高。

Tag：标签。

Flags：RA 表示此项内容是由 RIP 协议获取的。

Sec：23 为此条路由产生的时间，即 23s。

另外，对于路由器 R1 的路由表而言，192.168.1.0 这条路由项具有 2 个路径，即表中列出的 10.1.1.2 和 172.16.1.2，表示到达 192.168.1.0 网段可以通过 R2 路由器或者通过 R3 路由器，也就是说有 2 条等值的路径存在，其度量值均为 1。路由器 R2 和 R3 都有类似的路由存在。

通过本实验，读者可以掌握 RIP 协议的配置命令以及一些简单的监测和排错能力。

2.2.5　OSPF 路由协议及其基本原理

Internet 最早使用 RIP 动态路由协议。RIP 协议适合小型网络系统，但是在网络数目增多时存在一些问题，并且 RIP 协议还存在无限计数和收敛速度慢等不足。后来开始在 Internet 上使用链路状态协议。所谓链路是指路由器接口，所以 OSPF 也可以称为接口状态路由协议。状态是指接口的参数，包括接口是开启还是关闭、接口的 IP 地址、子网掩码、接口所连的网络，以及使用路由器的网络连接的相关代价。

1988 年，IETF 开始制定新的链路状态协议，即 OSPF 协议，并于 1990 年形成标准。OSPF 是动态路由协议，能快速检测到网络拓扑结构变化，并很快计算新的路由表。现在 OSPF 是 Internet 上的主要内部网关协议。所谓内部网关协议（Interior Gateway Protocol，IGP），即在一个自治系统（Autonomous System，AS）内部运行的协议。自治系统是指在一个管理机构下运行的网络，其内部可以使用自己的路由协议。AS 之间则使用外部网关协议（EGP）来交换路由信息。OSPF 把一个 AS 分成多个区域（Area），每个区域内包括一组网络。OSPF 区域如图 2-27 所示。一个区域内的路由器之间交换所有的信息（链路状态），而对于同一个 AS 内的其他区域内的路由器隐藏它的详细拓扑结构。这种分级结构可以减少路由信息的流量，并且简化路由器计算。每个运行 OSPF 的路由器维护其所在的 AS 的链路状态数据库。通过这个数据库，使用 Dijkstra 的最短路径算法，每个路由器可以构造一个以其自己为根的到该 AS 内部各个网络的最短路径树。路由器之间使用 OSPF 协议相互交流这些拓扑信息。

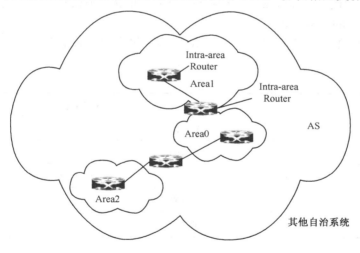

图 2-27　OSPF 区域

OSPF 使用 IP 协议中的服务类型（ToS）参数控制传输报文的服务质量。对于不同服务类型的报文来说，它们具有不同的服务质量参数，如延迟、带宽以及丢失率等。OSPF 根据不同的报文类型计算不同的路径。当两点间有多条成本相同的路径时，OSPF 在路由表中保留并轮流使用这些路径，提高网络带宽的利用率。OSPF 支持各种灵活的 IP 子网配置方式，由 OSPF 传播的路由都有目的和掩码两部分，所以同一个网络内的不同子网可以有不同长度的掩码，即变长子网掩码（VLSM）。数据包被路由到最长前缀匹配之处，主机被认为是全部匹配的子网。为了确保路由器信息可靠地进行交换，OSPF 路由器间要相互认证

（Authentication），只有可信的路由器才能加入路由信息的交换中来。OSPF 可以采用多种认证方式，不同区域内的认证方式可以不同。这样，一些区域可能采用更加严格的认证手段。OSPF 还可以有效地使用从 EGP 得到的路由信息，在本 AS 内传播。

在 OSPF 协议工作的时候，运行协议的网络互联设备会产生 5 种类型的报文：

- 呼叫（Hello）报文：用来发现相邻的路由器，建立毗邻关系等。通过周期性地发送呼叫报文，呼叫协议还可以用于确定邻居路由器是否还在工作。在广播和 NBMA 网络中，被指定的路由器的选取也要使用呼叫协议。
- 数据库描述（Database Description）报文：其任务是描述路由器的链路状态数据库的容量，并且是形成邻接的第一步。数据库描述报文通过投票响应方式发出，一个路由器被指定为主机，其他的被指定为从机，主机发出数据库选票，从机通过发出数据库描述器包来发出应答。
- 链路状态请求（Link State Request）报文：从毗邻的路由器要求 LSA 的信息。链路状态请求报文是 OSPF 的第三类报文，一旦整个数据库使用数据库描述报文来与路由器交换，路由器将比较其邻居的数据库和自己的数据库。此时，路由器也许会发现邻居的数据库在某些部分比自己的更先进。如果是这样，路由器将会要求这部分使用链路状态请求报文。
- 链路状态更新（Link State UpDate）报文：发送新的 LSA，路由器使用扩散技术来传递 LSA。LSA 有很多类（路由器、网络、概括和外部等），这些都会在后文中详细介绍。
- 链路状态确认（Link State Acknowledgement）报文：确认链路状态更新报文。这种应答使 OSPF 的扩散过程更可靠。

所有 OSPF 报文都直接在 IP 上封装且 IP 中的协议类型为 89，都有共同的 24 字节首部，如图 2-28 所示。

0　　　　7	8　　　　15	16　　　　31
版本号	报文类型	报文长度
路由器ID		
区域ID		
校验和		验证类型
验证码		
验证码		

图 2-28　OSPF 报文结构

报文类型是指 OSPF 报文的类型，共有 5 种类型（对应于上文中介绍的报文），如表 2-7 所示。

表 2-7　5 种 OSPF 报文的类型编号

报文类型编号	报文类型描述
1	Hello 报文
2	数据库描述报文
3	链路状态请求报文

续表

报文类型编号	报文类型描述
4	链路状态更新报文
5	链路状态确认报文

报文长度是 OSPF 报文中的字节数。路由器 ID 是所选择的用来标识路由器的 IP 地址。每个路由器都有一个 32 位的标识，此标识在整个自治系统中要做到唯一。它来唯一地代表某个路由器。通常路由器的 ID 用路由器所有接口参数中最大或最小的 IP 地址来代表。区域 ID 是区域的标识。每个区域也有一个 32 位的标识且此标识必须在全自治系统唯一。全为 0 的标识保留给主干区域使用。通常选择一个 IP 网络号作为一个区域的标识。校验和按包括 OSPF 公共报头的整个报文来计算，除去 8 个字节的验证域外，所使用的计算校验和的算法与传统的 IP 报文计算校验和算法一样。

OSPF 协议的主要工作流程如下：

（1）当一个路由器启动后，它首先初始化路由协议数据结构，然后路由器等待下层协议给出的接口开始工作的指示。

（2）接口开始工作，路由器便从该接口发出 Hello 报文，以寻求与邻居建立邻接关系，如双方可以建立邻接关系，则路由器之间开始同步链路状态数据库，等这些工作完成后，双方便正式建立了邻接关系。

（3）邻接关系建立后，路由器就可以了解到它的各个接口连接的路由器或网络情况，从而可以形成路由器链路通告。另外，通过邻接关系的建立，multi-access 网络的 DR 就可以了解到该网络中都有哪些路由器，从而可以形成网络链路通告。这两种通告都是构造区域拓扑不可缺少的信息。

（4）在协议工作过程中路由器必须发送路由器链路通告，如该路由器为 DR，它还必须发送网络链路通告，如路由器为区域边界路由器，路由器要将接收自其他区域（包括骨干区域）的路由信息整理后（形成汇总链路通告）送入本区域，以上这些信息仅在一个区域内传播。对于由 AS 边界路由器产生的 AS 外部链路通告，AS 内的每个路由器都要获知，也就是说，该信息要传播到 AS 的每个角落。

（5）路由器根据所收到的路由器链路通告和网络链路通告导出本区域的拓扑图，计算出最短路径树，形成本区域内的路由信息，然后再利用汇总链路通告计算出到其他区域的网络或到区域边界以及 AS 边界路由器的路由，最后利用 AS 外部链路通告算出通往 AS 之外网络的路由。

（6）以上链路通告都是周期性发送的，如果路由器接收到新的或与以前不同的链路通告，便对路由表进行更新。

所有的多路访问网络都有两个或更多的附属路由器，它们会选出一个 DR。DR 的设计思想是使邻接的数目减少，这些邻接是网络中必要的。为了让 OSPF 使路由器能够交换路由信息，必须有一个邻接。如果没有使用 DR，在一个多路访问网络中的每台路由器都需形成一个与其他路由器的邻接（因为链路状态数据库在邻接中是同时产生的），这个过程将会产生 N-1 个邻接关系。DR 的使用就是为了减少必须维持的邻接数目。邻接的减少也减少了路由协议交通的容量，以及拓扑数据库的大小。在一个多路访问网络中的所有路由器，只向 DR 和 BDR 发送路由信息，同时 DR 负责把这些信息扩散到所有邻接路由器中去，并以网络的名义产生一个网络链接通告，如图 2-29 所示。如果 DR 失效，BDR 将代替它工作。DR 与 BDR 的选举通过 Hello 报文来进行，但是由于物理网络的区别，选举的过程和要求也不一样。OSPF 有 4 种网络类型或模型（广播式、非广播式、点到点和点到多点），根据网的类型不同，OSPF 工作方式也不同。

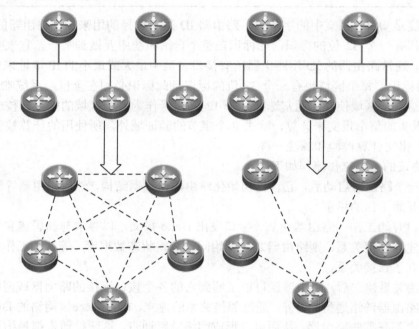

图 2-29　DR 的选举简化报文的交互

广播网络：在广播网络中 Hello 报文完全可以动态地发现所有的邻居、DR 和 BDR，因此无须任何特殊的配置信息。

非广播网络：Hello 协议的正确工作需要一些配置信息的帮助。在这种网络中每个合格的路由器（可能成为 DR 的路由器，即路由器的优先级不为 0）都有一个包括所有该网络上的路由器的列表，并且该列表还要标出哪些路由器可以成为 DR。另外，合格路由器在非广播网络上的接口一开始工作，它便一直向所有其他合格路由器发送 Hello 报文（这主要是为了发现 DR）。也就是说，不管路由器是不是 DR 或 BDR，任何两个合格路由器总是在交换 Hello 报文，这样做的主要目的是为了保证 DR 选举算法的正确性。一旦路由器自身被选为 DR 或 BDR，它就也开始向网络中的所有其他路由器发送 Hello 报文。如果是不能成为 DR 或 BDR 的路由器（优先级为 0），它也必须周期性地向 DR 和 BDR 发送 Hello 报文（如果已存在的话），并向接收到 Hello 报文的其他合格路由器发送响应 Hello 报文。

点到点网络：点到点网络类型是串行口的默认类型，它没有使用帧中继简化或者被作为子接口的点到点型，一个子接口是一种定义接口的逻辑方式，同样的物理接口能被分成多个逻辑接口，这个概念的产生是为了处理在 NBMA 网中的水平分割问题。点到点模型中，既没有 DR 也没有 BDR，相连的路由器直接形成邻接。并且，每个点到点链路都要求一个分开的子网。

点到多点式网络：点到多点式网络可以被装配到使用配置成多点访问的任何接口。在这种网络中没有 DR，不需要定义邻居，因为额外的 LSA 被用来传播邻居路由器连接。整个网络使用一个子网。

对于广播多路访问网络，DR、BDR 的选举将遵循一定的规则，DR 和 BDR 的选举算法由接口状态机激活。在这里，假设进行计算的路由器为 X。

首先，路由器 X 检查它的邻居列表（即那些已与它建立了双向通信关系的邻居，X 本身也包括在内），从中选出那些可以成为 DR 的路由器（即优先级不为 0），然后执行下列步骤。

第 1 步：记下当前 DR 和 BDR 的标识，这个记录将被用于以后的比较（DR、BDR 是否发生变化）。

第 2 步：计算新的 BDR。首先检查列表并排除已经声称自己为 DR 的路由器，这些路由器不能被选为 BDR，然后查看是否存在声称自己为 BDR 的路由器。如果有，则选择其中优先级最高的作为 BDR；如果最高优先级的候选路由器有多个，则选择其中 Router ID 最高的作为 BDR。如果没有声称自己是 BDR 的路由器，则在剩余的路由器中选择具有最高优先级的作为 BDR。同样，出现多个相同最高优先级的路由器时，选择 Router ID 最高的。如排除已声称为 DR 的路由器后，没有路由器可选，则网络中没有 BDR。

第 3 步：计算新的 DR。如果有一个或多个路由器声称自己为 DR，则从中选择优先级最高的作为 DR，出现多个相同最高优先级的路由器时，选择 Router ID 最高的。如果没有声称自己为 DR 的路由器，则将确定的 BDR 作为 DR。

第 4 步：如果路由器本身就是新选的 DR 或 BDR，或现在不再作为 DR 或 BDR，则须重复第 2 步和第 3 步的计算。这将保证没有任何路由器同时声称自己既是 DR 又是 BDR。

第 5 步：路由器根据计算的结果进入相应的状态（DR、BDR 或者 DR Other），如路由器为 DR 或 BDR 则执行相应的功能。

第 6 步：如所连接的网络是非广播性的网络，并且路由器刚成为 DR 或 BDR，则路由器开始向其他不能成为 DR 的路由器（优先级为 0）发送 Hello 报文。

第 7 步：如前面的计算引起了 DR 或 BDR 的改变，那么与接口相关的邻接关系可能需要进行修改，一些关系需要被建立，而另一些可能需要被打破，因此路由器要对每个已建立双向通信关系的邻居触发 Adj OK（见邻接关系）事件，重新检查所建立的邻接关系是否合格。

2.2.6　基础实验 2.9　OSPF 路由协议的基本配置

1. 实验目的
（1）加深对 OSPF 协议工作原理的理解；
（2）掌握 OSPF 协议的应用及配置过程。

2. 实验设备
在华为 eNSP 实验平台上连接 AR201 路由器 4 台，分别为 R1、R2、R3 和 R4，交叉双绞线四条，进行设备配置。

3. 实验拓扑图
实验拓扑图如图 2-30 所示。

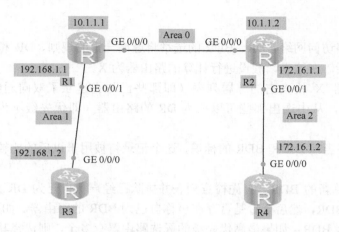

图 2-30 OSPF 协议配置实验拓扑图

4．实验步骤

在本实验中，我们用 4 台路由器来实验 OSPF 协议的配置，分别是 R1、R2、R3、R4，其中 R1 和 R2 之间通过串口线相连。

（1）根据网络拓扑图构建网络并配置网络基本参数。

对路由器 R1 的配置如下：

```
<Huawei>system-view                                （进入系统视图）
Enter system view, return user view with Ctrl+Z.
[Huawei]sysname R1                                 （命名为 R1）
[R1]interface GigabitEthernet 0/0/0
[R1-GigabitEthernet0/0/0]ip address 10.1.1.1 24    （给接口配置 IP 地址及掩码）
[R1-GigabitEthernet0/0/0]undo shutdown             （打开接口）
[R1-GigabitEthernet0/0/0]quit
[R1]int gi0/0/1
[R1-GigabitEthernet0/0/1]ip add 192.168.1.1 24
[R1-GigabitEthernet0/0/1]quit
```

R2、R3、R4 的基本参数配置类似 R1，在这里就不详细列出了。

（2）启动 OSPF 协议。

```
[R1]ospf 100                                       （进入 OSPF 视图）
[R1-ospf-100]area 0                                （进入 OSPF 区域视图）
[R1-ospf-100-area-0.0.0.0]network 10.1.1.0 0.0.0.255   （宣告路由）
[R1-ospf-100-area-0.0.0.0]quit
[R1-ospf-100]area 1
[R1-ospf-100-area-0.0.0.1]net 192.168.1.0 0.0.0.255
[R1-ospf-100-area-0.0.0.1]quit

[R2]ospf 100
[R2-ospf-100]area 0
[R2-ospf-100-area-0.0.0.0]network 10.1.1.0 0.0.0.255
[R2-ospf-100-area-0.0.0.0]quit
[R2-ospf-100]area 2
```

```
[R2-ospf-100-area-0.0.0.2]net 172.16.1.0 0.0.0.255
[R2-ospf-100-area-0.0.0.2]quit

[R3]ospf 100              （进入 OSPF 视图）
[R3-ospf-100]area 0       （进入 OSPF 区域视图）
[R3-ospf-100]area 1
[R3-ospf-100-area-0.0.0.1]net 192.168.1.0 0.0.0.255
[R3-ospf-100-area-0.0.0.1]quit

[R4]ospf 100              （进入 OSPF 视图）
[R4-ospf-100]area 2
[R4-ospf-100-area-0.0.0.2]net 172.16.1.0 0.0.0.255
[R4-ospf-100-area-0.0.0.2]quit
```

（3）验证 OSPF 协议。

①在配置完所有都启用 OSPF 路由协议的路由器后，用"display ospf retrans-queue"命令显示活动路由协议进程的参数和当前状态。以下是路由器 R1 的输出：

```
[R1]display ospf retrans-queue
        OSPF Process 1 with Router ID 10.1.1.1
            OSPF Retransmit List
        OSPF Process 100 with Router ID 10.1.1.1
            OSPF Retransmit List
    The Router's Neighbor is Router ID 10.1.1.2      Address 10.1.1.2
    Interface 10.1.1.1           Area 0.0.0.0
    Retransmit list:
        Type        LinkState ID      AdvRouter        Sequence     Age
    The Router's Neighbor is Router ID 192.168.1.2   Address 192.168.1.2
    Interface 192.168.1.1       Area 0.0.0.1
    Retransmit list:
        Type        LinkState ID      AdvRouter        Sequence     Age
```

从路由器的输出看，启用的路由协议 OSPF 进程号为 100，网络 10.1.1.0、192.168.1.0 已经启用了 OSPF 路由协议。在路由器 R1 的数据库中，也存储了路由信息。

②用"display ospf peer"命令查看 OSPF 邻居。这个命令的输出显示所有的已知 OSPF 相邻路由器，包括它们的路由器 ID、接口地址以及它们的相邻状态。

以下是 R1 的输出结果：

```
[R1]display ospf peer
        OSPF Process 100 with Router ID 10.1.1.1
            Neighbors
    Area 0.0.0.0 interface 10.1.1.1(GigabitEthernet0/0/0)'s neighbors
Router ID: 10.1.1.2              Address: 10.1.1.2
    State: Full   Mode:Nbr is   Master   Priority: 1
    DR: 10.1.1.1   BDR: 10.1.1.2   MTU: 0
    Dead timer due in 38    sec
    Retrans timer interval: 5
    Neighbor is up for 00:03:51
```

```
Authentication Sequence: [ 0 ]

        Neighbors

Area 0.0.0.1 interface 192.168.1.1(GigabitEthernet0/0/1)'s neighbors
Router ID: 192.168.1.2        Address: 192.168.1.2
  State: Full    Mode:Nbr is    Master    Priority: 1
  DR: 192.168.1.1    BDR: 192.168.1.2    MTU: 0
  Dead timer due in 32    sec
  Retrans timer interval: 5
  Neighbor is up for 00:20:41
  Authentication Sequence: [ 0 ]
-------------------------------------------------------------------
```

从路由器的输出情况看，R1 已经找到了网络上两个邻居的 ID 值，分别为 10.1.1.2 和
192.168.1.2，以及它们的 DR/BDR。

③用"debugging ospf event"命令可以查看路由器之间的动态路由信息，当网络出现故
障时，也可以通过这个命令对网络进行调试。

以下是对 R1 的查看结果输出：

```
<R1>debugging ospf event
Apr   1 2019 12:46:13-08:00 R1 %%01IFPDT/4/IF_STATE(l)[0]:Interface GigabitEthern
et0/0/0 has turned into DOWN state.
Apr   1 2019 12:46:13-08:00 R1 %%01IFNET/4/LINK_STATE(l)[1]:The line protocol IP
on the interface GigabitEthernet0/0/0 has entered the DOWN state.
Apr   1 2019 12:46:13-08:00 R1 %%01OSPF/3/NBR_CHG_DOWN(l)[2]:Neighbor event:neigh
bor state changed to Down. (ProcessId=25600, NeighborAddress=2.1.1.10, NeighborE
vent=KillNbr, NeighborPreviousState=Full, NeighborCurrentState=Down)
```

2.3　网络地址转换技术

2.3.1　校园网的 Internet 接入

校园网中的计算机必须具备访问 Internet 的能力。通常校园网整个网络通过核心交换机
再连接路由器，通过广域网接入 Internet。校园网中的计算机通过接入层、汇聚层、核心层
的网络互联设备，再通过边界路由器接入 Internet。

通常通过广域网接入 Internet 有两种方式。第一种为点到点连接，主要形式有拨号电话
线路、ISDN 拨号线路、DDN 专线、E1 线路等。链路层上的封装协议有两种：PPP 和 HDLC。
华为路由器上的默认封装是 PPP 协议，Cisco 路由器上的默认封装是 HDLC 协议。第二种
为分组交换方式，多个网络设备在传输数据时共享一个点到点的连接，也就是说这条连接不
是被某个设备独占，而是由多个设备共享使用。网络在进行数据传输时使用虚电路 VC 来提
供端到端的连接。通常这种连接要经过分组交换网络，而这种网络一般都由电信运营商来提
供。常见的广域网分组形式有 X.25、帧中继（Frame Relay）、ATM 等。

分组交换设备将用户信息封装在分组或数据帧中进行传输，在分组头或帧头中包含用于

路由选择、差错控制和流量控制的信息。

无论以上哪种方式，在传统的园区网接入 Internet 的过程中，串口以及串口的相关协议都发挥了重要的作用。

近年来还流行光纤如 PoS 技术直接接入 Internet，对于老的串口设备来说可以通过串口光纤转换设备来升级延长设备的使用寿命。

2.3.2　传统串口相关封装协议（PPP，HDLC）

点到点协议（Point to Point Protocol，PPP）是 IETF（Internet Engineering Task Force，因特网工程任务组）推出的点到点类型线路的数据链路层协议。它是一种应用很广泛的串口数据封装协议，解决了 SLIP 中的问题，并成为正式的因特网标准。PPP 是标准化协议，支持不同厂家产品之间的互相操作性。

PPP 是为在同等单元之间传输数据包这样的简单链路设计的链路层协议。这种链路提供全双工操作，并按照顺序传递数据包。设计目的主要是用来通过拨号或专线方式建立点对点连接发送数据，使其成为各种主机、网桥和路由器之间简单连接的一种共通的解决方案。

1．PPP 主要完成的功能

（1）链路控制。PPP 为用户发起呼叫以建立链路；在建立链路时协商参数选择；通信过程中随时测试线路，当线路空闲时释放链路等。PPP 中完成上述工作的组件是链路控制协议（Link Control Protocol，LCP）。

（2）网络控制。当 LCP 将链路建立好了以后，PPP 要开始根据不同用户的需要，配置上层协议所需的环境。PPP 使用网络控制协议（Network Control Protocol）来为上层提供服务接口。针对上层不同的协议类型，会使用不同的 NCP 组件。如对于 IP 提供 IPCP 接口，对于 IPX 提供 IPXCP 接口，对于 AppleTalk 提供 ATCP 接口等。

由于是点到点类型的网络连接，PPP 协议的工作过程很简单。以下描述了使用 PPP 协议的设备从开始发起呼叫到最终通信完成后释放链路，PPP 的工作经历的一系列过程。

当一个 PC 终端拨号用户发起一次拨号后，此 PC 终端首先通过调制解调器呼叫远程访问服务器，如提供拨号服务的路由器。

当路由器上的远程访问模块应答了这个呼叫后，就建立起一个初始的物理连接。接下来，PC 终端和远程访问服务器之间开始传送一系列经过 PPP 封装的 LCP 分组，用于协商选择将要采用的 PPP 参数。如果上一步中有一方要求认证，接下来就开始认证过程。如果认证失败，如错误的用户名、密码，则链路被终止，双方负责通信的设备或模块（如用户端的调制解调器或服务器端的远程访问模块）关闭物理链路，回到空闲状态。如果认证成功，则进行下一步。在这个步骤中，通信双方开始交换一系列的 NCP 分组来配置网络层。对于上层使用的是 IP 协议的情形来说，此过程是由 IPCP 完成的。

当 NCP 配置完成后，双方的逻辑通信链路就建立好了，双方可以开始在此链路上交换上层数据。当数据传送完成后，一方会发起断开连接的请求。这时，首先使用 NCP 来释放网络层的连接，归还 IP 地址；然后利用 LCP 来关闭数据链路层连接；最后，双方的通信设备或模块关闭物理链路，回到空闲状态。

LCP 用来在通信链路建立初期，在通信双方之间协商功能选项，表 2-8 列出了其中主要的选项，它们是身份验证、压缩、回叫和多链路。

表 2-8　PPP LCP 协商选项

特　性	解　释	协　议
身份验证	链路建立成功前要求提供正确的密码	PAP，CHAP
压缩	在带宽有限的链路提供对数据的压缩功能	Predictor，Stacker，MPPC
回叫	由被叫方重新呼叫原呼叫发起方	Cisco Callback，MS Callback
多链路	需要的时候进行多链路捆绑、负载均衡	MP

2．使用 PPP 协议的双方验证方式

使用 PPP 协议的双方有以下两种验证的方式：

（1）口令验证协议（PAP）。PAP 是一种简单的明文验证方式。NAS（Network Access Server，网络接入服务器）要求用户提供用户名和口令，PAP 以明文方式返回用户信息。很明显，这种验证方式的安全性较差，第三方可以很容易获取被传送的用户名和口令，并利用这些信息与 NAS 建立连接以获取 NAS 提供的所有资源。所以，一旦用户密码被第三方窃取，PAP 将无法提供避免受到第三方攻击的保障措施。

（2）挑战-握手验证协议（CHAP）。CHAP 是一种加密的验证方式，能够避免建立连接时传送用户的真实密码。NAS 向远程用户发送一个挑战口令（Challenge），其中包括会话 ID 和一个任意生成的挑战字串（Arbitrary Challenge String）。远程客户必须使用 MD5 单向哈希算法（One-way Hashing Algorithm）返回用户名和加密的挑战口令、会话 ID 以及用户口令，其中用户名以非哈希方式发送。

CHAP 对 PAP 进行了改进，不再直接通过链路发送明文口令，而是使用挑战口令以哈希算法对口令进行加密。因为服务器端存有客户的明文口令，所以服务器可以重复客户端进行的操作，并将结果与用户返回的口令进行对照。CHAP 为每一次验证任意生成一个挑战字串来防止受到再现攻击（Replay Attack）。在整个连接过程中，CHAP 将不定时向客户端重复发送挑战口令，从而避免第三方冒充远程客户（Remote Client Impersonation）进行攻击。

另一种常用的串口数据封装协议为 HDLC，HDLC 是在数据链路层中应用最广泛的协议之一。现在作为 ISO 的标准，HDLC 是基于 IBM 创建的同步数据链路控制（Synchronous Data Link Control，SDLC）衍生而来的。SDLC 被广泛用于 IBM 的大型机环境之中，工作在 OSI 参考模型的数据链路层。

它是一组用于在网络结点间传送数据的协议。在 HDLC 中，数据被组成一个个的单元（称为帧）通过网络发送，并由接收方确认收到。HDLC 协议也管理数据流和数据发送的间隔时间。在 HDLC 中，属于 SDLC 的被称为通常响应模式（NRM）。在通常响应模式中，基站（通常是大型机）发送数据给本地或远程的二级站。

HDLC 不会把多种网络层的协议封装在同一个连接上。各个厂商的 HDLC 都有其自己鉴定网络层协议的方式，所以各个厂商的 HDLC 是不同的、私有化的。不同类型的 HDLC 被用于使用 X.25 协议的网络和帧中继网络，这种协议可以在局域网或广域网中使用，无论此网是公共的还是私有的。

HDLC 是 Cisco 路由器上 ISDN 和串口的默认封装。尽管 HDLC 是缺省配置，但是 Cisco 的 HDLC 与其他厂商的 HDLC 实现方式不兼容。当在一个多厂商设备环境中配置串口链路时，PPP 是首选协议。

2.3.3 NAT 的基本原理

网络地址转换（Network Address Translation，NAT）是一个 IETF 标准，允许一个整体机构以一个公用 IP（Internet Protocol）地址出现在 Internet 上。顾名思义，它是一种把内部私有网络地址（IP 地址）翻译成合法网络 IP 地址的技术，如图 2-31 所示。

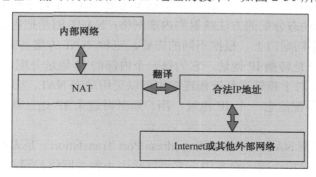

图 2-31　NAT 网络地址转换技术

简单来说，NAT 就是在局域网内部网络中使用内部地址，而当内部结点要与外部网络进行通信时，就在网关（可以理解为出口，打个比方就像院子的门一样）处，将内部地址替换成公用地址，从而在外部公网（Internet）上正常使用。NAT 可以使多台计算机共享 Internet 连接，这一功能很好地解决了公共 IP 地址紧缺的问题。通过这种方法，用户可以只申请一个合法 IP 地址，就把整个局域网中的计算机接入 Internet 中。这时，NAT 屏蔽了内部网络，所有内部网计算机对于公共网络来说都是不可见的，而内部网计算机用户通常不会意识到 NAT 的存在，如图 2-32 所示。这里提到的内部地址，是指在内部网络中分配给结点的私有 IP 地址，这个地址只能在内部网络中使用，不能被路由。虽然内部地址可以随机挑选，但是通常使用的是以下地址：10.0.0.0～10.255.255.255，172.16.0.0～172.16.255.255，192.168.0.0～192.168.255.255。NAT 将这些无法在互联网上使用的保留 IP 地址翻译成可以在互联网上使用的合法 IP 地址。而全局地址，是指合法的 IP 地址，它是由 NIC（网络信息中心）或者 ISP（网络服务提供商）分配的地址，对外代表一个或多个内部地址，是全球统一的可寻址的地址。

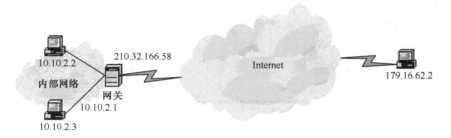

图 2-32　内网终端共用一个外网地址

NAT 功能通常被集成到路由器、防火墙、ISDN 路由器或者单独的 NAT 设备中，例如华为路由器中已经加入这一功能，网络管理员只需在路由器中设置 NAT 功能，就可以实现对内部网络的屏蔽。再比如防火墙将 Web Server 的内部地址 192.168.1.1 映射为外部地址

202.96.23.11，外部访问 202.96.23.11 地址实际上就是访问 192.168.1.1。另外，对资金有限的小型企业来说，现在通过软件也可以实现这一功能。

NAT 有三种类型：静态 NAT（Static NAT）、动态地址 NAT（Pooled NAT）、网络地址端口转换 NAPT（Port-Level NAT）。

其中，静态 NAT 是设置起来最为简单和最容易实现的一种，内部网络中的每个主机都被永久映射成外部网络中的某个合法地址；而动态地址 NAT 则是在外部网络中定义了一系列的合法地址，采用动态分配的方法映射到内部网络；NAPT 则是把内部地址映射到外部网络的一个 IP 地址的不同端口上。根据不同的需要，三种 NAT 方案各有利弊。

动态地址 NAT 只是转换 IP 地址，它为每一个内部的 IP 地址分配一个临时的外部 IP 地址，主要应用于拨号，对于频繁进行远程连接也可以采用动态 NAT。当远程用户连接上之后，动态地址 NAT 就会分配给它一个 IP 地址，用户断开时这个 IP 地址就会被释放而留待以后使用。

网络地址端口转换 NAPT（Network Address Port Translation）是人们比较熟悉的一种转换方式。NAPT 普遍应用于接入设备中，它可以将中小型的网络隐藏在一个合法的 IP 地址后面。NAPT 与动态地址 NAT 不同，它将内部连接映射到外部网络中的一个单独的 IP 地址上，同时在该地址上加上一个由 NAT 设备选定的 TCP 端口号。

在 Internet 中使用 NAPT 时，所有不同的信息流看起来好像来源于同一个 IP 地址。这个优点在小型办公室内非常实用，通过从 ISP 处申请的一个 IP 地址，将多个连接通过 NAPT 接入 Internet。实际上，许多 SOHO 远程访问设备支持基于 PPP 的动态 IP 地址。这样，ISP 甚至不需要支持 NAPT，就可以做到多个内部 IP 地址共用一个外部 IP 地址。虽然这样会导致信道一定程度的拥塞，但考虑到节省的 ISP 上网费用和易管理的特点，采用 NAPT 还是值得的。

2.3.4　基础实验 2.10　PPP 串口封装协议及其认证

1．实验目的

（1）加深对 PPP 协议工作过程的理解，掌握 PPP 协议的配置；

（2）掌握 PPP 两种认证协议的配置。

2．实验设备

在华为 eNSP 实验平台上连接 Router 路由器 2 台。

3．实验拓扑图

实验拓扑图如图 2-33 所示。

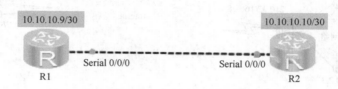

图 2-33　PPP 协议配置实验拓扑图

4．实验步骤

在实验中，R1 和 R2 通过 Serial 线连接。

（1）PAP 认证。

① 对路由器 R1 的配置如下：

```
<Huawei>system-view
Enter system view, return user view with Ctrl+Z.
[Huawei]sys R1
[R1]int s0/0/0
[R1-Serial0/0/0]link-protocol ppp                （封装链路层协议为 PPP）
[R1-Serial0/0/0]ip add 10.10.10.9 30
[R1-Serial0/0/0]qui
[R1]aaa
[R1-aaa]authentication-scheme huawei_a            （配置域的认证方案名称）
[R1-aaa-authen-huawei_a]authentication-mode local （模式为本地）
[R1-aaa-authen-huawei_a]quit
[R1-aaa]domain huawei                             （认证域为 huawei）
[R1-aaa-domain-huawei]authentication-scheme huawei_a
[R1-aaa]local-user R1 password cipher huawei      （创建本地用户）
[R1-aaa]local-user R1 service-type ppp
[R1-aaa]quit
[R1]int s0/0/0
[R1-Serial0/0/0]ppp authentication-mode pap call-in
[R1-Serial0/0/0]ppp pap local-user R2 password cipher huawei
[R1-Serial0/0/0]shutdown
[R1-Serial0/0/0]undo shutdown
```

注意：这里发送的用户名和密码必须与在另一台机器上设置的用户名和密码一致。

② R2 与 R1 的配置相对应。对路由器 R2 的配置如下：

```
<Huawei>system-view
Enter system view, return user view with Ctrl+Z.
[Huawei]sys R2
[R2]int s0/0/0
[R2-Serial0/0/0]link-protocol ppp
[R2-Serial0/0/0]ip add 10.10.10.10 30
[R2-Serial0/0/0]qui
[R2]aaa
[R2-aaa]authentication-scheme huawei_a
[R2-aaa-authen-huawei_a]authentication-mode local
[R2-aaa-authen-huawei_a]quit
[R2-aaa]domain huawei
[R2-aaa-domain-huawei]authentication-scheme huawei_a
[R2-aaa]local-user R2 password cipher huawei
[R2-aaa]local-user R2 service-type ppp
[R2-aaa]quit
[R2]int s0/0/0
[R2-Serial0/0/0]ppp authentication-mode pap call-in
[R2-Serial0/0/0]ppp pap local-user R1 password cipher huawei
[R2-Serial0/0/0]shutdown
[R2-Serial0/0/0]undo shutdown
```

配置完后，可通过 ping 命令检查配置是否成功。

用"debugging ppp lcp event"命令查看 PPP 链路的建立过程。

③在 R1 中开启 debug 调试：

```
<R1>debugging ppp lcp event
<R1>terminal monitor          （打开路由器对终端界面的日志记录功能）
<R1>terminal debugging        （启用控制台对调试信息的显示）
```

把 R2 的 S0/0/0 口关闭，再用"undo shutdown"命令激活：

```
[R2]int s0/0/0
[R2-Serial0/0/0]shutdown
[R2-Serial0/0/0]undo shutdown
```

此时在 R1 上将会显示出 PPP 认证的过程信息：

```
Apr 22 2019 09:05:28-08:00 R1 %%01PHY/1/PHY(l)[1]:
    Serial0/0/0: change status to up（s0/0/0 接口物理层打开）
Apr 22 2019 09:05:28.40.2-08:00 R1 PPP/7/debug2:
  PPP Event:
      Serial0/0/0 LCP Open    Event
      state initial    （链路控制连接建立完成）
Apr 22 2019 09:05:28.40.3-08:00 R1 PPP/7/debug2:
  PPP Event:
      Serial0/0/0 LCP Lower Up    Event
      state starting
Apr 22 2019 09:05:28.40.4-08:00 R1 PPP/7/debug2:
  PPP Event:
      Serial0/0/0 LCP RCA(Receive Config Ack)    Event
      state reqsent    （收到 PAP 确认数据，包含有 R2 的通信密码）
Apr 22 2019 09:05:30.980.1-08:00 R1 PPP/7/debug2:
  PPP Event:
      Serial0/0/0 LCP RCR+(Receive Config Good Request)    Event
      state ackrcvd    （接收到请求）
```

（2）CHAP 认证。

①对路由器 R1 的配置如下：

```
<Huawei>system-view
Enter system view, return user view with Ctrl+Z.
[Huawei]sys R1
[R1]int s0/0/0
[R1-Serial0/0/0]link-protocol ppp
[R1-Serial0/0/0]ip add 10.10.10.9 30
[R1-Serial0/0/0]qui
[R1]aaa
[R1-aaa]authentication-scheme huawei_a
[R1-aaa-authen-huawei_a]authentication-mode local
[R1-aaa-authen-huawei_a]quit
[R1-aaa]domain huawei
```

```
[R1-aaa-domain-huawei]authentication-scheme huawei_a
[R1-aaa]local-user R1 password cipher huawei
[R1-aaa]local-user R1 service-type ppp
[R1-aaa]quit
[R1]int s0/0/0
[R1-Serial0/0/0]ppp authentication-mode chap call-in
[R1-Serial0/0/0]shutdown
[R1-Serial0/0/0]undo shutdown
```

②对路由器 R2 的配置如下：

```
<Huawei> system-view
[Huawei] sysname R2
[R2] interface serial 0/0/0
[R2-Serial0/0/0]link-protocol ppp
[R2-Serial0/0/0]ip address 10.10.10.10 30
[R2-Serial0/0/0]ppp chap user R2
[R2-Serial0/0/0]ppp chap password cipher huawei
[R2-Serial0/0/0]shutdown
[R2-Serial0/0/0]undo shutdown
<R2>
```

注意：用 CHAP 进行认证时，双方的密钥都必须相同。

配置完成后，通过 ping 命令检查配置是否成功。

用"debugging ppp lcp event"命令查看 PPP 链路 CHAP 认证的建立过程。

③在 R1 中开启 debug 调试：

```
<R1>debugging ppp lcp event
<R1>terminal monitor
<R1>terminal debugging
```

把 R2 的 S0/0/0 口关闭，再用"undo shutdown"命令激活。

观察 R1 窗口中的显示信息：

```
Apr 22 2019 09:05:28-08:00 R1 %%01PHY/1/PHY(l)[1]:
Serial0/0/0: change status to up
Apr 22 2019 09:05:28.40.2-08:00 R1 PPP/7/debug2:
    PPP Event:
        Serial0/0/0 LCP Open    Event
        state initial Apr 22 2019 09:05:28.40.3-08:00 R1 PPP/7/debug2:
    PPP Event:
        Serial0/0/0 LCP Lower Up    Event
        state starting
Apr 22 2019 09:05:28.40.4-08:00 R1 PPP/7/debug2:
    PPP Event:
        Serial0/0/0 LCP RCA(Receive Config Ack)    Event
        state reqsent
Apr 22 2019 09:05:30.980.1-08:00 R1 PPP/7/debug2:
    PPP Event:
```

> Serial0/0/0 LCP RCR+(Receive Config Good Request)　Event
> state ackrcvd

说明：如果在创建密码时，两个路由器上配置的认证密码不一样，或者配置有错误，那么 PPP CHAP 的 LCP 认证过程将会失败。

在 R1 上将会有如下显示：

```
    Apr 22 2019 12:14:20-08:00 Huawei %%01PHY/1/PHY(l)[27]:    Serial0/0/0: change status to up
Apr 22 2019 12:14:20.790.2-08:00 Huawei PPP/7/debug2:
 PPP Event:
   Serial0/0/0 LCP Open  Event
   state initial
Apr 22 2019 12:14:20.790.3-08:00 Huawei PPP/7/debug2:
 PPP Event:
   Serial0/0/0 LCP Lower Up  Event  state starting
Apr 22 2019 12:14:21.150.1-08:00 Huawei PPP/7/debug2:
 PPP Event:
   Serial0/0/0 LCP RCR-(Receive Config Bad Request)  Event state reqsent
Apr 22 2019 12:14:21.170.1-08:00 Huawei PPP/7/debug2:
 PPP Event:
   Serial0/0/0 LCP RCR+(Receive Config Good Request)  Event state reqsent
Apr 22 2019 12:14:23.810.1-08:00 Huawei PPP/7/debug2:
 PPP Event:
   Serial0/0/0 LCP TO+(Timeout with counter > 0)  Event state acksent , Retransmit = 4（重新发送请求第四次）
Apr 22 2019 12:14:23-08:00 Huawei %%01IFNET/4/LINK_STATE(l)[28]:The line protoco
l PPP on the interface Serial0/0/0 has entered the UP state.
Apr 22 2019 12:14:23-08:00 Huawei %%01IFNET/4/LINK_STATE(l)[29]:The line protoco
l PPP on the interface Serial0/0/0 has entered the DOWN state.
Apr 22 2019 12:14:23.830.1-08:00 Huawei PPP/7/debug2:
 PPP Event:
   Serial0/0/0 LCP RCA(Receive Config Ack)  Event
   state acksent
Apr 22 2019 12:14:23.890.1-08:00 Huawei PPP/7/debug2:
 PPP Event:
   Serial0/0/0 LCP RTR(Receive Terminate Request)  Event
   state opened
Apr 22 2019 12:14:26.890.1-08:00 Huawei PPP/7/debug2:
 PPP Event:
   Serial0/0/0 LCP TO-(Timeout with counter expired)  Event
   state stopping（LCP 认证关闭）
```

（3）PAP 和 CHAP 认证。可以在接口上同时使用 PAP 和 CHAP 认证。在链路协商阶段，请求使用第一个种方法；如果对方建议使用第二种方法，或拒绝使用第一种方法，那么会试图使用第二种方法。这种配置很有用，因为有些远程设备只支持 CHAP，而有些只支持 PAP。实现这种配置的命令如下：

```
[R1-Serial0/0/0]ppp authentication-mode pap chap
```

不建议采用上述配置，因为这样将首先尝试以明文方式传输密码的 PAP，而不是更安全的 CHAP。因此，应采用下述配置：

```
[R1-Serial0/0/0]ppp authentication-mode chap pap
```

当配置完 PPP 协议认证后，可使用 "debugging ppp lcp event" 命令查看 PPP 协议动态信息。也可使用 "debugging ppp lcp packet" 命令查看链路底层 PPP 协议包的显示信息如下：

```
Apr 22 2019 12:31:07.450.1-08:00 Huawei PPP/7/debug2:
    PPP Packet:
        Serial0/0/0 Output LCP(c021) Pkt, Len 12
        State opened, code EchoRequest(09), id 15, len 8
        Magic Number 0003d12a
Apr 22 2019 12:31:07.470.1-08:00 Huawei PPP/7/debug2:
    PPP Packet:
        Serial0/0/0 Input    LCP(c021) Pkt, Len 12
        State opened, code EchoReply(0a), id 15, len 8
        Magic Number 0004157b
Apr 22 2019 12:31:07.470.2-08:00 Huawei PPP/7/debug2:
    PPP Packet:
        Serial0/0/0 Input    LCP(c021) Pkt, Len 12
        State opened, code EchoRequest(09), id 15, len 8
        Magic Number 0004157b
Apr 22 2019 12:31:07.470.3-08:00 Huawei PPP/7/debug2:
    PPP Packet:
        Serial0/0/0 Output LCP(c021) Pkt, Len 12
        State opened, code EchoReply(0a), id 15, len 8
        Magic Number 0003d12a
Apr 22 2019 12:31:17.450.1-08:00 Huawei PPP/7/debug2:
    PPP Packet:
        Serial0/0/0 Output LCP(c021) Pkt, Len 12
        State opened, code EchoRequest(09), id 16, len 8
        Magic Number 0003d12a
Apr 22 2019 12:31:17.470.1-08:00 Huawei PPP/7/debug2:
    PPP Packet:
        Serial0/0/0 Input    LCP(c021) Pkt, Len 12
        State opened, code EchoReply(0a), id 16, len 8
        Magic Number 0004157b
Apr 22 2019 12:31:17.470.2-08:00 Huawei PPP/7/debug2:
    PPP Packet:
        Serial0/0/0 Input    LCP(c021) Pkt, Len 12
        State opened, code EchoRequest(09), id 16, len 8
        Magic Number 0004157b
Apr 22 2019 12:31:17.470.3-08:00 Huawei PPP/7/debug2:
    PPP Packet:
        Serial0/0/0 Output LCP(c021) Pkt, Len 12
        State opened, code EchoReply(0a), id 16, len 8
        Magic Number 0003d12a
```

不过此命令最好不要打开，因为可能会有很多不断的包数据显示，出现刷屏的后果，这

　　时候就不得不使用"undo debugging all"命令手动关掉调试引擎。

　　PPP 还有一些 LCP 协商其他选项的配置，如压缩、回叫、多链路，在本实验中就不再详细介绍了，读者可以查看相关资料进一步了解 PPP 协议的配置。

2.3.5　基础实验 2.11　静态及动态 NAT 的基本配置

1. 实验目的

（1）理解 NAT 地址转换原理；

（2）掌握 NAT 的几种地址转换方法（在本实验中，只介绍静态和复用动态地址转换）。

2. 实验设备

在华为 eNSP 实验平台上连接 2 台 Router 路由器，1 台 S3700 二层交换机，使用合适的直连线将设备连起来。

3. 实验拓扑图

实验拓扑图如图 2-34 所示。

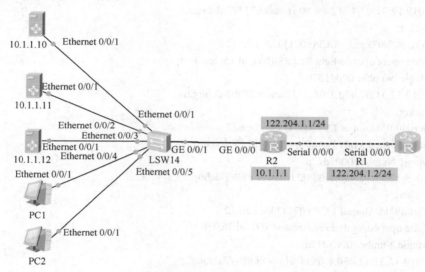

图 2-34　路由器 NAT 配置实验拓扑图

4. 实验步骤

本实验中采用 2 台路由器直连方式，其中一台作为内部网络的路由器，即 R2；另一台相当于外部网络上的路由器，即 R1。本实验同时实现两种 NAT 地址转换功能：静态地址转换和复用动态地址转换。将路由器 R2 的以太口作为内部端口，同内网交换机相连接，交换机接内部的各种服务器和 PC，R2 同步端口 S0/0/0 作为外部端口。对 R2 来说，拥有的合法公网 IP 地址是 122.204.1.0/24，则在内部使用的服务器的 IP 为 10.1.1.10、10.1.1.11、10.1.1.12 的内部本地地址采用静态地址转换。而网内 PC 的 IP 为 10.1.1.20～10.1.1.100 网段，采用动态地址转换。

（1）对路由器 R1 的配置如下：

```
R1：
<Huawei>system-view
```

```
Enter system view, return user view with Ctrl+Z.
[Huawei]sys R1
[R1]int s0/0/0
[R1-Serial0/0/0]ip add 122.204.1.2 255.255.255.0
[R1-Serial0/0/0]quit
[R1]ip route-static 0.0.0.0 0.0.0.0 s0/0/0
```

（2）对路由器 R2 的配置如下：

```
<Huawei>sys
Enter system view, return user view with Ctrl+Z.
[Huawei]sys R2
[R2]int s0/0/0
[R2-Serial0/0/0]ip add 122.204.1.1 24
[R2-Serial0/0/0]int g0/0/0
[R2-GigabitEthernet0/0/0]ip add 10.1.1.1 24
[R2-GigabitEthernet0/0/0]quit
[R2]nat address-group 1 122.204.1.3 122.204.1.3
（定义一个内部合法 IP 地址池 这里有一个地址就够了，下面可以配端口地址复用）
[R2]acl 2000
[R2-acl-basic-2000]rule permit source 10.1.1.0 0.0.0.255    （定义允许转换的内部地址）
[R2-acl-basic-2000]quit
[R2]int s0/0/0
[R2-Serial0/0/0]nat out 2000 ad 1 no                （用复用动态技术为内部本地调用转换地址池）
[R2-Serial0/0/0]qui
[R2]nat static global 122.204.85.10 inside 10.1.1.10     （定义静态映射地址转换）
[R2]nat static global 122.204.85.11 inside 10.1.1.11
[R2]nat static global 122.204.85.12 inside 10.1.1.12
[R2]ip route-static 0.0.0.0 0.0.0.0 s0/0/0                （定义默认路由）
```

（3）设置 PC 和服务器的 IP。配置好路由器后，接下来就是设置服务器和 PC 的 IP 地址了。服务器的 IP 设置成静态转换的 IP 即可，网关为路由器 R2 的以太网接口的 IP；PC 的 IP 地址使用 10.1.1.0/24 网段中任意未启用的 IP 地址，网关也是设置成路由器 R2 的以太网接口的 IP。

（4）NAT 配置验证。通过 PC ping 路由器 R1 的 S0/0/0 接口 IP 后，可通过"display nat static"命令查看地址转换结果。

```
[Huawei]display nat static
Static Nat Information:
Global Nat Static
Global IP/Port     : 122.204.85.10/----
Inside IP/Port     : 10.1.1.10/----
Protocol : ----
VPN instance-name   : ----
Acl number          : ----
Netmask   : 255.255.255.255
Description : ----
Global Nat Static
```

```
        Global IP/Port        : 122.204.85.11/----
        Inside IP/Port        : 10.1.1.11/----
        Protocol : ----
        VPN instance-name    : ----
        Acl number           : ----
        Netmask   : 255.255.255.255
        Description : ----

        Global Nat Static
        Global IP/Port        : 122.204.85.12/----
        Inside IP/Port        : 10.1.1.12/----
        Protocol : ----
        VPN instance-name    : ----
        Acl number           : ----
        Netmask   : 255.255.255.255
        Description : ----

        Total :      3
```

结果显示，一个数据包 IP 为 10.1.1.10 的地址被转换成 IP 为 122.204.85.10 后，再通过路由器转发。

2.4　访问控制列表

2.4.1　访问控制列表概述

访问控制列表（Access Control List，ACL）使用包过滤技术，通过检查数据包的源端口、目的端口、源地址、目的地址等内容，根据检查的结果，确定允许或禁止哪些数据包通过，以达到维护网络安全、限制网络流量等目的。

访问控制列表通常在三层设备上配置（三层交换机，路由器），它由一系列语句组成，这些语句主要包括匹配条件和采取的动作（允许或禁止）两个部分。访问控制列表应用在路由器或交换机的接口上，通过匹配数据包信息与访问控制列表参数来决定允许还是拒绝数据包通过某个接口。

1．访问控制列表的主要作用

（1）安全控制。允许一些符合匹配规则的数据包通过访问的同时，拒绝另一部分不符合匹配规则的数据包。例如，财务处的数据库服务器上的数据具有机密性，不是任何人都可以访问的，此时需要用访问控制列表定义特定主机才能访问财务处数据库服务器，控制列表以外的主机访问此服务器时数据包会被交换设备丢弃。

（2）控制网络流量，提高网络性能。将访问控制列表应用到交换设备接口，对经过接口的数据包进行检查，并根据检查的结果决定数据被转发还是被丢弃，达到控制网络流量、提高网络性能的目的。例如，通过访问控制列表限制用户访问大型的 P2P 站点，以及过滤常用 P2P 软件使用的端口等方式，达到限制网络流量的目的。

（3）控制网络病毒传播。此功能是访问控制列表使用最广泛的功能。例如，蠕虫病毒在局域网传播的常用端口为 TCP 的 135、139 和 445，通过访问控制列表过滤目的端口为 TCP 协议 135、139 和 445 端口的数据包，可以控制病毒的传播。

访问控制列表语句具有两个组件：一个是条件，另一个是操作。条件用于区别数据包内容，当为条件找到匹配项时，则会采取对应操作——允许或拒绝。

条件：条件基本上是一组规则，定义要在数据包内容中查找什么来确定数据包是否匹配，每条访问控制列表语句中只可列出一个条件，但可以将访问控制列表语句组合在一起形成一个列表或策略，语句使用编号或名称来分组。

操作：当访问控制列表语句条件与比较的数据包内容匹配时，可以采取允许或拒绝两个操作。当访问控制列表语句中找到一条匹配条件时，则不会再匹配其他条件。

2．访问控制列表的类型

按照功能分类，ACL 可分为基本 ACL、高级 ACL、二层 ACL、用户自定义 ACL、基本 ACL 6、高级 ACL 6 等，每类 ACL 编号的取值范围不同。

（1）基本 ACL。基本 ACL 主要适用于 IPv4，仅支持过滤 IPv4 报文。基本 ACL 使用 IPv4 报文的源 IP 地址来定义规则，编号范围为 2000～2999。

（2）高级 ACL。高级 ACL 主要适用于 IPv4，仅支持过滤 IPv4 报文。高级 ACL 既可以使用 IPv4 报文的源地址，又可以使用目的地址、端口号、协议类型和其他参数来定义规则，这给管理员提供了更大的灵活性和控制权，编号范围为 3000～3999。

（3）二层 ACL。二层 ACL 适用于 IPv4 和 IPv6，既支持过滤 IPv4 报文又支持过滤 IPv6 报文。二层 ACL 使用报文的以太网帧头信息来定义规则，如根据源 MAC 地址、目的 MAC 地址、二层协议类型等，编号范围为 4000～4999。

（4）用户自定义 ACL。用户自定义 ACL 适用于 IPv4 和 IPv6，既支持过滤 IPv4 报文又支持过滤 IPv6 报文。用户自定义 ACL 使用报文头、偏移位置、字符串掩码和用户自定义字符串来定义规则，编号范围为 5000～5999。

（5）基本 ACL 6。基本 ACL 6 主要适用于 IPv6，仅支持过滤 IPv6 报文。基本 ACL 6 使用 IPv6 报文的源 IP 地址来定义规则，编号范围为 2000～2999。

（6）高级 ACL 6。高级 ACL 6 主要适用于 IPv6，仅支持过滤 IPv6 报文。高级 ACL6 既可以使用 IPv6 报文的源地址，又可以使用目的地址、端口号、协议类型和其他参数来定义规则，编号范围为 3000～3999。

3．访问控制列表的匹配顺序

一个 ACL 可以由多条规则语句组成，这些规则可能存在重复或矛盾的地方。例如，在一个 ACL 中先后配置以下两条规则：

```
rule permit source 172.16.0.0.0 0.0.255.255    （表示允许源 IP 地址为 172.16.0.0/16 网段地址的报文通过）
rule deny source 172.16.1.0.0 0.0.0.255        （表示拒绝源 IP 地址为 172.16.1.0/24 网段地址的报文通过，
该网段地址范围小于 172.16.0.0/16 网段范围）
```

其中，permit 规则与 deny 规则是相互矛盾的。对于源 IP 为 172.16.100.100 的报文，如果系统先将 permit 规则与其匹配，则该报文会得到允许通过；相反，如果系统先将 deny 规则与其匹配，则该报文会被拒绝通过。

因此，对于规则之间存在重复或矛盾的情形，报文的匹配结果与 ACL 的匹配顺序是息息相关的。

设备支持两种 ACL 匹配顺序：配置顺序（config 模式）和自动排序（auto 模式）。缺省的 ACL 匹配顺序是 config 模式。

（1）配置顺序。配置顺序，即系统按照 ACL 规则编号从小到大的顺序进行报文匹配，规则编号越小越容易被匹配。

如果配置规则时指定了规则编号，则规则编号越小，规则插入位置越靠前，该规则越先被匹配。

如果配置规则时未指定规则编号，则由系统自动为其分配一个编号。该编号是一个大于当前 ACL 内最大规则编号且是步长整数倍的最小整数，因此该规则会被最后匹配。

（2）自动排序。自动排序，是指系统使用"深度优先"的原则，将规则按照精确度从高到低进行排序，并按照精确度从高到低的顺序进行报文匹配。规则中定义的匹配项限制越严格，规则的精确度就越高，即优先级越高，系统越先匹配。

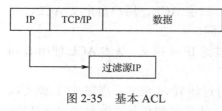

图 2-35　基本 ACL

4. 访问控制列表的配置命令

基本 ACL 只能过滤 IP 数据包报头中的源 IP 地址，如图 2-35 所示。

基本 ACL 配置命令如下：

acl [**number**] acl-number [**match-order** {**auto**|**config**}]
rule [rule-id] {**deny**|**permit**} [**source** source-address source-wildcard |**any**]

下面对命令中的参数进行解释。

①访问控制列表编号。基本 ACL，其访问控制列表编号（即参数 acl-number）只能是 2000～2999 之间的一个数字。只要访问控制列表编号在 2000～2999 之间，就知道这是一个基本 ACL。访问控制列表编号有两个功能：一个是定义了访问控制列表操作的协议，另一个是定义了访问控制列表的类型。

②匹配顺序。缺省情况下，规则匹配顺序为 config。

③步长。缺省情况下，步长值为 5，在 ACL 中配置首条规则时，如果未指定参数 rule-id，设备使用步长值作为规则的起始编号。后续配置规则如仍未指定参数 rule-id，设备则使用最后一个规则的 rule-id 的下一个步长的整数倍数值作为规则编号。例如，ACL 中包含规则 rule 5 和 rule 7，ACL 的步长为 5，则系统分配给新配置的未指定 rule-id 的规则的编号为 10。

④访问控制列表的动作。访问控制列表的动作参数包括两个：一个是 deny，即匹配的数据包将被丢弃；另一个是 permit，即允许匹配的数据包通过。

⑤源地址。对于基本 ACL，源地址参数 source-address 即为源 IP 地址，它必须和通配符掩码联合使用才有效。

⑥反掩码。反掩码（参数 source-wildcard）的作用与子网掩码类似，它与 IP 地址一起决定检查的对象是一台主机、多台主机还是某网段的所有主机。反掩码也是 32 位二进制数，与子网掩码相反，它的高位是连续的 0，低位是连续的 1，使用点分十进制表示。反掩码中，0 表示需要比较，1 表示不需要比较。例如：

0.0.0.255	只比较前 24 位
0.0.3.255	只比较前 22 位
0.255.255.255	只比较前 8 位

应用访问控制列表到接口的命令如下：

traffic-filter {inbound | outbound} acl acl-number

访问控制列表只有被应用到交换设备的某个接口才能生效。接口上的数据包有两个方向：一个是通过接口进入交换设备的数据包（即 inbound 方向的数据包），另一个是通过该接口离开交换设备的数据包（即 outbound 方向的数据包）。将访问控制列表应用到交换设备某个接口时，必须指明其方向。

显示访问控制列表配置的命令如下：

dispaly acl {acl-number|**all**}

删除访问控制列表的命令如下：

undo acl {[**number**] acl-number|**all**}　　（视图模式下）

高级 ACL 用于扩展报文过滤。一个高级 ACL 允许用户根据如下内容过滤报文：源和目的地址、协议、源和目的端口以及在特定报文字段中允许进行特殊位比较的各种选项，如图 2-36 所示。

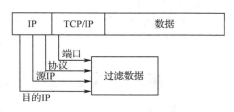

图 2-36　扩展 ACL

高级 ACL 的使用方法与基本 ACL 的使用方法基本相同，两者的区别在于，高级 ACL 中有更多的匹配项。根据 IP 承载的协议类型不同，在设备上配置不同的高级 ACL 规则。对于不同的协议类型，有不同的参数组合。

配置 TCP/UDP 协议的高级 ACL 的命令格式为：

acl [**number**] acl-number [**match-order {auto|config}**]
rule [**rule-id**] {**deny** | **permit**} {**tcp**|**udp**} [**source** source-address source-wildcard |**any**][**source-port** {**eq** port|**gt** port|**it** port| **range** port-start port-end}] [**destination-address** destination-wildcard | **any**][**destination-port** {**eq** port|**gt** port|**it** port| **range** port-start port-end}]

配置 ICMP 协议的高级 ACL 的命令格式为：

acl [**number**] acl-number [**match-order {auto|config}**]
rule [**rule-id**] {**deny** | **permit**}　**icmp** [**source** source-address source-wildcard |**any**] [**destination-address** destination-wildcard | **any**] [**icmp-type** {icmp-name|icmp-type|icmp-code}]

配置其他协议（IP、OSPF、IGMP、GRE、IPINIP）的高级 ACL 的命令格式为：

acl [**number**] acl-number [**match-order {auto|config}**]
rule [**rule-id**] {**deny** | **permit**} { **ip** | **ospf**| **igmp** |**gre** | **ipinip** }[**source** source-address source-wildcard |**any**] [**destination-address** destination-wildcard | **any**]

下面对命令中的参数进行解释。

①访问控制列表编号。高级 ACL 的编号 acl-number 参数与基本 ACL 的类似，高级 ACL 的编号范围为 3000～3999。

②访问控制列表的动作。使用 permit 或 deny 关键字，其含义与基本 ACL 的相同。

③源 IP 地址和源地址反掩码。高级 ACL 的源地址 source-address 和源地址反掩码 source-wildcard 与基本 ACL 的相同。

④源端口号。当协议关键字指定为 TCP 或 UDP 时，可以指定过滤的源端口 source-port。源端口可以是一个端口，也可以是多个端口。端口表达方式如表 2-9 所示。

表 2-9　操作符表

协　议	描　述
eq	等于端口号 portnumber
gt	大于端口号 portnumber
lt	小于端口号 portnumber
neq	不等于端口号 portnumber
range	介于端口号 portnumber1 和 portnumber2 之间

⑤目的地址和目的地址反掩码。高级 ACL 的目的地址 destination-address 和目的地址反掩码 destination-wildcard 用于描述目的地址匹配条件。

⑥目的端口号。目的端口号 destination-port 的指定方法与源端口号的指定方法类似。

2.4.2　基础实验 2.12　基本 ACL 的配置

1．实验目的
掌握基本访问列表规则及配置，实现网段间互相访问的安全控制。

2．实验设备
在华为 eNSP 实验平台上连接 1 台 S5700 三层交换机、3 台 S3700 交换机以及 3 台 PC，直连线若干。

3．实验拓扑图
实验拓扑图如图 2-37 所示。

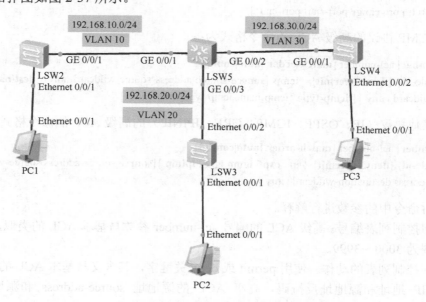

图 2-37　基本 ACL 配置实验拓扑图

4．实验步骤

（1）在交换机 LSW5 上进行基本配置，主要是创建 VLAN：

```
<Huawei>sys
Enter system view, return user view with Ctrl+Z.
[Huawei]sysname Center
[Center]vlan 10
[Center-vlan10]vlan 20
[Center-vlan20]vlan 30
[Center-vlan30]
[Center-vlan30]int g0/0/1
[Center-GigabitEthernet0/0/1]port link-type access
[Center-GigabitEthernet0/0/1]port default vlan 10
[Center-GigabitEthernet0/0/1]int g0/0/3
[Center-GigabitEthernet0/0/3]port link-type ac
[Center-GigabitEthernet0/0/3]port default vlan 20
[Center-GigabitEthernet0/0/3]int g0/0/2
[Center-GigabitEthernet0/0/2]port link-type ac
[Center-GigabitEthernet0/0/2]port default vlan 30
[Center-GigabitEthernet0/0/2]int vlan 10
[Center-Vlanif10]ip add 192.168.10.1 255.255.255.0
[Center-Vlanif10]int vlan 20
[Center-Vlanif20]ip add 192.168.20.1 24
[Center-Vlanif20]int vlan 30
[Center-Vlanif30]ip add 192.168.30.1 24
```

本实验中，3 台 S3700 交换机 LSW2、LSW3、LSW4 不需要进行任何配置，只需要连线就可以了。

（2）配置基本访问控制列表：

```
[Center]acl 2000                                           （定义基本访问控制列表）
[Center-acl-basic-2000]rule 5 deny source 192.168.20.0 0.0.0.255  （定义列表匹配的条件）
[Center-acl-basic-2000]rule 5 permit source any            （允许其他流量通过）
```

说明： 要注意 deny 某个网段后还要 permit 其他网段。

（3）用"dis acl 2000"命令查看定义的列表：

```
[Center]display acl 2000
Basic ACL 2000, 2 rules
Acl's step is 5
 rule 5 deny source 192.168.20.0 0.0.0.255
 rule 6 permit
```

（4）在接口下应用访问控制列表：

```
[Center]int g0/0/1
[Center-GigabitEthernet0/0/1]traffic-filter outbound acl 2000  （访问控制列表用在接口出方向）
```

（5）查看配置文件：

```
[Center]dis cur
#
```

```
sysname Center
#
vlan batch 10 20 30
#
cluster enable
ntdp enable
ndp enable
#
drop illegal-mac alarm
#
diffserv domain default
#
acl number 2000
  rule 5 deny source 192.168.20.0 0.0.0.255
  rule 6 permit
#
drop-profile default
#
aaa
  authentication-scheme default
  authorization-scheme default
  accounting-scheme default
  domain default
  domain default_admin
  local-user admin password simple admin
  local-user admin service-type http
#
interface Vlanif1
#
interface Vlanif10
  ip address 192.168.10.1 255.255.255.0
#
interface Vlanif20
  ip address 192.168.20.1 255.255.255.0
#
interface Vlanif30
  ip address 192.168.30.1 255.255.255.0
#
interface MEth0/0/1
#
interface GigabitEthernet0/0/1
  port link-type access
  port default vlan 10
  traffic-filter outbound acl 2000
#
interface GigabitEthernet0/0/2
  port link-type access
  port default vlan 30
```

```
#
interface GigabitEthernet0/0/3
 port link-type access
 port default vlan 20
#
interface GigabitEthernet0/0/4
#
interface GigabitEthernet0/0/5
#
interface GigabitEthernet0/0/6
#
interface GigabitEthernet0/0/7
#
interface GigabitEthernet0/0/8
#
interface GigabitEthernet0/0/9
#
interface GigabitEthernet0/0/10
#
interface GigabitEthernet0/0/11
#
interface GigabitEthernet0/0/12
#
interface GigabitEthernet0/0/13
#
interface GigabitEthernet0/0/14
#
interface GigabitEthernet0/0/15
#
interface GigabitEthernet0/0/16
#
interface GigabitEthernet0/0/17
#
interface GigabitEthernet0/0/18
#
interface GigabitEthernet0/0/19
#
interface GigabitEthernet0/0/20
#
interface GigabitEthernet0/0/21
#
interface GigabitEthernet0/0/22
#
interface GigabitEthernet0/0/23
#
interface GigabitEthernet0/0/24
#
interface NULL0
```

```
#
user-interface con 0
user-interface vty 0 4
#
Return
```

（6）验证测试。

在属于学生宿舍（VLAN 20）的主机 PC2 上 ping 属于服务器区（VLAN 10）的主机 PC1，发现不能 ping 通。

在属于教职工宿舍（VLAN 30）的主机 PC3 上 ping 属于服务器区（VLAN 10）的主机 PC1，发现可以 ping 通。

2.4.3　基础实验 2.13　高级 ACL 的配置

在校园网中，学校希望学生在做实验时只能访问 FTP 服务器上的 FTP 服务以及 HTTP 服务，而不允许访问 Internet 和教师办公室；教师则没有限制。机房实验室所在网段是 172.16.1.0/24，教师办公室所在网段是 172.16.2.0/24。要求网络管理员按照需要，实现对网络服务访问的安全控制。

1．实验目的
掌握高级访问控制列表的配置。

2．实验设备
在华为 eNSP 实验平台上连接 1 台 S5700 三层交换机、2 台 Router 路由器、2 台 PC（其中一台作为机房实验室计算机，另一台作为教师办公室计算机）以及 2 台服务器，串口和直连线若干。

3．实验拓扑图
实验拓扑图如图 2-38 所示。

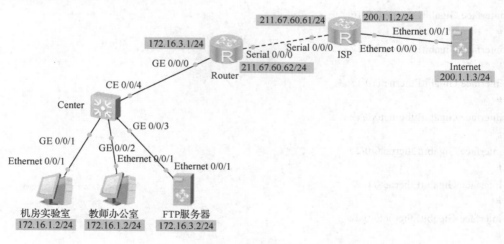

图 2-38　高级 ACL 配置实验拓扑图

4．实验步骤
要实现所需的访问控制，有两种方法。

一种是通过在三层交换机的 SVI 口（VLAN 10）上配置高级访问控制列表，通过指定分组的源地址、目的地址和协议类型、端口号来实现机房实验室对 FTP 服务器的访问，并拒绝机房实验室访问 Internet。

另一种是通过在路由器的 GigabitEthernet 0/0/0 接口上配置基本访问控制列表，拒绝来自 172.16.1.0 网段的访问。

这两种方法中比较好的方法是第一种。当这个高级 ACL 被放在交换机的 VLAN 10 上时，被拒绝的分组就不能通过交换机到达路由器了，这样就减少了交换机和路由器间的通信流量，而其他源地址和目的地址的流量仍然被允许通过。

放置 ACL 的一般原则是：尽可能把高级 ACL 放置在距离要被拒绝的通信流量最近的地方。基本 ACL 由于不能指定目的地址，所以它们应该尽可能地放置在距离目的地最近的地方。

（1）基本配置。参照实验拓扑图配置好各网段 IP，测试配置访问控制列表前的网络互访。

三层交换机：

```
<Huawei>sys
[Huawei]sysname Center
[Center]vlan 10
[Center-vlan10]vlan 20
[Center-vlan20]vlan 30
[Center-vlan30]int g0/0/1
[Center-GigabitEthernet0/0/1]port link-type access
[Center-GigabitEthernet0/0/1]port default vlan 10
[Center-GigabitEthernet0/0/1]int g0/0/2
[Center-GigabitEthernet0/0/2]port link-type ac
[Center-GigabitEthernet0/0/2]po de vlan 20
[Center-GigabitEthernet0/0/2]int g0/0/3
[Center-GigabitEthernet0/0/3]po link-t ac
[Center-GigabitEthernet0/0/3]po de vlan 30
[Center-GigabitEthernet0/0/3]int g 0/0/4
[Center-GigabitEthernet0/0/4]po link-t ac
[Center-GigabitEthernet0/0/4]port default vlan 30
[Center-GigabitEthernet0/0/4]qu
[Center]int vlan 10
[Center-Vlanif10]ip add 172.16.1.1 255.255.255.0
[Center-Vlanif10]int vlan 20
[Center-Vlanif20]ip add 172.16.2.1 255.255.255.0
[Center-Vlanif20]int vlan 30
[Center-Vlanif30]ip add 172.16.3.3 255.255.255.0
[Center-Vlanif30]quit
[Center]rip 1
[Center-rip-1]version 2
[Center-rip-1]undo summary
[Center-rip-1]network 172.16.0.0

Router:
<Huawei>sys
```

```
[Huawei]int g 0/0/0
[Huawei-GigabitEthernet0/0/0]ip add 172.16.3.1 255.255.255.0
[Huawei-GigabitEthernet0/0/0]int s0/0/0
[Huawei-Serial0/0/0]ip add 211.67.60.62 255.255.255.0
[Huawei-Serial0/0/0]quit
[Huawei]rip 1
[Huawei-rip-1]version 2
[Huawei-rip-1]undo summary
[Huawei-rip-1]network 172.16.0.0
[Huawei-rip-1]network 211.67.60.0
[Huawei-rip-1]quit
[Huawei]ip route-static 0.0.0.0 0.0.0.0 s 0/0/0
[Router]user-interface vty 0 4
[Router-ui-vty0-4]authentication-mode password
[Router-ui-vty0-4]set authentication password simple huawei
[Router-ui-vty0-4]user privilege level 3
[Router-ui-vty0-4]quit
[Router]int s0/0/0
[Huawei-Serial0/0/0]link-protocol ppp
[Huawei-Serial0/0/0]ppp authentication-mode pap
[Huawei-Serial0/0/0]quit
[Huawei]nat address-group 1 211.67.60.62 211.67.60.62
[Huawei]acl 2000
[Huawei-acl-basic-2000]rule 5 permit source 172.16.3.0 0.0.0.255
[Huawei-acl-basic-2000]quit
[Huawei]int s0/0/0
[Huawei-Serial0/0/0]nat outbound 2000 address-group 1 no-pat

ISP:
<Huawei>system-view
Enter system view, return user view with Ctrl+Z.
[Huawei]sysname ISP
[ISP]int s0/0/0
[ISP-Serial0/0/0]ip add 211.67.60.61 255.255.255.0
[ISP-Serial0/0/0]int e 0/0/0
[ISP-Ethernet0/0/0]ip add 200.1.1.2 255.255.255.0
[ISP-Ethernet0/0/0]quit
[ISP]int s0/0/0
[ISP-Serial0/0/0]link-protocol ppp
[ISP-Serial0/0/0]ppp pap local-user ISP password simple 0
[ISP-Serial0/0/0]quit
[ISP]rip 1
[ISP-rip-1]undo summary
[ISP-rip-1]version 2
[ISP-rip-1]network 200.1.1.0
[ISP-rip-1]network 211.67.60.0
[ISP-rip-1]quit
[ISP]ip route-static 0.0.0.0 0.0.0.0 s0/0/0
```

（2）配置高级访问控制列表。

在视图模式下，创建 ACL：

```
[Center]acl 3001
[Center-acl-adv-3001]rule permit tcp source 172.16.1.0 0.0.0.255 destination 172.16.3.2 0.0.0.255
destination-port eq ftp
[Center-acl-adv-3001]rule permit tcp source 172.16.1.0 0.0.0.255 destination 172.16.3.2 0.0.0.255
destination-port eq www
[Center-acl-adv-3001]quit
[Center]traffic classifier tc1          （配置基于高级 ACL 的流分类 tc1）
[Center-classifier-tc1]if-match acl 3001
[Center-classifier-tc1]quit
[Center]traffic behavior tb1            （配置流行为 tb1 动作为允许报文通过）
[Center-behavior-tb1]permit
[Center-behavior-tb1]quit
[Center]traffic policy tp1              （配置流策略，将流分类 tc1 与流行为 tb1 关联）
[Center-trafficpolicy-tp1]classifier tc1 behavior tb1
[Center-trafficpolicy-tp1]quit
```

（3）将访问控制列表应用到具体接口：

```
[Center]int GigabitEthernet 0/0/4          （将流策略 tp1 应用到 GigabitEthernet 0/0/4 接口）
[Center-GigabitEthernet0/0/4]traffic-policy tp1 outbound
```

（4）验证测试。在作为机房实验室的计算机上访问服务器上的 WWW 服务、教师办公室、Internet 来测试网络访问。

2.5　IPSec VPN 技术

2.5.1　IPSec VPN 概述

虚拟专用网络（Virtual Private Network，VPN）是利用接入服务器、广域网上的路由器或 VPN 专用设备在公用的广域网上实现虚拟专网的技术，扩展了专用网络的范围，如图 2-39 所示。这里所说的公用网包括因特网、电信部门提供的公用电话网、帧中继以及 ATM 网络等。VPN 综合利用了认证和加密技术，在公共网络上搭建属于自己的虚拟专用安全传输网络，为关键应用的通信提供认证和数据加密等安全服务。可以认为 VPN 是对防火墙的功能性延续，从逻辑上扩大了内部网，从功能上扩展了防火墙。

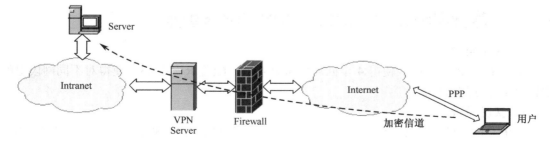

图 2-39　VPN 模型

对于构建 VPN 来说，网络隧道（Tunneling）技术是关键。网络隧道技术是指利用一种网络协议来传输另一种网络协议，它主要利用网络隧道（Tunnel）协议来实现这种功能。网络隧道技术涉及 3 种网络协议，即网络隧道协议、隧道协议下面的承载协议、隧道协议所承载的被承载协议。

网络隧道协议分为两类：二层隧道协议和三层隧道协议。

（1）二层隧道协议。二层隧道协议用于传输第二层网络协议，它主要应用于构建远程访问虚拟专网（Access VPN）。阿姆瑞特防火墙支持的 VPN 二层协议有 PPTP 和 L2TP。

点到点通道协议（PPTP）是由 PPTP 论坛设计的，是对较老的 PPP 协议的扩展，是较早被设计用于在拨号网络上提供 VPN 通道来访问远程服务器的协议之一。PPTP 通过 Internet 建立通道并在其中传输不同的协议，通道是通过使用通用路由封装技术把 IP 报文封装进 PPP 包中来实现的。客户端首先使用正常方法通过 PPP 协议来建立一条到 ISP 的连接，而 ISP 并不知晓这样的 VPN，因为这条通道是从 PPTP 服务延伸到客户端的。PPTP 标准并不定义数据如何加密，通常使用微软的点到点加密（MPPE）标准实现。

第二层通道协议（L2TP）则是将 Cisco 公司开发的 L2F 和 PPTP 综合以后的 VPN 协议，利用了这两种协议中最完美的部分。由于 L2TP 标准中没有实现加密，因此它通常使用另一种名为 L2TP/IPSec 的 IETF 标准，在这个标准中，L2TP 数据包被封装于 IPSec 中，客户端使用 LAC（Local Access Concentrator）进行通信，而这个 LAC 通过 Internet 与一台 L2TP 网络服务器（LNS）进行通信。阿姆瑞特防火墙扮演一个 LNS 角色，LAC 的效果等同于一个通道数据，如 PPP 会话，它使用 IPSec 通过 Internet 来链接到 LNS。在绝大多数的场合中，客户端自身扮演 LAC 角色。L2TP 是一个基于证书的通信机制，因此更加易于管理数量众多的客户端，并可以提供比 PPTP 更高的安全性。与 PPTP 不同，它可以在一个单独的通道上建立多个虚拟网络。因为是基于 IPSec，所以 L2TP 需要在通道的 LNS 一方实现 NAT 穿越。

（2）三层隧道协议。三层隧道协议用于传输三层网络协议，它主要应用于构建企业内部虚拟专网（Intranet VPN）和扩展的企业内部虚拟专网（Extranet VPN）。阿姆瑞特防火墙支持的 VPN 三层协议是 IPSec。

因特网协议安全（IPSec）是由 IETF 定义的一套在网络层提供 IP 安全性的协议。基于 IPSec 的 VPN 由两部分组成：Internet 密钥交换协议（IKE）和 IPSec 协议。IKE 是初始阶段，两个 VPN 端点在这个阶段协商使用哪种方法为下面的 IP 数据流提供安全性，通过一套安全关联（SA）IKE 用于管理连接。因为 SA 是面向每个连接、单向的，所以每个 IPSec 连接至少有 2 个 SA。IPSec 协议使用 IKE 协商时双方均认可的加密和认证方法传输实际 IP 数据。

2.5.2　基础实验 2.14　IPSec VPN 的基本配置

1．实验目的

配置 R1、R2 和 R3，使得 4 个回环口可以互通。配置 R1 和 R3，使得对不同网段上的数据流量进行加密传输。

2．实验设备

在华为 eNSP 实验平台上连接 3 台 2811 路由器，其中 R2 模拟 ISP 路由器。使用串口线将设备连接起来。

3．实验拓扑图

实验拓扑图如图 2-40 所示。

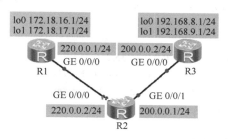

图 2-40　IPSec VPN 基本配置实验拓扑图

4．实验步骤

（1）R1、R2、R3 路由器的基本配置：

```
<Huawei>sys
Enter system view, return user view with Ctrl+Z.
[Huawei]sysname R1
[R1]int lo0
[R1-LoopBack0]ip add 172.18.16.1 255.255.255.0
[R1-LoopBack0]quit
[R1]int lo1
[R1-LoopBack1]ip add 172.18.17.1 255.255.255.0
[R1-LoopBack1]quit
[R1]int g0/0/0
[R1-GigabitEthernet0/0/0]ip add 220.0.0.1 255.255.255.0
Apr 31 2019 11:06:06-08:00 R1 %%01IFNET/4/LINK_STATE(l)[0]:The line protocol IP
on the interface GigabitEthernet0/0/0 has entered the UP state.
[R1-GigabitEthernet0/0/0]quit
[R1]ip route-s
[R1]ip route-static 0.0.0.0 0.0.0.0 220.0.0.2
<Huawei>sys
Enter system view, return user view with Ctrl+Z.
[Huawei]sysname R2
[R2]int g0/0/0
[R2-GigabitEthernet0/0/0]ip add 220.0.0.2 255.255.255.0
Apr 31 2019 11:08:12-08:00 R2 %%01IFNET/4/LINK_STATE(l)[0]:The line protocol IP
on the interface GigabitEthernet0/0/0 has entered the UP state.
[R2-GigabitEthernet0/0/0]quit
[R2]int g0/0/1
[R2-GigabitEthernet0/0/1]ip add 200.0.0.1 255.255.255.0
[R2-GigabitEthernet0/0/1]quit
<Huawei>sys
Enter system view, return user view with Ctrl+Z.
[Huawei]
[Huawei]int lo0
```

```
[Huawei-LoopBack0]ip add 192.168.8.1 255.255.255.0
[Huawei-LoopBack0]int lo1
[Huawei-LoopBack1]ip add 192.168.9.1 255.255.255.0
[Huawei-LoopBack1]quit
[Huawei]int g0/0/0
[Huawei-GigabitEthernet0/0/0]ip add 200.0.0.2 255.255.255.0
Apr 31 2019 11:09:59-08:00 Huawei %%01IFNET/4/LINK_STATE(l)[0]:The line protocol
  IP on the interface GigabitEthernet0/0/0 has entered the UP state.
[Huawei-GigabitEthernet0/0/0]quit
[Huawei]ip route-st
[Huawei]ip route-static 0.0.0.0 0.0.0.0 200.0.0.1
```

（2）R1 的 IPSec VPN 配置。

第 1 步：定义要走 IPSec VPN 的数据流，即感兴趣流。

```
[R1]acl 3000
[R1-acl-adv-3000]rule 10 permit ip source 172.18.0.0 0.0.255.255 destination 192.168.0.0 0.0.255.255
[R1-acl-adv-3000]quit
```

第 2 步：定义安全联盟和密钥交换策略。

```
[R1]ike proposal 10
[R1-ike-proposal-10]encryption-algorithm 3des
[R1-ike-proposal-10]authentication-algorithm md5
[R1-ike-proposal-10]dh group1
[R1-ike-proposal-10]authentication-method pre-share
[R1-ike-proposal-10]quit
```

第 3 步：配置预共享密钥为 huawei，对端路由器地址为 200.0.0.2。

```
[R1]ike peer 20 v1
[R1-ike-peer-20]pre-shared-key simple huawei
[R1-ike-peer-20]ike-proposal 10
[R1-ike-peer-20]remote-address 200.0.0.2
[R1-ike-peer-20]quit
```

第 4 步：定义 IPSec 的变换集，名字为 hw。

```
[R1]ipsec proposal hw
[R1-ipsec-proposal-hw]esp authentication-algorithm md5
[R1-ipsec-proposal-hw]esp encryption-algorithm des
[R1-ipsec-proposal-hw]quit
```

第 5 步：配置加密映射，名字为 HW。

```
[R1]ipsec policy HW 10 isakmp
[R1-ipsec-policy-isakmp-HW-10]security acl 3000
[R1-ipsec-policy-isakmp-HW-10]ike-peer 20
[R1-ipsec-policy-isakmp-HW-10]proposal hw
[R1-ipsec-policy-isakmp-HW-10]quit
```

第 6 步：在 GigabitEthernet 0/0/0 口上使用该加密映射。

```
[R1]int g0/0/0
[R1-GigabitEthernet0/0/0]ipsec policy HW
```

（3）R3 的 IPSec VPN 配置。

第 1 步：定义要走 IPSec VPN 的数据流，即感兴趣流。

```
<Huawei>sys
Enter system view, return user view with Ctrl+Z.
[Huawei]
[Huawei]acl 3000
[Huawei-acl-adv-3000]rule 10 permit ip source 192.168.0.0 0.0.255.255 destination 172.18.0.0 0.0.255.255
[Huawei-acl-adv-3000]quit
```

第 2 步：定义安全联盟和密钥交换策略。

```
[Huawei]ike pro
[Huawei]ike proposal 10
[Huawei-ike-proposal-10]encryption-algorithm 3des-cbc
[Huawei-ike-proposal-10]authentication-algorithm md5
[Huawei-ike-proposal-10]dh group1
[Huawei-ike-proposal-10]authentication-method pre-share
[Huawei-ike-proposal-10]quit
```

第 3 步：配置预共享密钥为 huawei，对端路由器地址为 220.0.0.1。

```
[Huawei]ike peer 20 v1
[Huawei-ike-peer-20]ike-proposal 10
[Huawei-ike-peer-20]pre-shared-key simple huawei
[Huawei-ike-peer-20]remote-address 220.0.0.1
[Huawei-ike-peer-20]quit
```

第 4 步：定义 IPSec 的变换集，名字为 hw。

```
[Huawei]ipsec proposal hw
[Huawei-ipsec-proposal-hw]esp encryption-algorithm des
[Huawei-ipsec-proposal-hw]esp authentication-algorithm md5
[Huawei-ipsec-proposal-hw]quit
```

第 5 步：配置加密映射，名字为 HW。

```
[Huawei]ipsec policy HW 10 isakmp
[Huawei-ipsec-policy-isakmp-HW-10]security acl 3000
[Huawei-ipsec-policy-isakmp-HW-10]ike-peer 20
[Huawei-ipsec-policy-isakmp-HW-10]proposal hw
[Huawei-ipsec-policy-isakmp-HW-10]quit
```

第 6 步：在 GigabitEthernet 0/0/0 口上使用该加密映射。

```
[Huawei]int g0/0/0
[Huawei-GigabitEthernet0/0/0]ipsec policy HW
[Huawei-GigabitEthernet0/0/0]quit
```

（4）测试 R3 和 R1 的连通性：

```
[R3]ping -a 192.168.8.1 172.18.16.1
  PING 172.18.16.1: 56   data bytes, press CTRL_C to break
    Reply from 172.18.16.1: bytes=56 Sequence=1 ttl=255 time=20 ms
    Reply from 172.18.16.1: bytes=56 Sequence=2 ttl=255 time=30 ms
    Reply from 172.18.16.1: bytes=56 Sequence=3 ttl=255 time=20 ms
    Reply from 172.18.16.1: bytes=56 Sequence=4 ttl=255 time=20 ms
    Reply from 172.18.16.1: bytes=56 Sequence=5 ttl=255 time=20 ms

  --- 172.18.16.1 ping statistics ---
    5 packet(s) transmitted
    5 packet(s) received
    0.00% packet loss
    round-trip min/avg/max = 20/22/30 ms
[R1]ping -a 172.18.17.1 192.168.9.1
  PING 192.168.9.1: 56   data bytes, press CTRL_C to break
    Reply from 192.168.9.1: bytes=56 Sequence=1 ttl=255 time=40 ms
    Reply from 192.168.9.1: bytes=56 Sequence=2 ttl=255 time=20 ms
    Reply from 192.168.9.1: bytes=56 Sequence=3 ttl=255 time=20 ms
    Reply from 192.168.9.1: bytes=56 Sequence=4 ttl=255 time=40 ms
    Reply from 192.168.9.1: bytes=56 Sequence=5 ttl=255 time=30 ms

  --- 192.168.9.1 ping statistics ---
    5 packet(s) transmitted
    5 packet(s) received
    0.00% packet loss
    round-trip min/avg/max = 20/30/40 ms
```

（5）查看 R1 和 R3 的 sa：

```
[R1]display ike sa
    Conn-ID   Peer          VPN   Flag(s)            Phase
  --------------------------------------------------------------
      18      200.0.0.2      0     RD                 2
      17      200.0.0.2      0     RD                 1

  Flag Description:
  RD--READY    ST--STAYALIVE    RL--REPLACED    FD--FADING    TO--TIMEOUT
  HRT--HEARTBEAT    LKG--LAST KNOWN GOOD SEQ NO.    BCK--BACKED UP

[R1]display ipsec sa

  ===============================
  Interface: GigabitEthernet0/0/0
   Path MTU: 1500
  ===============================

    -------------------------------
```

```
IPSec policy name: "HW"
Sequence number   : 10
Acl Group         : 3000
Acl rule          : 10
Mode              : ISAKMP
----------------------------
    Connection ID     : 18
    Encapsulation mode: Tunnel
    Tunnel local      : 220.0.0.1
    Tunnel remote     : 200.0.0.2
    Flow source       : 172.18.0.0/255.255.0.0 0/0
    Flow destination  : 192.168.0.0/255.255.0.0 0/0
    Qos pre-classify  : Disable

    [Outbound ESP SAs]
      SPI: 1501665401 (0x59819879)
      Proposal: ESP-ENCRYPT-DES-64 ESP-AUTH-MD5
      SA remaining key duration (bytes/sec): 1887114240/3345
      Max sent sequence-number: 15
      UDP encapsulation used for NAT traversal: N

    [Inbound ESP SAs]
      SPI: 2779341049 (0xa5a960f9)
      Proposal: ESP-ENCRYPT-DES-64 ESP-AUTH-MD5
      SA remaining key duration (bytes/sec): 1887435540/3345
      Max received sequence-number: 15
      Anti-replay window size: 32
      UDP encapsulation used for NAT traversal: N

[R3]display ike sa
    Conn-ID   Peer        VPN    Flag(s)              Phase
  ------------------------------------------------------------
      10      220.0.0.1    0     RD|ST                 2
       9      220.0.0.1    0     RD|ST                 1

  Flag Description:
  RD--READY    ST--STAYALIVE    RL--REPLACED    FD--FADING    TO--TIMEOUT
  HRT--HEARTBEAT    LKG--LAST KNOWN GOOD SEQ NO.    BCK--BACKED UP

[R3]dis ipsec sa

===============================
Interface: GigabitEthernet0/0/0
 Path MTU: 1500
===============================


----------------------------
 IPSec policy name: "HW"
```

```
Sequence number    : 10
Acl Group          : 3000
Acl rule           : 10
Mode               : ISAKMP
-----------------------------
  Connection ID      : 10
  Encapsulation mode: Tunnel
  Tunnel local       : 200.0.0.2
  Tunnel remote      : 220.0.0.1
  Flow source        : 192.168.0.0/255.255.0.0 0/0
  Flow destination   : 172.18.0.0/255.255.0.0 0/0
  Qos pre-classify   : Disable

  [Outbound ESP SAs]
    SPI: 2779341049 (0xa5a960f9)
    Proposal: ESP-ENCRYPT-DES-64 ESP-AUTH-MD5
    SA remaining key duration (bytes/sec): 1887114240/3316
    Max sent sequence-number: 15
    UDP encapsulation used for NAT traversal: N

  [Inbound ESP SAs]
    SPI: 1501665401 (0x59819879)
    Proposal: ESP-ENCRYPT-DES-64 ESP-AUTH-MD5
    SA remaining key duration (bytes/sec): 1887435540/3316
    Max received sequence-number: 15
    Anti-replay window size: 32
    UDP encapsulation used for NAT traversal: N
```

第3章 南信院校园网工程案例详解

3.1 项目1 南信院校园网的规划设计

3.1.1 南信院校园网现状

南京信息职业技术学院（简称"南信院"）校园网于 2004 年建成并投入使用，之后根据功能需求与新建楼宇需求进行了相应调整与局部新建。在学院每栋主要楼宇弱电机房放置了锐捷二层交换机做堆叠，并通过锐捷三层交换机汇聚，楼宇之间以及访问外网数据都经核心交换机锐捷 S6810E 转发，校园网用户通过网关认证计费系统认证计费访问外网，通过阿姆瑞特防火墙实现内外网路由、校园网服务器发布与安全策略实施。学院网络有两条出口，分别对应千兆教育网出口与百兆电信出口。2007 年，学院在有线网络应用的基础上，新建校园无线网，主要覆盖办公楼、图书馆等公共区域，采用瘦 H3C 公司瘦 AP 布置方案，并用 WX3024 控制器集中管理。

3.1.2 南信院校园网项目整体规划设计

计算机网络的规划设计，应该在系统工程科学的指导下，根据对用户需求的分析和计算机软硬件工程开发的技术规范来制定。一般分为以下几个步骤：

第 1 步：分析用户需求，确定具体工程内容。进行对象研究和需求调查，弄清用户的性质、任务和发展特点，对网络环境进行准确描述；明确系统建设的需求和条件。

第 2 步：进行总体设计，确定网络的拓扑结构。根据应用需求、建设目标和主要建筑分布特点，进行系统分析和设计。

第 3 步：进行技术选择。选择所采用的网络技术，如骨干网技术、系统方案，以及是否采用虚拟网、交换技术等。

第 4 步：选择设备。确定选择哪家公司的技术和产品，其中既包括硬件产品的选择，也包括软件产品的选择。

第 5 步：决定工程方案。根据各部门的业务流量的大小、布局等，确定网络的具体方案。

第 6 步：决定布线系统。

3.1.3 任务 3.1 南信院校园网建设需求分析

南京信息职业技术学院仙林新校区占地 928 亩，建有教学楼、科技楼、实训楼、国际交流中心、办公楼、图书馆等楼宇。学院现有在校生 12000 余人，拥有台式计算机约 6000 台。网络建设需求如下：

（1）各楼宇网络连接，构成校园网主干，带宽为千兆。

（2）除特殊用途主机外，所有计算机均需要连接校园网，桌面带宽为百兆。

（3）校园网采用多出口链路，即连接教育网和电信网络，要求用户在访问外网时，如果访问教育网资源，数据从教育网出口转发，否则从电信网出口转发。

（4）仙林新校区（下称"仙林校区"）与鼓楼古平岗老校区（下称"古平岗校区"）之间需要通过专线或 VPN 网络连接，供数据库同步等使用。

（5）学院搭建应用服务器，部分服务器对外网发布，其余服务器只在校园网或者系部发布供教学辅助使用。

（6）制定校园网安全策略，保障校园网安全、稳定运行。

3.1.4　任务 3.2　规划、设计方案选择

1．设计方法

目前，园区网络的设计施工普遍采用三层结构模型，如图 3-1 所示。这三个层次将网络逻辑结构划分为核心层、汇聚层、接入层，每个层次都有其特定的功能。

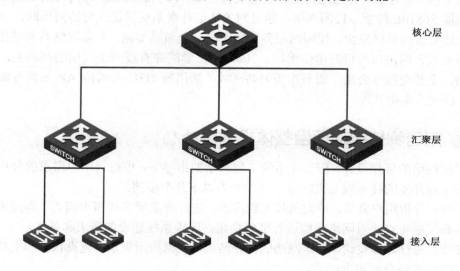

核心层

汇聚层

接入层

图 3-1　三层结构模型

层次化网络拓扑结构由不同的层组成，它能让特定的功能和应用在不同的层面上分别执行。为获得最大的效能，完成特殊的目的，每个网络组件都被仔细安排在分层设计的网络中。路由器、交换机和集线器在选择路由及发布数据和报文信息方面都扮演着特定的角色。在层次化设计中，每一层都有不同的用途，并且通过与其他层面协调工作带来最高的网络性能。

层次化网络设计在互联网组件的通信中引入了三个关键层的概念：核心层（Core Layer）、汇聚层（Distribution Layer）、接入层（Access Layer）。核心层为网络提供骨干组件或高速交换组件，在纯粹的分层设计中，核心层只完成数据交换、数据包高速转发的特殊任务；汇聚层是核心层和终端用户接入层的分界面，汇聚层网络组件完成数据包处理、过滤、寻址、策略增强和其他数据处理的任务；接入层使终端用户能接入网络，优先级设定和带宽交换等优化网络资源的设置也在接入层完成。

随着网络应用需求的不断增长和新技术的涌现，模块化的思想在网络设计中显得更加重要。现今的网络日趋复杂，并随着技术的进步而飞速发展。只有依靠模块化、分层设计的网络才能减少网络组件临时变化造成的影响。这意味着，不会出现平面型网络设计所面临的困

境，整个网络也不会因此受到影响。当设计需要时，路由器、交换机和其他网络互联设备能被方便地引入。层次化网络设计能适应网络规模的不断发展。

规模扩展能力允许网络在极小变动下向现有的网络中加入新的组件及应用。层次化设计的一个重要优点是在现有技术投资下，任何规模的网络都能融进新的网络应用要求。由于网络设计的复杂性，分层网络中使用的路由协议必须能将路由更新报文快速聚合，并且仅需为此付出较低的处理能力。多数新的路由协议都是为层次化拓扑结构所设计的，只需要较少的资源来维护当前的路由表。

2．规划设计校园网络

（1）网络建设任务。南信院有古平岗和仙林两个校区，其中古平岗校区规模小；仙林校区规模大，是学院主校区。两个校区之间距离远，相距约 40km，如果采用专线方式，连接成本较大，因此选择采用 VPN 方式连接。

古平岗校区是老校区，学院网络建设以仙林校区为主。仙林校区网络骨干要求千兆光纤连接。校园网出口有两条：一条是教育网千兆出口，还有一条是电信百兆出口。校园网用户访问教育网资源时，通过教育网出口访问，其他资源都从电信网出口访问。

（2）设计交换式网络拓扑结构。校园中心机房设置在仙林校区图书馆一楼，该栋楼一共5 层，接入层交换机放置在 1、3、4 楼，其余楼宇配线间设置在各栋楼的中间层。汇聚层交换机和接入层交换机均放置在配线架的机柜中，汇聚层交换机与核心层交换机使用千兆光纤连接。

南信院校园网拓扑结构简化图如图 3-2 所示，古平岗校区的网络拓扑结构细节在拓扑图中省略。

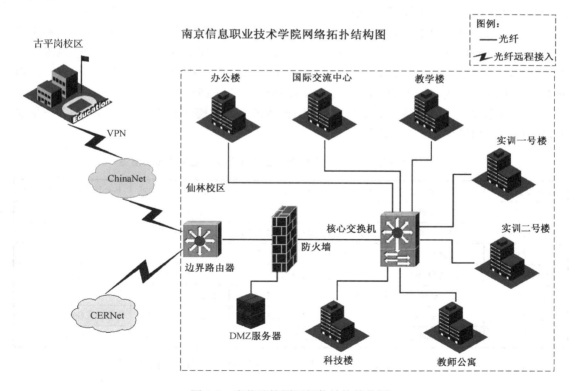

图 3-2　南信院校园网拓扑结构简化图

如图 3-2 所示的南信院校园网体系结构，按照网络逻辑分层，分为三个层次：

核心层：边界路由器、防火墙和校园网核心交换机构成校园网数据高速交换主干，对协调通信至关重要。核心交换机负责与其他的三层交换机数据路由；防火墙负责管理校园网内部与外部网络数据出入，是校园网的安全保障；校园网边界路由器负责策略路由。

汇聚层：位于各楼宇内部的三层交换机，构成南信院校园网汇聚层，主要实现各三层交换机之间的路由选择，广播/多播域的定义，VLAN 之间相互通信，部门或工作组级安全访问。

接入层：各配线间二层交换机到用户桌面计算机为校园网接入层，为校园网用户提供对网络中本地网段的访问。

3．选择核心网络设备

（1）选择核心路由器。在实际设备选型中，将校园网边界路由器与防火墙功能集成为一台设备，使用 Amaranten AS-F600 Plus 防火墙。

（2）选择核心交换机。使用锐捷 S6810E 三层交换机作为校园网核心交换机。

4．三层设备互联方案规划

完成网络拓扑结构设计以后，对网络设备进行配置之前，需要先规划三层设备之间的互联接口和接口地址，以及各楼宇的 IP 地址分配。

（1）实现三层设备互联。各个楼宇的汇聚层交换机在通过物理线路与核心层交换机连接以后，还必须分别对汇聚层交换机和核心层交换机进行配置，链路才能正常工作。三层设备之间通常采用路由方式互联，因此需要分配互联接口的 IP 地址，然后通过配置路由实现链路数据正常转发。

（2）规划互联接口地址。三层设备互联的两个接口必须在同一个地址段，不同的互联链路的接口地址应该使用不同网段的地址。

由于一对互联接口地址只需要 2 个，并且必须在同一网段，为了节约 IP 地址，通常将一个 C 类 IP 地址段进行子网划分，划分出若干个具有 4 个 IP 地址的子网，每个子网除去网络地址和广播地址，只剩下 2 个可以使用的 IP 地址，这 2 个 IP 地址就可以用作一对互联链路的接口地址，故接口地址的子网掩码通常为 255.255.255.252。

（3）规划设计三层设备互联接口及接口 IP 地址。仙林校区的核心层交换机与各三层交换机互联的接口描述如表 3-1 所示。

表 3-1 仙林校区的核心层交换机与各三层交换机互联的接口描述

楼宇/设备名称	汇聚层交换机型号	互联接口	汇聚层接口 IP 地址	核心层接口 IP 地址	核心层交换机互联接口
办公楼	锐捷 S6808	Gi1.2	222.192.255.6/30	222.192.255.5/30	G6/16
国际交流中心	锐捷 S6806E	G1/1	222.192.255.22/30	222.192.255.21/30	G6/13
教学楼	锐捷 S6810	G3/12	222.192.255.2/30	222.192.255.1/30	G6/17
实训一号楼	锐捷 S6808	Gi1.2	222.192.255.10/30	222.192.255.9/30	G6/1
实训二号楼	锐捷 S6806E	G3/1	222.192.255.14/30	222.192.255.13/30	G6/12
教师公寓	H3C S5500	G1/0/28	222.192.255.26/30	222.192.255.25/30	G6/14
科技楼	锐捷 S6806E	G2/1	222.192.255.18/30	222.192.255.17/30	G6/11

路由器（防火墙与路由器为一体）与核心交换机及外网互联接口描述如表 3-2 所示。

表 3-2　路由器接口描述

接 口 名 称	设 备 接 口	路由器接口 IP 地址	远程路由器接口 IP 地址
内网接口	G1/0/7	172.16.0.1	172.16.0.3
CERNet 出口	G1/0/6	172.16.255.134/30	172.16.255.133/30
ChinaNet 出口	G1/0/2	58.213.133.94/28	58.213.133.81/28

防火墙与 DMZ 服务器接入交换机之间的接口描述如表 3-3 所示。

表 3-3　防火墙与 DMZ 服务器接入交换机之间的接口描述

网 络 名 称	交换机型号	互 联 接 口	汇聚层接口 IP 地址	核心层接口 IP 地址	DMZ 交换机接口
防火墙 DMZ	H3C S5500	G1/0/3	172.16.1.10/30	172.16.1.9/30	G6/16

5．校园网 IP 地址规划

校园网用户地址主要按如下方案实施分类管理：

（1）教职工办公机器：此类用户使用教育网分配的公网 IP 地址段，即从 222.192.224.0/24 至 222.192.253.0/24 共计 30 个 C 类地址段，按照办公室地点固定分配，保证教职工能够直接、快速地访问教育网资源。教育网公有 IP 地址规划如表 3-4 所示。

表 3-4　教育网公有 IP 地址规划

位　　置	VLAN 号	网 络 地 址
办公楼北楼	11	222.192.248.0/24
办公楼南楼	12	222.192.249.0/24
国际交流中心北楼	21	222.192.236.0/24
国际交流中心南楼	22	222.192.237.0/24
图书馆	17	222.192.253.0/24
教学楼	3	222.192.245.0/24
实训一号楼北楼	9	222.192.246.0/24
实训一号楼南楼	10	222.192.247.0/24
实训二号楼北楼	14	222.192.250.0/24
实训二号楼南楼	15	222.192.251.0/24
教师公寓	6	222.192.240.0/24
科技楼	238	222.192.238.0/24

（2）服务器群：校园网服务器对校内外发布信息和资源，安全性要求很高，采用单独的教育网地址段（222.192.254.0/25）分配和管理。

（3）电子阅览室计算机：学院图书馆电子阅览室规模较大，现有上网机器约 300 台，考虑以后扩建，使用 B 类私有地址段（172.17.0.0/16）单独管理。

（4）校园网无线宽带用户：学院在不同的楼宇内布置了无线 AP，方便师生笔记本计算机无线上网，此类用户移动性较强，使用 B 类私有地址段（172.19.0.0/16）管理。

（5）计算机与软件学院机房：计算机与软件学院机房弱电工程属近期建成项目，网络环境好，机器数量大，共 20 个机房，每个机房 40～50 台机器，但上网需求不高，同一时刻在线的机器数不多，使用 B 类私有地址段（172.18.0.0/16）分配地址。

（6）各系部机房：除计算机与软件学院以外，其他系部机房规模较小，上网频率不高，每次上网时间不长，同一时刻在线用户不多。针对以上特点，各系部机房机器使用 C 类私有地址段（192.168.0.0/24）进行管理，每个机房给予一个教育网公网地址，采用路由器或代理服务器进行 NAT。

6. 公有 IP 地址使用规划

（1）ChinaNet 公有地址使用规划。

仙林校区申请到的 ChinaNet 公有 IP 地址为 58.213.133.82～58.213.133.94，共 13 个 IP 地址。这 13 个 IP 地址使用在三个方面：校园网边界路由器的电信接口地址、NAT 地址池和服务器静态 NAT。

校园网边界路由器电信接口地址规划为 58.213.133.94。

校园网用户访问电信网络时，需要转换成电信公有 IP 地址才能进行访问。校园网边界路由器使用电信 NAT 地址池规划为 58.213.133.86～58.213.133.93。

校园网 DMZ 服务器需要对外发布信息，对电信网络进行信息发布的每个服务器需要静态转换成电信公有 IP 地址。规划使用 58.213.133.82～58.213.133.85 地址段用于服务器静态 NAT 转换。

（2）CERNet 公有 IP 地址使用规划。

南信院 CERNet 公有 IP 地址较多，除主要用于教师用户 IP 地址分配以外，由于校园网公共机房等用户 IP 地址使用私有地址分配，这部分用户访问教育网资源时，需要进行 NAT 转换。规划使用教育网公有地址 222.192.254.128/25 网段，用于边界路由器进行 NAT。

3.1.5　任务 3.3　使用 eNSP 模拟简化后的校园网核心层和汇聚层基本拓扑

在第 1 章中我们介绍了华为 eNSP 的基本功能和基本使用方法，在本章接下来的任务环节中将逐步通过这个软件模拟南信院校园网的网络工程，包括网络的整个拓扑结构，网络中各种交换机和路由器的基本配置命令行，网络基本连通性功能的实现，网络安全性、可靠性的优化配置等。在整个工程的模拟实施过程中，我们首先对整个网络的拓扑结构做一定的简化，简化绝大部分的接入层设备，通常是接入层的二层交换机，简化一部分汇聚层设备，保留 4 个汇聚层的三层交换机——办公楼、教学楼、实训一号楼、科技楼。

下面通过 eNSP 这个软件来一步一步完成整个模拟校园网的工程，在本次任务中首先使用 eNSP 模拟简化后的校园网核心层和汇聚层基本拓扑。

（1）运行 eNSP 应用软件，如图 3-3 所示。

（2）首先拖一个核心层的三层交换机到界面中。在左侧窗格选择交换机类别的图标，此处选择 S5700，如图 3-4 所示。

（3）用鼠标左键按住 S5700 交换机的图标，并将其拖到右侧屏幕中，如图 3-5 所示。

（4）分别用相同的方法，拖出另外 4 台 S5700 交换机，分别作为办公楼、教学楼、实训一号楼、科技楼的汇聚层三层交换机，如图 3-6 所示。

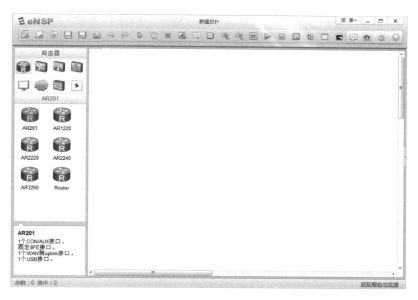

图 3-3 eNSP 运行界面

图 3-4 交换机类别图标

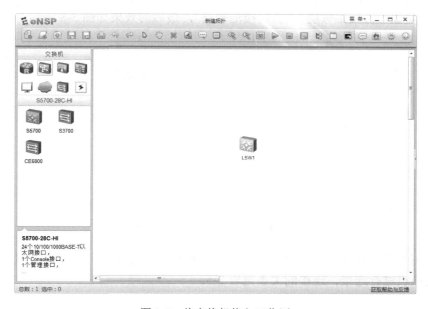

图 3-5 将交换机拖入工作区

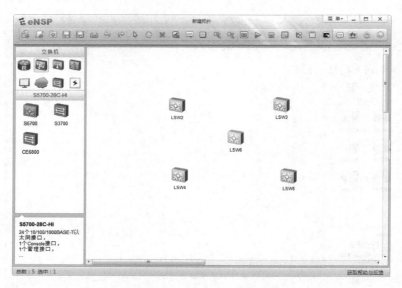

图 3-6　再加入 4 台 S5700 交换机

（5）单击设备图标下的第二行标签，将设备核心层交换机的注释名称修改为"核心层交换机"，如图 3-7 所示。

图 3-7　交换机改名方法

（6）将其他汇聚层交换机的第二行标签用相同方法分别修改为"办公楼汇聚层""教学楼汇聚层""实训一号楼汇聚层""科技楼汇聚层"，最后的效果如图 3-8 所示。

图 3-8　将所有交换机依次命名

（7）接下来选择连接线类别的图标（如图 3-9 所示），选用交叉线将各个汇聚层交换机同核心层交换机进行连接，连接的关系见表 3-5。

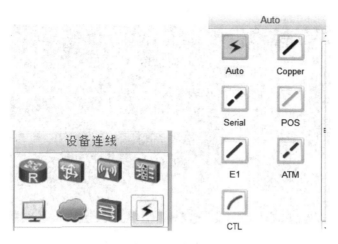

图 3-9　选择连线

表 3-5　核心层到汇聚层接口表

汇聚层名称	各个汇聚层交换机接口	核心层交换机接口
办公楼汇聚层	GE 0/0/1	GE 0/0/1
教学楼汇聚层	GE 0/0/1	GE 0/0/2
实训一号楼汇聚层	GE 0/0/1	GE 0/0/3
科技楼汇聚层	GE 0/0/1	GE 0/0/4

连接后的模拟校园网的汇聚层和核心层拓扑如图 3-10 所示。

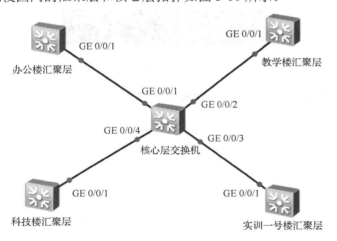

图 3-10　连线后的核心层和汇聚层

为了方便今后进一步对以上设备进行配置，我们将进入交换机的命令行界面，对每个交换机进行重命名。先双击"核心层交换机"图标，打开交换机的命令行配置界面，如图 3-11 所示。

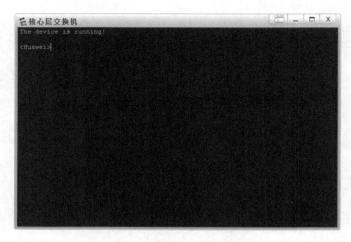

图 3-11　交换机的命令行配置界面

在命令行配置界面中，将核心层交换机的名称改为汉语拼音字母"hexinceng"，具体的命令行如下：

```
system-view
sysname hexinceng
```

完成上述配置后，该交换机的命令行提示符就由原来的"Huawei"变成了"hexinceng"，如图 3-12 所示。用相同的方法在另外 4 台汇聚层交换机上进行更改，将各个汇聚层交换机的名称更改为自己所在楼宇名称的全拼汉语拼音，这样在后续的命令行配置中我们就能很容易区分当前到底是在对哪台设备进行操作。

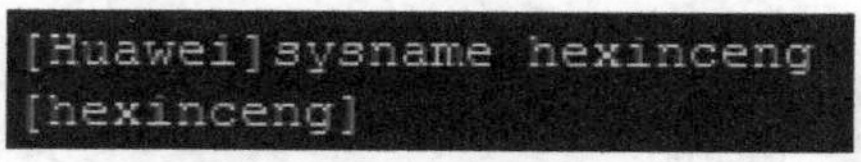

```
[Huawei]sysname hexinceng
[hexinceng]
```

图 3-12　将交换机重命名后的命令提示符

修改 4 台汇聚层交换机名称的命令行如下。
办公楼汇聚层：

```
system-view
sysname bangonglou
```

教学楼汇聚层：

```
system-view
sysname jiaoxuelou
```

实训一号楼汇聚层：

```
system-view
sysname shixunyihaolou
```

科技楼汇聚层：

```
system-view
sysname kejilou
```

接下来是保存配置：

```
<bangonglou>save
The current configuration will be written to the device.
Are you sure to continue?[Y/N]y
Now saving the current configuration to the slot 0.
Apr 1 2019 16:53:53-08:00 bangonglou %%01CFM/4/SAVE(l)[0]:The user chose Y when
  deciding whether to save the configuration to the device.
Save the configuration successfully.

<jiaoxuelou>save
The current configuration will be written to the device.
Are you sure to continue?[Y/N]y
Now saving the current configuration to the slot 0.
Apr 1 2019 16:53:53-08:00 jiaoxuelou %%01CFM/4/SAVE(l)[0]:The user chose Y when
  deciding whether to save the configuration to the device.
Save the configuration successfully.

<shixunyihaolou>save
The current configuration will be written to the device.
Are you sure to continue?[Y/N]y
Now saving the current configuration to the slot 0.
Apr 1 2019 16:53:53-08:00 shixunyihaolou %%01CFM/4/SAVE(l)[0]:The user chose Y when
  deciding whether to save the configuration to the device.
Save the configuration successfully.

<kejilou>save
The current configuration will be written to the device.
Are you sure to continue?[Y/N]y
Now saving the current configuration to the slot 0.
Apr 1 2019 16:53:53-08:00 kejilou %%01CFM/4/SAVE(l)[0]:The user chose Y when
  deciding whether to save the configuration to the device.
Save the configuration successfully.

<hexinceng>save
The current configuration will be written to the device.
Are you sure to continue?[Y/N]y
Now saving the current configuration to the slot 0.
Apr 1 2019 16:53:53-08:00 hexinceng %%01CFM/4/SAVE(l)[0]:The user chose Y when
  deciding whether to save the configuration to the device.
Save the configuration successfully.
```

最后对本次任务中 eNSP 模拟器的.topo 文件进行保存，文件名为"base-p1-t3.topo"，如图 3-13 所示。.topo 文件保存好以后，将自动生成一个包含了该.topo 文件的文件夹，且此文件夹的名称与该.topo 文件的名称相同，此处即为"base-p1-t3"。该文件夹需要保存好，后续将对该 eNSP 文件夹按南信院校园网的规划和设计做进一步的模拟配置。后续任务中打开某个.topo 文件时，都需要到相应的同名文件夹下进行操作。

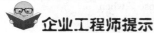

图 3-13　保存工程文件

企业工程师提示

在实际的工程项目中，工程师往往会先于设备到达工程现场，这时工程师可以根据事先对网络的规划先写出命令行脚本，然后在设备到场后通过超级终端直接将配置"刷"到设备中。读者可以尝试在记事本中制作如下脚本：

```
system-view
sysname bangonglou
```

将以上脚本进行复制，然后直接打开交换机的 CLI 界面并粘贴脚本。

3.2　项目 2　科技楼接入层交换机配置

3.2.1　接入层的基本功能

接入层通常指网络中直接面向用户连接或访问的部分。接入层的目的是允许终端用户连接到网络，因此接入层交换机具有低成本和高端口密度特性。目前接入层中多用以太网技术，所以现今园区网中的交换机主要为以太网二层交换机。接入层的以太网交换机将终端设备和汇聚层的网络互联设备（通常为三层交换机）联系在一起，在接入层交换机的作用下，当前接入的终端将成为园区计算机网络的一个部分。

以太网交换机使用较为广泛，尤其是在一般办公室、小型机房和业务受理较为集中的业务部门、多媒体制作中心、网站管理中心等部门应用较多。在传输速率上，现代接入交换机大都提供多个具有 10Mbps/100Mbps/1000Mbps 自适应能力的端口。

3.2.2　任务 3.4　规划设计科技楼实验室接入层网络

1．科技楼网络拓扑结构

如图 3-14 所示为科技楼网络拓扑结构设计，科技楼的主要用户单位是计算机与软件学院。该楼宇除教师办公室以外，还有大量的公共网络机房。规划使用三层交换机作为该楼宇汇聚层交换机，每个公共机房使用二层接入交换机与三层交换机连接。计算机与软件学院服务器直接连接在汇聚层交换机上，供公共机房用户和教师用户访问。

2．科技楼规划设计要求

计算机与软件学院教师用户使用 IP 地址段是教育网公有地址 222.192.238.0/24，其中 222.192.238.2～222.192.238.50 用于计算机与软件学院服务器的 IP 地址分配。公共机房由于机器总量大，采用私有 IP 地址段 172.18.0.0/16 进行子网划分，具体分配情况如表 3-6 所示。

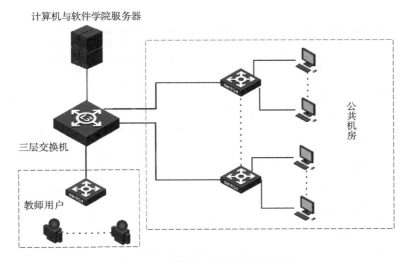

计算机与软件学院服务器

三层交换机

教师用户

公共机房

图 3-14　科技楼网络拓扑结构设计

表 3-6　科技楼公共机房 IP 地址规划设计

机　　房	IP 地址	VLAN 号	三层交换机 S6806E 所连光纤端口描述
101	172.18.11.1/24	101	GigabitEthernet 4/10
102	172.18.12.1/24	102	GigabitEthernet 4/9
105	172.18.15.1/24	105	GigabitEthernet 4/8
106	172.18.16.1/24	106	GigabitEthernet 4/6
107	172.18.17.1/24	107	GigabitEthernet 4/7
108	172.18.18.1/24	108	GigabitEthernet 4/4
109	172.18.19.1/24	109	GigabitEthernet 4/5
110	172.18.10.1/24	110	GigabitEthernet 4/3
113	172.18.113.1/24	113	GigabitEthernet 4/2
114	172.18.114.1/24	114	GigabitEthernet 4/1
201	172.18.21.1/24	201	GigabitEthernet 4/20
202	172.18.22.1/24	202	GigabitEthernet 4/19
206	172.18.26.1/24	206	GigabitEthernet 4/18
207	172.18.27.1/24	207	GigabitEthernet 4/16
208	172.18.28.1/24	208	GigabitEthernet 4/17
209	172.18.29.1/24	209	GigabitEthernet 4/14
210	172.18.20.1/24	210	GigabitEthernet 4/15
211	172.18.211.1/24	211	GigabitEthernet 4/13
214	172.18.214.1/24	214	GigabitEthernet 4/12
215	172.18.215.1/24	215	GigabitEthernet 4/11
306	172.18.36.1/24	306	GigabitEthernet 3/3
307	172.18.37.1/24	307	GigabitEthernet 3/1

续表

机　房	IP 地址	VLAN 号	三层交换机 S6806E 所连光纤端口描述
308	172.18.38.1/24	308	GigabitEthernet 3/2
310	172.18.30.1/24	310	GigabitEthernet 4/24
314	172.18.1.1/24	239	GigabitEthernet 2/10
405	172.18.45.1/24	405	GigabitEthernet 3/7
409	172.18.49.1/24	409	GigabitEthernet 3/8
408	172.18.48.1/24	408	GigabitEthernet 3/5
513	172.18.53.1/24	513	GigabitEthernet 3/11
教师	222.192.238.0/24	238	GigabitEthernet 3/12

3．科技楼机房网络物理连接管理

将连接计算机与对应交换机的网线一一对应并在线的两端做好标记，如图 3-15 所示，一旦某台计算机发生物理连接故障，根据线缆上的标记就可以直接找到对应交换机的线缆端口，这样的规范化管理可以减轻机房维护人员的工作量，提高网络硬件故障维护的工作效率。

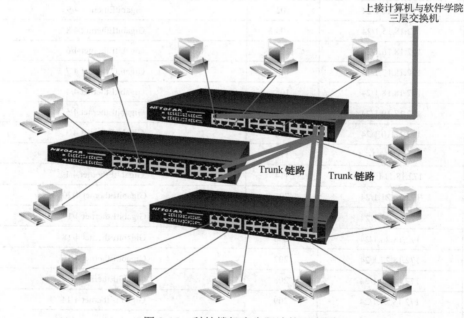

图 3-15　科技楼机房实际连接示意图

4．机房学生上网控制策略设计

因为机房数目比较多，为了能够对各公共机房的上网情况进行控制，设计管理员可以远程登录各机房二层交换机进行交换机配置管理。使用 VLAN 100 作为交换机管理 VLAN，为方便管理员记忆，使用与房间号对应的交换机管理地址，如表 3-7 所示。

表 3-7　计算机与软件学院机房接入层交换机管理 IP 地址规划

机　房	接入层交换机的管理 IP	机　房	接入层交换机的管理 IP
105	172.18.1.105	208	172.18.1.208
106	172.18.1.106	209	172.18.1.209
107	172.18.1.107	210	172.18.1.210
108	172.18.1.108	211	172.18.1.211
109	172.18.1.109	214	172.18.1.214
110	172.18.1.110	215	172.18.1.215
201	172.18.1.201	306	172.18.1.36
202	172.18.1.202	307	172.18.1.37
206	172.18.1.206	308	172.18.1.38
207	172.18.1.207		

交换机可以通过 TELNET、Web 和 SSH 登录方式进行远程管理。

5．科技楼使用网络设备

汇聚层设备使用锐捷 S6806E 三层交换机，教师用户接入使用锐捷 S2150 作为二层交换机，公共机房全部使用锐捷 S2150 作为二层交换机。

3.2.3　任务 3.5　使用 eNSP 模拟科技楼实验室接入层网络拓扑

校园网接入层通常部署大量的二层交换机，或者二层交换机的堆叠阵列，但对交换机的配置都没有太多的变化，主要是 VLAN 的划分和 VLAN 间的通信，这个问题我们将在后面进行详细介绍。在用 eNSP 模拟科技楼实验室接入层网络的过程中，我们也进一步简化网络拓扑结构，仅仅保留科技楼中 106、107、108 三个机房的接入层交换机，在实际的项目工程中对其他接入层交换机的具体操作和配置也是相同的。

具体的操作过程如下：

（1）打开在任务 3.3 中保存的 eNSP 工程文件"base-p1-t3.topo"，如图 3-16 所示。

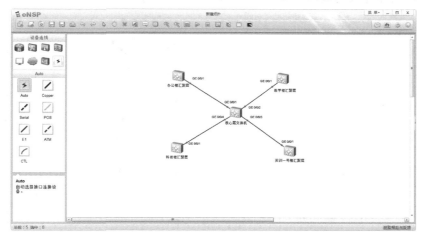

图 3-16　打开任务 3.3 中保存的工程文件

（2）我们先将其另存为本任务的工程，命名为"base-p2-t2.topo"。在以后每个任务中，如果涉及 eNSP 工程的，我们都可以从上一工程开始。将当前工程另存为一个工程文档，具体操作如图 3-17 和图 3-18 所示。

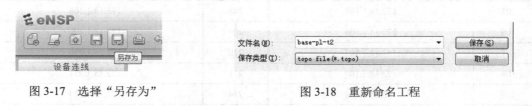

图 3-17　选择"另存为"　　　　　　　　　图 3-18　重新命名工程

（3）在如图 3-16 所示界面左上角选择交换机类别的图标，在这个类别中选择二层交换机 S3700。

（4）将 3 台 S3700 交换机拖放到工作区中，将它们的标签分别改名为 106、107、108，与 3 个机房教室号相对应，并将它们都放在科技楼汇聚层三层交换机下方，如图 3-19 所示。

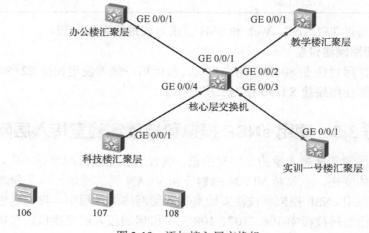

图 3-19　添加接入层交换机

（5）将 3 台 S3700 交换机和汇聚层交换机相连，在这里我们选择直连线缆连接即可，如图 3-20 所示，具体连接的端口如表 3-8 所示。

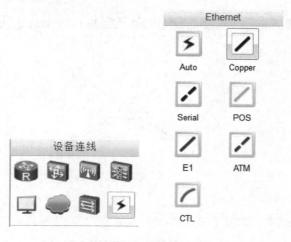

图 3-20　选择直连线连接

表 3-8　连接对应端口

二层交换机名称	二层交换机接口	科技楼汇聚层交换机接口
106	Ethernet 0/0/1	GE 0/0/2
107	Ethernet 0/0/1	GE 0/0/3
108	Ethernet 0/0/1	GE 0/0/4

连接完成后的网络拓扑如图 3-21 所示。

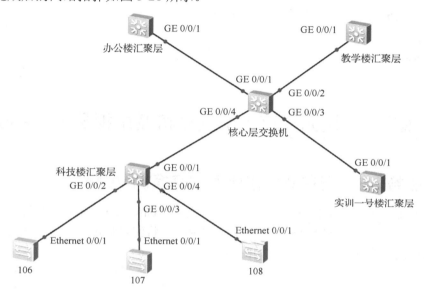

图 3-21　连接完成后的网络拓扑

（6）最后我们将 106、107、108 这 3 台二层交换机的命令行提示符分别改为 SW106、SW107 和 SW108，具体的配置方法和任务 3.3 中对汇聚层和核心层交换机的操作方法相同。首先开启交换机，接着双击 106 交换机，单击并进入 CLI 命令行配置界面，如图 3-22 所示。

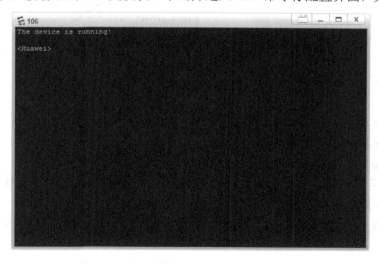

图 3-22　进入交换机的 CLI 命令行配置界面

具体的配置命令如下：

```
system-view
Sysname SW106
```

在 107 交换机的 CLI 界面的配置命令如下：

```
system-view
sysname SW107
```

在 108 交换机的 CLI 界面的配置命令如下：

```
system-view
sysname SW108
```

最后将项目保存，以备下一工程使用。

3.3　项目 3　校园网接入层交换机及虚拟局域网的配置

3.3.1　任务 3.6　配置科技楼接入层交换机 VLAN

我们打开上一个项目中任务 3.5 完成的工程文件 "base-p2-t2.topo"，并将其另存为本任务的工程，命名为 "base-p3-t1.topo"。本次工程中我们将配置科技楼的接入层二层交换机，也就是工程中的 3 台 S3700 交换机，如图 3-23 所示。

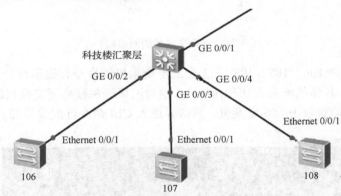

图 3-23　将要配置的 3 台接入层交换机

在接入层交换机配置中，我们主要做以下工作：

（1）将交换机的端口划入指定的 VLAN 中。

（2）将交换机与汇聚层相连的端口属性设置为 Trunk。

（3）若日后想远程访问该交换机进行远程命令行配置，还要配置交换机的密码以及 TELNET。双击其中的 106 交换机，进入命令行配置界面，如图 3-24 所示。

具体的配置命令行如下，"（）"内为命令行的具体注释，配置过程中可以使用缩写的命令行：

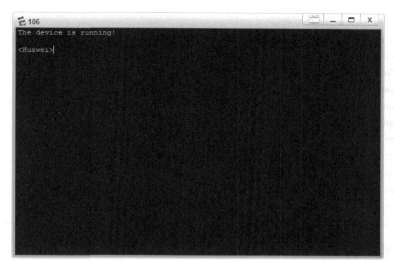

图 3-24　打开交换机的命令行配置界面

```
<Huawei>system-view
[Huawei]sysname SW106                                （交换机重命名为 SW106）
[SW106]int Ethernet 0/0/1
[SW106-Ethernet0/0/1]port link-type trunk            （将端口的属性改为 Trunk）
[SW106-Ethernet0/0/1]quit
[SW106]vlan 106                                      （创建 VLAN 106）
[SW106-vlan106]quit
[SW106]port-group vlan106                            （新建组 vlan106）
[SW106-port-group-vlan106]group-member Ethernet 0/0/2 to Ethernet 0/0/22
[SW106-port-group-vlan106]port link-type access      （将端口设置成 Access）
[SW106-port-group-vlan106]port default vlan 106      （将端口放进 VLAN 106）
[SW106-port-group-vlan106]quit                       （退出组配置）
```

在 107 和 108 交换机上所做的配置命令行与 106 的配置命令行基本一致，只是相应的端口划入 VLAN 107 或 VLAN 108 当中，具体配置如下。

107 交换机的配置：

```
<Huawei>system-view
[Huawei]sysname SW107
[SW107]int Ethernet 0/0/1
[SW107-Ethernet0/0/1]port link-type trunk
[SW107-Ethernet0/0/1]quit
[SW107]vlan 107
[SW107-vlan107]quit
[SW107]port-group vlan107
[SW107-port-group-vlan107]group-member Ethernet 0/0/2 to Ethernet 0/0/22
[SW107-port-group-vlan107]port link-type access
[SW107-port-group-vlan107]port default vlan 107
[SW107-port-group-vlan107]quit
```

108 交换机的配置：

```
<Huawei>system-view
[Huawei]sysname SW108
[SW108]int Ethernet 0/0/1
[SW108-Ethernet0/0/1]port link-type trunk
[SW108-Ethernet0/0/1]quit
[SW108]vlan 108
[SW108-vlan106]quit
[SW108]port-group vlan108
[SW108-port-group-vlan108]group-member Ethernet 0/0/2 to Ethernet 0/0/22
[SW108-port-group-vlan108]port link-type access
[SW108-port-group-vlan108]port default vlan 108
[SW108-port-group-vlan108]qu
```

 企业工程师提示

在真实的网络工程中，输入命令的速度决定工程实施的快慢，我们要学会并且熟练使用简写的命令，比如将端口批量加入 VLAN 的命令：

```
[SW106-port-group-vlan106]group-member Ethernet 0/0/2 to Ethernet 0/0/22
```

可以直接简写为：

```
[SW106-port-group-vlan106]group-member E 0/0/2 to E 0/0/22
```

在简写命令时，如果不是很确定，可以使用"Tab"键补全命令。

此外，在实际的工程中一定要在特权模式下用"save"命令保存配置，否则设备重启后所有的配置都将丢失。

3.3.2　任务 3.7　配置科技楼汇聚层交换机 VLAN

我们继续打开上一个任务所保存的工程文件"base-p3-t1.topo"，另存为新的工程并将其命名为"base-p3-t2.topo"。配合接入层交换机的相关配置，我们进一步配置科技楼的汇聚层交换机，如图 3-25 所示，让科技楼各个接入层之间可以相互连通。

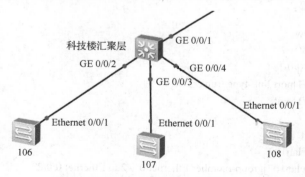

图 3-25　继续配置科技楼汇聚层交换机

在汇聚层的交换机上，我们目前要做的主要工作有以下几点：

（1）将和接入层连接的端口属性改为 Trunk。

（2）启用本汇聚层下所用到的所有 VLAN。

（3）为每个 VLAN 设置 SVI 口的 IP 地址，该地址将作为本 VLAN 的网关。

在后续的任务中我们还将对汇聚层设备做进一步的配置，包括全网的路由协议配置、访问控制列表配置、端口聚合配置等。

打开科技楼汇聚层交换机的命令行配置界面，如图 3-26 所示。

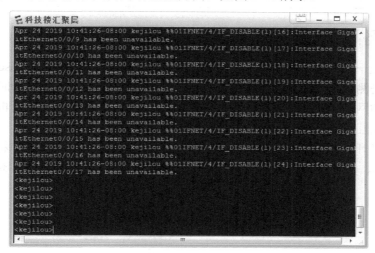

图 3-26　打开科技楼汇聚层交换机的 CLI 命令行配置界面

配置的命令行如下，大部分命令使用简写方式，"（）"内为命令行的具体注释。

```
<kejilou>system-view
[kejilou]port-group 1
[kejilou-port-group-1]group-member GigabitEthernet 0/0/2 to GigabitEthernet 0/0/4
[kejilou-port-group-1]port link-type trunk          （将与接入层交换机相连的 2～4 端口属性改为 Trunk）
[kejilou-port-group-1]quit
[kejilou]vlan 106                              （以下启用 VLAN 106、VLAN 107 和 VLAN 108）
[kejilou-vlan106]qu
[kejilou]vlan 107
[kejilou-vlan107]qu
[kejilou]vlan 108
[kejilou-vlan108]qu
[kejilou]int Vlanif 106   （以下启用 VLAN 106、VLAN 107 和 VLAN 108 的 SVI 口分别作为三个 VLAN 的网关）
[kejilou-Vlanif106]ip address 172.18.16.1 24
[kejilou-Vlanif106]qu
[kejilou]int Vlanif 107
[kejilou-Vlanif107]ip address 172.18.17.1 24
[kejilou-Vlanif107]qu
[kejilou]int Vlanif 108
[kejilou-Vlanif108]ip address 172.18.18.1 24
[kejilou-Vlanif108]qu
[kejilou]
```

企业工程师提示

在三层交换机上有一种虚拟的接口，例如在上面的配置中 int vlan 106，这样的接口叫作 SVI 口，在这个接口下我们通常都会配置一个 IP 地址，这里的 IP 地址就是该 VLAN 的网关，属于不同网段直接与主机的通信通常数据包都要通过网关转发。

3.3.3 任务 3.8 测试科技楼内部网络的连通性

继续打开上一个任务完成后的工程文件"base-p3-t2.topo"，另存为"base-p3-t3. topo"。本次任务主要是测试已经配置好的科技楼汇聚层的连通性。在测试连通性的时候我们首先要测试每个子网的网关，也就是配置在科技楼汇聚层交换机上的 SVI 口，然后再测试各个子网的终端是否能相互 ping 通。

首先，在打开"base-p3-t3.topo"文件的 eNSP 界面中拖出 2 台 PC，并将 2 台 PC 用直连线分别与 106、107 接入层交换机相连，交换机端的连接端口任意，如图 3-27 所示。

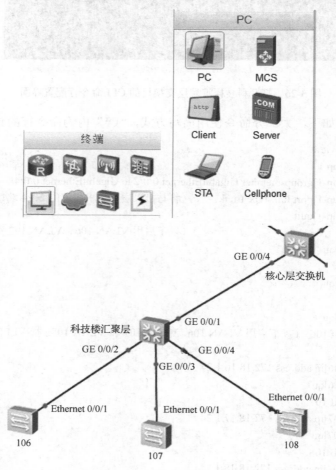

图 3-27　添加测试 PC

双击与 106 交换机相连的 PC，并切换到"基础配置"选项卡，如图 3-28 所示。

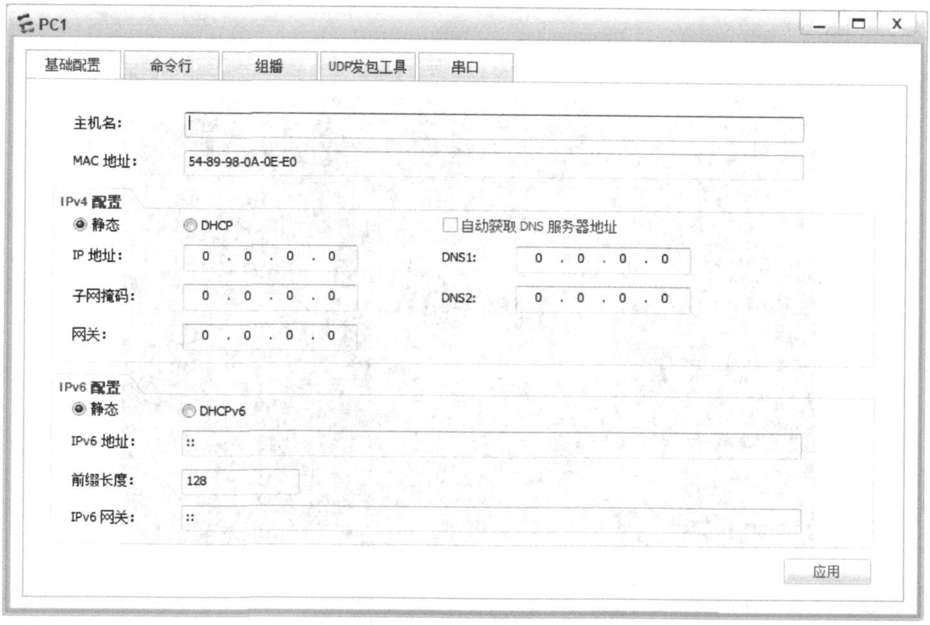

图 3-28　PC 的"基础配置"选项卡界面

在"基础配置"选项卡里配置 IP 地址，106 的 IP 地址段为 172.18.16.0/24，本台 PC 在该地址段中任意选择一个 IP 地址，在这里我们用 172.18.16.100/24 这个 IP 地址，网关为172.18.16.1，配置过程如图 3-29 所示。

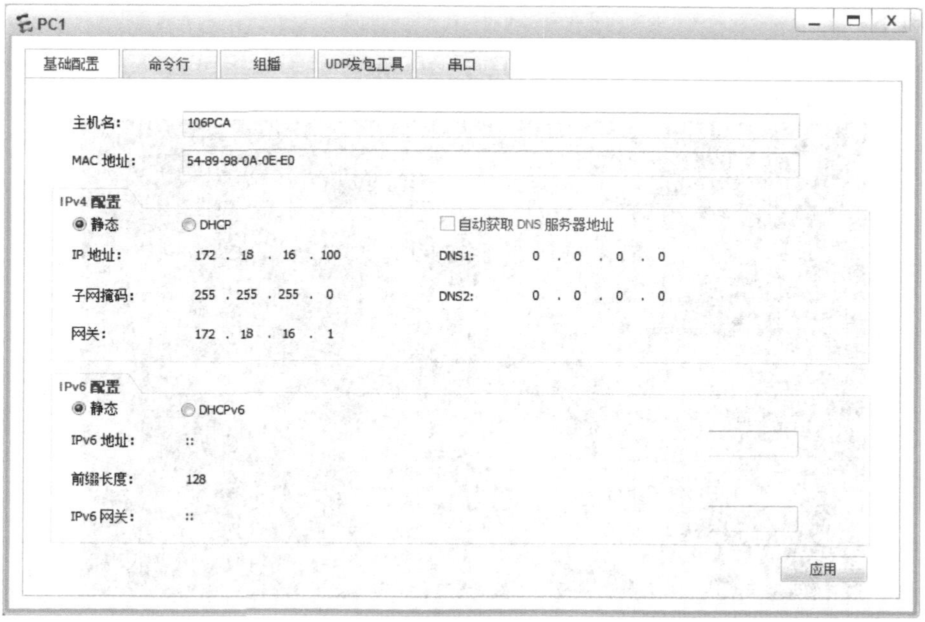

图 3-29　配置 PC 的 IP 地址

配置完成后，再打开命令行配置界面，在命令行界面中我们首先测试 PC 是否能成功 ping通自己网段的网关，如图 3-30 所示。

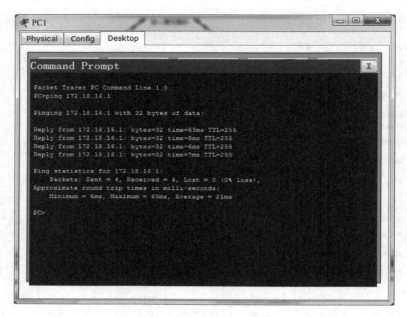

图 3-30　测试与网关间的连通性

　　在该 PC 成功 ping 通自己的网关之后，我们继续用同样的方法配置连接到 107 交换机的 PC 的 IP 地址以及网关，将 PC 的 IP 地址配置为 172.18.17.100/24，网关为 172.18.17.1，配置过程与上面的过程一致。在保证另一台 PC 也能 ping 通自己的网关的前提下，我们从 106 的 PC 上直接去 ping 107 PC 的 IP 地址，也就是 172.18.17.100，测试终端之间的连通性，如图 3-31 所示。

图 3-31　测试不同子网间的连通性

　　在实际的网络工程中，终端以及网络互联设备中常用 ping 命令来测试网络的连通性，基本过程都是先从 ping 自己的网关开始的。

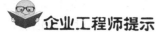

企业工程师提示

在交换机与路由器中也可以使用 ping 命令以及 traceroute 命令进行连通性测试，而且在交换机中，我们通常都直接用 traceroute 命令进行连通性测试，这样数据包所经过的结点就都能看得一清二楚；如果网络不通，具体在哪个结点丢包也能看到。如果在二层交换机上用 ping 命令，我们要给二层交换机配置一个管理地址，通常是在二层交换机上 int vlan1 的地址。不同于三层交换机上的 SVI 口，二层交换机上的 int vlan 口不具备数据包的转发功能，也就是说不能当网关用。

3.4　项目 4　汇聚层与核心层三层交换机的端口 IP 地址

3.4.1　汇聚层和核心层基本功能

汇聚层是楼群或一个网络区域的信息汇聚点，是连接接入层和核心层的网络设备，为接入层提供数据的汇聚、传输、管理、分发处理。汇聚层为接入层提供基于策略的连接，如地址合并、协议过滤、路由服务、认证管理等。通过网段划分（如 VLAN）与网络隔离，可以防止某些网段的问题蔓延或影响到核心层。汇聚层同时也可以提供接入层虚拟网之间的互联，控制和限制接入层对核心层的访问，保证核心层的安全和稳定。南信院科技楼汇聚层的实际拓扑结构如图 3-32 所示。

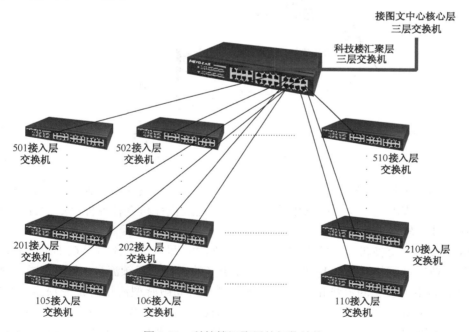

图 3-32　科技楼汇聚层的拓扑结构

汇聚层的功能主要是连接接入层结点和核心层中心。汇聚层设计为连接本地的逻辑中心，仍需要较高的性能和比较丰富的功能。

　　汇聚层设备一般采用可管理的三层交换机或堆叠式交换机，以达到带宽和传输性能的要求。其设备性能较好，但价格高于接入层设备，而且对环境的要求也较高，如对电磁辐射、温度、湿度和空气洁净度等都有一定的要求。汇聚层设备之间以及汇聚层设备与核心层设备之间多采用光纤互联，以提高系统的传输性能和吞吐量。

　　一般来说，用户访问控制会安排在接入层，但这并非绝对的，也可以安排在汇聚层进行。在汇聚层实现安全控制和身份认证时，采用的是集中式的管理模式。当网络规模较大时，可以设计综合安全管理策略，例如在接入层实现身份认证和 MAC 地址绑定，在汇聚层实现流量控制和访问权限约束。

　　核心层的功能主要是实现全网数据的高速转发，核心层设计任务的重点通常是冗余能力、可靠性和高速的传输。网络的控制功能最好尽量少在核心层上实施。核心层一直被认为是所有流量的最终承受者和汇聚者，所以对核心层的设计以及网络设备的要求十分严格。核心层设备将占总投资的主要部分。在对可靠性要求较高的网络中，核心层需要考虑冗余设计。南信院核心层的基本结构如图 3-33 所示。

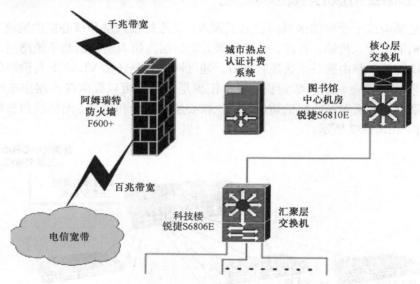

图 3-33　南信院核心层网络拓扑

　　在分层网络拓扑中，核心层是网络的高速主干，需要转发非常庞大的流量。需要多大的转发速率在很大程度上取决于网络中的设备数量，通过执行和查看各种流量报告及用户群分析确定所需要的转发速率。

　　QoS 是核心层交换机提供的重要服务之一。例如，尽管数据流量已在不断攀升，但服务提供商和企业广域网仍然在此基础上继续添加更多的语音和视频流量。在核心层和网络层边缘，与对时间不太敏感的流量相比，任务关键型和时间敏感型流量应优先获得更高的 QoS 保证。由于高速 WAN 接入通常价格不菲，因此增加核心层带宽并非明智之举。由于 QoS 提供基于软件的解决方案对流量界定优先级，因此核心层交换机可为优化及差异化利用现有带宽提供一种经济而有效的方式。

3.4.2　任务 3.9　汇聚层交换机基本端口配置

打开上一个任务保存的工程文件"base-p3-t3.topo",另存为"base-p4-t1.topo"。本次任务将配置各个汇聚层交换机的接口地址,具体 IP 地址的配置将参照南信院校园网真实的规划。南信院校园网真实环境中汇聚层和核心层连接的 IP 地址如表 3-9 所示。

表 3-9　汇聚层与核心层交换机接口 IP 地址

楼宇/设备 名称	汇聚层 交换机型号	互联接口	汇聚层接口 IP 地址	核心层接口 IP 地址	核心层交换机 互联接口	所属 VLAN
办公楼	华为 S5700	G0/0/1	222.192.255.6/30	222.192.255.5/30	G0/0/1	VLAN 10
教学楼	华为 S5700	G0/0/1	222.192.255.2/30	222.192.255.1/30	G0/0/2	VLAN 20
实训一号楼	华为 S5700	G0/0/1	222.192.255.10/30	222.192.255.9/30	G0/0/3	VLAN 30
科技楼	华为 S5700	G0/0/1	222.192.255.18/30	222.192.255.17/30	G0/0/4	VLAN 40

在 eNSP 实验平台模拟的过程中,我们将 4 个汇聚层交换机的端口先划分到相应的 VLAN 中,再分别按表 3-9 中规划的地址进行配置。

首先双击办公楼汇聚层交换机,打开 CLI 命令行配置界面,如图 3-34 所示,具体的配置命令如下,大部分命令使用简写方式,"( )"内为命令解释。

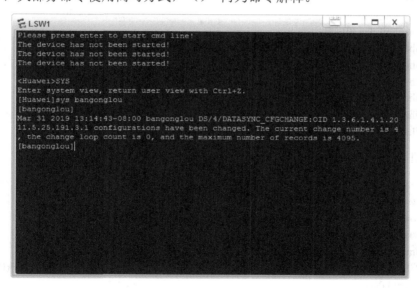

图 3-34　配置办公楼的汇聚层交换机

办公楼汇聚层:

`<bangonglou>sys`	(进入系统视图模式)
`Enter system view, return user view with Ctrl+Z.`	
`[bangonglou]vlan 10`	(创建 VLAN 10)
`[bangonglou-vlan10]quit`	(退回系统视图模式)
`[bangonglou]int vlan 10`	(进入 VLAN 10)
`[bangonglou-Vlanif10]ip add 222.192.255.6 30`	(给 VLAN 10 配置 IP 及掩码)

```
[bangonglou]int gi0/0/1                                          （进入接口）
[bangonglou-GigabitEthernet0/0/1]port link-type access          （将接口模式改为 Access）
[bangonglou-GigabitEthernet0/0/1]port default vlan 10           （将接口添加到 VLAN 10）
[bangonglou-GigabitEthernet0/0/1]quit
```

其他汇聚层交换机的配置过程基本一致，具体过程如下。

教学楼汇聚层：

```
<jiaoxuelou>sys
Enter system view, return user view with Ctrl+Z.
[jiaoxuelou]vlan 20                                             （创建 VLAN 20）
[[jiaoxuelou-vlan20]quit
[jiaoxuelou]int vlan 20                                         （进入 VLAN 20）
[jiaoxuelou-Vlanif20]ip add 222.192.255.2 30                    （给 VLAN 20 配置 IP 及掩码）
[jiaoxuelou]int gi0/0/1                                         （进入接口）
[jiaoxuelou-GigabitEthernet0/0/1]port link-type access         （将接口模式改为 Access）
[jiaoxuelou-GigabitEthernet0/0/1]port default vlan 20          （将接口添加到 VLAN 20）
[jiaoxuelou-GigabitEthernet0/0/1]quit
```

实训一号楼汇聚层：

```
<shixunyihaolou>sys
Enter system view, return user view with Ctrl+Z.
[shixunyihaolou]vlan 30                                         （创建 VLAN 30）
[shixunyihaolou-vlan30]quit
[shixunyihaolou]int vlan 30                                     （进入 VLAN 30）
[shixunyihaolou-Vlanif30]ip add 222.192.255.10 30              （给 VLAN 30 配置 IP 及掩码）
[shixunyihaolou]int gi0/0/1                                     （进入接口）
[shixunyihaolou-GigabitEthernet0/0/1]port link-type access     （将接口模式改为 Access）
[shixunyihaolou-GigabitEthernet0/0/1]port default vlan 30      （将接口添加到 VLAN 30）
[shixunyihaolou-GigabitEthernet0/0/1]quit
```

科技楼汇聚层：

```
<kejilou>sys
Enter system view, return user view with Ctrl+Z.
[kejilou]vlan 40                                                （创建 VLAN 40）
[kejilou-vlan40]quit
[kejilou]int vlan 40                                            （进入 VLAN 40）
[kejilou-Vlanif40]ip add 222.192.255.18 30                     （给 VLAN 40 配置 IP 及掩码）
[kejilou]int gi0/0/1                                            （进入接口）
[kejilou-GigabitEthernet0/0/1]port link-type access            （将接口模式改为 Access）
[kejilou-GigabitEthernet0/0/1]port default vlan 40             （将接口添加到 VLAN 40）
[kejilou-GigabitEthernet0/0/1]quit
```

配置完成后保存文档。

3.4.3 任务 3.10 核心层交换机基本端口配置

打开上一个任务保存的工程文件"base-p4-t1.topo"，另存为"base-p4-t2.topo"。本次任务将配置核心层交换机的接口 IP 地址，配置的命令行基本上和配置汇聚层交换机的接口 IP 地址过程相同。首先双击核心层交换机，进入 CLI 命令行配置界面，如图 3-35 所示。

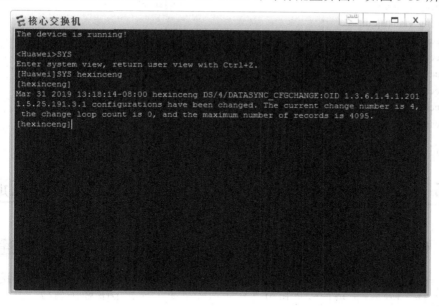

图 3-35　配置核心层交换机

具体配置命令行如下：

<hexinceng>sys	
Enter system view, return user view with Ctrl+Z.	
[hexinceng]vlan 10	（创建 VLAN 10）
[hexinceng-vlan10]quit	
[hexinceng]int vlan 10	（进入 VLAN 10）
[hexinceng-Vlanif10]ip add 222.192.255.5 30	（给 VLAN 10 配置 IP 及掩码）
[hexinceng]int gi0/0/1	（进入接口）
[hexinceng-GigabitEthernet0/0/1]port link-type access	（将接口模式改为 Access）
[hexinceng-GigabitEthernet0/0/1]port default vlan 10	（将接口添加到 VLAN 10）
[hexinceng-GigabitEthernet0/0/1]quit	
[hexinceng]vlan 20	（创建 VLAN 20）
[hexinceng-vlan20]quit	
[hexinceng]int vlan 20	（进入 VLAN 20）
[hexinceng-Vlanif20]ip add 222.192.255.2 30	（给 VLAN 20 配置 IP 及掩码）
[hexinceng]int gi0/0/2	（进入接口）
[hexinceng-GigabitEthernet0/0/2]port link-type access	（将接口模式改为 Access）
[hexinceng-GigabitEthernet0/0/2]port default vlan 20	（将接口添加到 VLAN 20）
[hexinceng-GigabitEthernet0/0/2]quit	
[hexinceng]vlan 30	（创建 VLAN 30）
[hexinceng-vlan30]quit	
[hexinceng]int vlan 30	（进入 VLAN 30）
[hexinceng-Vlanif10]ip add 222.192.255.9 30	（给 VLAN 30 配置 IP 及掩码）
[hexinceng]int gi0/0/3	（进入接口）
[hexinceng-GigabitEthernet0/0/3]port link-type access	（将接口模式改为 Access）

```
[hexinceng-GigabitEthernet0/0/3]port default vlan 30        （将接口添加到 VLAN 30）
[hexinceng-GigabitEthernet0/0/3]quit
[hexinceng]vlan 40                                          （创建 VLAN 40）
[hexinceng-vlan40]quit
[hexinceng]int vlan 40                                      （进入 VLAN 40）
[hexinceng-Vlanif40]ip add 222.192.255.17 30               （给 VLAN 40 配置 IP 及掩码）
[hexinceng]int gi0/0/4                                      （进入接口）
[hexinceng-GigabitEthernet0/0/4]port link-type access      （将接口模式改为 Access）
[hexinceng-GigabitEthernet0/0/4]port default vlan 40       （将接口添加到 VLAN 40）
[hexinceng-GigabitEthernet0/0/4]quit
```

配置完成后保存文档。

3.5　项目 5　通过 RIP 路由协议实现校园网的互通

3.5.1　任务 3.11　应用 RIP 路由协议实现校园网的部分互通

将上一个任务保存的工程文件打开，并另存为 "base-p5-t1.topo"。本次任务我们将在校园网的办公楼、教学楼汇聚层交换机以及核心层交换机上运行 RIP 路由协议，实现校园网办公楼和教学楼网络的互通，如图 3-36 所示。

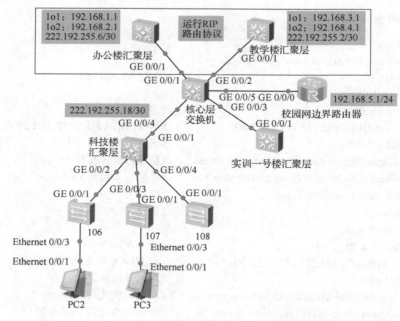

图 3-36　配置 RIP 路由协议的汇聚层交换机

首先我们在办公楼以及教学楼的汇聚层交换机上分别启用 2 个 Loopback 口，模拟和这两个汇聚层交换机相连的网络，这样也可以省略接入层的配置过程。办公楼汇聚层交换机两个 Loopback 口的 IP 地址分别为 192.168.1.1/24 和 192.168.2.1/24，教学楼汇聚层交换机的两个 Loopback 口的 IP 地址分别为 192.168.3.1/24 和 192.168.4.1/24。具体的配置命令行如下，其中"（）"里面为命令行的具体注释。

办公楼汇聚层交换机：

```
<bangonglou>sys                                （进入系统视图模式）
Enter system view, return user view with Ctrl+Z.
[bangonglou]int lo1                            （进入 loopback 1）
[bangonglou-LoopBack1]ip add 192.168.1.1 24    （添加地址及掩码）
[jiaoxuelou-LoopBack1]quit
[bangonglou]int lo2
[bangonglou-LoopBack2]ip add 192.168.2.1 24
[bangonglou-LoopBack2]quit
```

教学楼汇聚层交换机：

```
<jiaoxuelou>sys
Enter system view, return user view with Ctrl+Z.
[jiaoxuelou]int lo1                            （进入 loopback 1）
[jiaoxuelou-LoopBack1]ip add 192.168.3.1 24    （添加地址及掩码）
[jiaoxuelou-LoopBack1]quit
[jiaoxuelou]int lo2
[jiaoxuelou-LoopBack2]ip add 192.168.4.1 24
[jiaoxuelou-LoopBack2]quit
```

RIP 路由协议的基本配置过程主要分为以下几个步骤：

（1）启用 RIP 路由协议进程；

（2）在 RIP 路由协议进程中声明使用 RIPv2 版本，并关闭自动汇总功能；

（3）在 RIP 路由协议进程宣告自己的直连网络（所谓直连网络，包括真实的三层端口所在的网络、SVI 口所在的网络和 Loopback 口所在的网络）；

（4）分别打开各个设备的 CLI 命令行配置界面，大部分命令使用简写方式，"（）"里面为命令行的具体注释。

办公楼汇聚层交换机：

```
[bangonglou]rip
[bangonglou-rip-1]version 2
[bangonglou-rip-1]undo summary                 （关闭自动汇总）
[bangonglou-rip-1]network 192.168.1.0
[bangonglou-rip-1]network 192.168.2.0
[bangonglou-rip-1]network 222.192.255.0        （宣告自己直连路由）
```

教学楼汇聚层交换机：

```
[jiaoxuelou]rip
[jiaoxuelou-rip-1]version 2
[jiaoxuelou-rip-1]undo summary                 （关闭自动汇总）
[jiaoxuelou-rip-1]network 192.168.3.0
[jiaoxuelou-rip-1]network 192.168.4.0
[jiaoxuelou-rip-1]network 222.192.255.0        （宣告自己直连路由）
```

核心层交换机：

```
[hexinceng]rip
[hexinceng-rip-1]version 2
[hexinceng-rip-1]undo summary                    （关闭自动汇总）
[hexinceng-rip-1]network 222.192.255.0            （宣告自己直连路由）
```

完成整个配置过程后，通过"display ip routing-table"命令可以查看各个设备的路由表，设备具体的路由表如下。

办公楼汇聚层交换机：

```
[bangonglou]display ip routing-table
Route Flags: R - relay, D - download to fib
------------------------------------------------------------------------
Routing Tables: Public
              Destinations : 13          Routes : 13

Destination/Mask      Proto    Pre  Cost      Flags NextHop         Interface

     127.0.0.0/8      Direct   0    0          D    127.0.0.1       InLoopBack0
     127.0.0.1/32     Direct   0    0          D    127.0.0.1       InLoopBack0
   192.168.1.0/24     Direct   0    0          D    192.168.1.1     LoopBack1
   192.168.1.1/32     Direct   0    0          D    127.0.0.1       LoopBack1
   192.168.2.0/24     Direct   0    0          D    192.168.2.1     LoopBack2
   192.168.2.1/32     Direct   0    0          D    127.0.0.1       LoopBack2
   192.168.3.0/24     RIP      100  2          D    222.192.255.5   Vlanif10
   192.168.4.0/24     RIP      100  2          D    222.192.255.5   Vlanif10
 222.192.255.0/30     RIP      100  1          D    222.192.255.5   Vlanif10
 222.192.255.4/30     Direct   0    0          D    222.192.255.6   Vlanif10
 222.192.255.6/32     Direct   0    0          D    127.0.0.1       Vlanif10
 222.192.255.8/30     RIP      100  1          D    222.192.255.5   Vlanif10
222.192.255.16/30     RIP      100  1          D    222.192.255.5   Vlanif10
```

以上路由表中字体加粗的部分，Proto 列中有 RIP 的路由条目为通过 RIP 路由协议学习到的路由信息。通过这张路由表可以看出，办公楼汇聚层的交换机已经知道如何将数据包发往 192.168.3.0 和 192.168.4.0 这两个网段，100 表示管理距离为 100，2 表示这条路由的度量值为 2。

教学楼交换机的路由表也成功通过 RIP 路由协议学习到了办公楼中的网段，也就是我们前面在办公楼交换机中通过 Loopback 模拟的两个网段，路由表如下所示：

```
[jiaoxuelou]display ip rou
[jiaoxuelou]display ip routing-table
Route Flags: R - relay, D - download to fib
------------------------------------------------------------------------
Routing Tables: Public
              Destinations : 13          Routes : 13

Destination/Mask      Proto    Pre  Cost      Flags NextHop         Interface

     127.0.0.0/8      Direct   0    0          D    127.0.0.1       InLoopBack0
     127.0.0.1/32     Direct   0    0          D    127.0.0.1       InLoopBack0
```

192.168.1.0/24	**RIP**	**100**	**2**	**D**	**222.192.255.1**	**Vlanif20**
192.168.2.0/24	**RIP**	**100**	**2**	**D**	**222.192.255.1**	**Vlanif20**
192.168.3.0/24	Direct	0	0	D	192.168.3.1	LoopBack1
192.168.3.1/32	Direct	0	0	D	127.0.0.1	LoopBack1
192.168.4.0/24	Direct	0	0	D	192.168.4.1	LoopBack2
192.168.4.1/32	Direct	0	0	D	127.0.0.1	LoopBack2
222.192.255.0/30	Direct	0	0	D	222.192.255.2	Vlanif20
222.192.255.2/32	Direct	0	0	D	127.0.0.1	Vlanif20
222.192.255.4/30	**RIP**	**100**	**1**	**D**	**222.192.255.1**	**Vlanif20**
222.192.255.8/30	**RIP**	**100**	**1**	**D**	**222.192.255.1**	**Vlanif20**
222.192.255.16/30	**RIP**	**100**	**1**	**D**	**222.192.255.1**	**Vlanif20**

核心层交换机的路由表通过 RIP 路由协议也能同时学习到去往办公楼网络以及教学楼网络的所有路由条目，路由表如下：

```
[hexinceng]dis ip routing-table
Route Flags: R - relay, D - download to fib
------------------------------------------------------------------------
Routing Tables: Public
                 Destinations : 14        Routes : 14
```

Destination/Mask	Proto	Pre	Cost	Flags	NextHop	Interface
127.0.0.0/8	Direct	0	0	D	127.0.0.1	InLoopBack0
127.0.0.1/32	Direct	0	0	D	127.0.0.1	InLoopBack0
192.168.1.0/24	**RIP**	**100**	**1**	**D**	**222.192.255.6**	**Vlanif10**
192.168.2.0/24	**RIP**	**100**	**1**	**D**	**222.192.255.6**	**Vlanif10**
192.168.3.0/24	**RIP**	**100**	**1**	**D**	**222.192.255.2**	**Vlanif20**
192.168.4.0/24	**RIP**	**100**	**1**	**D**	**222.192.255.2**	**Vlanif20**
222.192.255.0/30	Direct	0	0	D	222.192.255.1	Vlanif20
222.192.255.1/32	Direct	0	0	D	127.0.0.1	Vlanif20
222.192.255.4/30	Direct	0	0	D	222.192.255.5	Vlanif10
222.192.255.5/32	Direct	0	0	D	127.0.0.1	Vlanif10
222.192.255.8/30	Direct	0	0	D	222.192.255.9	Vlanif30
222.192.255.9/32	Direct	0	0	D	127.0.0.1	Vlanif30
222.192.255.16/30	Direct	0	0	D	222.192.255.17	Vlanif40
222.192.255.17/32	Direct	0	0	D	127.0.0.1	Vlanif40

大家还可以通过"display current-configuration"命令来查看各个交换机的配置是否正确，请自行与素材中相关工程文件进行比对。

3.5.2　任务 3.12　在 RIP 路由进程中下放默认路由

在静态路由的配置实验中我们已经知道，若校园网中的终端需要访问互联网，则必须在相关路径上的网络互联设备中配置静态默认路由，即 0.0.0.0 0.0.0.0 的路由条目。我们可以在每台设备通过手工输入静态默认路由的命令来实现。在运行路由协议的网络中，我们还可以通过在协议中下放默认路由的方式使网络中每一台与该路由协议进程相关的设备自动学习到默认路由条目。下面我们首先来看如何在 RIP 路由协议中下放静态默认路由。

　　打开上一个任务保存的工程文件"base-p5-t1.topo"，另存为"base-p5-t2.topo"。首先在工程中添加一台 AR201 路由器，作为校园网的边界路由器，将路由器的 GigabitEthernet 0/0/0 口与核心层交换机的 GigabitEthernet 0/0/5 口相连，如图 3-37 所示。

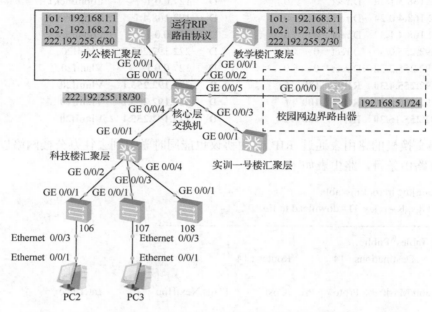

图 3-37　在拓扑中加入校园网边界路由器

　　在路由器中我们首先打开 CLI 命令行界面，然后开启 GigabitEthernet 0/0/0 口，给此端口配置 IP 地址 192.168.5.1/24。具体命令如下：

```
<Router>sys
[Router]int gi0/0/0
[Router-GigabitEthernet0/0/0]ip add 192.168.5.1 24
[Router-GigabitEthernet0/0/0]undo shutdown
[Router-GigabitEthernet0/0/0]quit
```

　　接下来我们在核心层交换机上配置一条静态默认路由，这条路由的出接口为核心层交换机的 GigabitEthernet 0/0/5 口，也就是与校园网边界路由器相连的接口。将此接口升级为三层口并配置 IP 地址 192.168.5.2/24，然后通过在 RIP 路由协议进程中宣告，使教学楼和办公楼的交换机不做任何的配置就能学习到这条静态默认路由。具体的配置命令如下（大部分命令使用简写方式）：

```
[hexinceng]vlan 50
[hexinceng-vlan50]quit
[hexinceng]int vlan 50
[hexinceng-Vlanif50]ip add 192.168.5.2 24
[hexinceng-GigabitEthernet0/0/5]p l a              （将接口设置为 Access）
[hexinceng-GigabitEthernet0/0/5]p d v 50           （将接口添加到 VLAN 50）
[hexinceng-GigabitEthernet0/0/5]quit
[hexinceng]ip route-static 0.0.0.0 0.0.0.0 192.168.5.1   （配置静态路由）
[hexinceng]rip
```

```
[hexinceng-rip-1]default-route originate   （将缺省路由宣告到 RIP 协议）
[hexinceng-rip-1]quit
[hexinceng]
```

以上配置完毕后，我们首先查看核心层交换机的路由表，具体命令如下：

```
[hexinceng]display ip routing-table
Route Flags: R - relay, D - download to fib
-----------------------------------------------------------------------
Routing Tables: Public
                 Destinations : 17        Routes : 17
```

Destination/Mask	Proto	Pre	Cost	Flags	NextHop	Interface
0.0.0.0/0	Static	60	0	RD	192.168.5.1	Vlanif50
127.0.0.0/8	Direct	0	0	D	127.0.0.1	InLoopBack0
127.0.0.1/32	Direct	0	0	D	127.0.0.1	InLoopBack0
192.168.1.0/24	RIP	100	1	D	222.192.255.6	Vlanif10
192.168.2.0/24	RIP	100	1	D	222.192.255.6	Vlanif10
192.168.3.0/24	RIP	100	1	D	222.192.255.2	Vlanif20
192.168.4.0/24	RIP	100	1	D	222.192.255.2	Vlanif20
192.168.5.0/24	Direct	0	0	D	192.168.5.2	Vlanif50
192.168.5.2/32	Direct	0	0	D	127.0.0.1	Vlanif50
222.192.255.0/30	Direct	0	0	D	222.192.255.1	Vlanif20
222.192.255.1/32	Direct	0	0	D	127.0.0.1	Vlanif20
222.192.255.4/30	Direct	0	0	D	222.192.255.5	Vlanif10
222.192.255.5/32	Direct	0	0	D	127.0.0.1	Vlanif10
222.192.255.8/30	Direct	0	0	D	222.192.255.9	Vlanif30
222.192.255.9/32	Direct	0	0	D	127.0.0.1	Vlanif30
222.192.255.16/30	Direct	0	0	D	222.192.255.17	Vlanif40
222.192.255.17/32	Direct	0	0	D	127.0.0.1	Vlanif40

我们可以看到，通过静态路由方式配置的一条默认路由出现在路由表中。再到教学楼和办公楼的交换机上查看路由表，此时办公楼交换机的路由表如下：

```
<bangonglou>display ip routing-table
Route Flags: R - relay, D - download to fib
-----------------------------------------------------------------------
Routing Tables: Public
                 Destinations : 14        Routes : 14
```

Destination/Mask	Proto	Pre	Cost	Flags	NextHop	Interface
0.0.0.0/0	RIP	100	1	D	222.192.255.5	Vlanif10
127.0.0.0/8	Direct	0	0	D	127.0.0.1	InLoopBack0
127.0.0.1/32	Direct	0	0	D	127.0.0.1	InLoopBack0
192.168.1.0/24	Direct	0	0	D	192.168.1.1	LoopBack1
192.168.1.1/32	Direct	0	0	D	127.0.0.1	LoopBack1
192.168.2.0/24	Direct	0	0	D	192.168.2.1	LoopBack2

192.168.2.1/32	Direct	0	0	D	127.0.0.1	LoopBack2
192.168.3.0/24	RIP	100	2	D	222.192.255.5	Vlanif10
192.168.4.0/24	RIP	100	2	D	222.192.255.5	Vlanif10
222.192.255.0/30	RIP	100	1	D	222.192.255.5	Vlanif10
222.192.255.4/30	Direct	0	0	D	222.192.255.6	Vlanif10
222.192.255.6/32	Direct	0	0	D	127.0.0.1	Vlanif10
222.192.255.8/30	RIP	100	1	D	222.192.255.5	Vlanif10
222.192.255.16/30	RIP	100	1	D	222.192.255.5	Vlanif10

此时教学楼交换机的路由表如下：

```
<jiaoxuelou>display ip routing-table
Route Flags: R - relay, D - download to fib
--------------------------------------------------------------------------
Routing Tables: Public
         Destinations : 14          Routes : 14
```

Destination/Mask	Proto	Pre	Cost	Flags	NextHop	Interface
0.0.0.0/0	**RIP**	**100**	**1**	**D**	**222.192.255.1**	**Vlanif20**
127.0.0.0/8	Direct	0	0	D	127.0.0.1	InLoopBack0
127.0.0.1/32	Direct	0	0	D	127.0.0.1	InLoopBack0
192.168.1.0/24	RIP	100	2	D	222.192.255.1	Vlanif20
192.168.2.0/24	RIP	100	2	D	222.192.255.1	Vlanif20
192.168.3.0/24	Direct	0	0	D	192.168.3.1	LoopBack1
192.168.3.1/32	Direct	0	0	D	127.0.0.1	LoopBack1
192.168.4.0/24	Direct	0	0	D	192.168.4.1	LoopBack2
192.168.4.1/32	Direct	0	0	D	127.0.0.1	LoopBack2
222.192.255.0/30	Direct	0	0	D	222.192.255.2	Vlanif20
222.192.255.2/32	Direct	0	0	D	127.0.0.1	Vlanif20
222.192.255.4/30	RIP	100	1	D	222.192.255.1	Vlanif20
222.192.255.8/30	RIP	100	1	D	222.192.255.1	Vlanif20
222.192.255.16/30	RIP	100	1	D	222.192.255.1	Vlanif20

以上两个设备的路由表中都自动出现了默认路由的条目，这时的默认路由条目 0.0.0.0/0 就是通过 RIP 路由协议自动下放的默认路由。

3.6 项目 6　通过 OSPF 路由协议实现校园网的互通

3.6.1　任务 3.13　应用 OSPF 路由协议实现校园网的互通

打开上一个任务保存的工程文件 "base-p5-t2.topo"，另存为 "base-p6-t1.topo"。我们将通过 OSPF 路由协议实现校园网中科技楼网络和实训一号楼网络以及核心交换机边界路由器的互通，如图 3-38 所示。虽然 OSPF 路由协议的运行机制与 RIP 路由协议大不相同，但其配置过程与 RIP 路由协议大体一致，主要分为以下两个步骤：

第 1 步：启用 OSPF 路由协议进程。

第 2 步：在 OSPF 路由协议进程宣告自己的直连网络，进行单区域的 OSPF 配置，直连网络都宣告进 area 0。

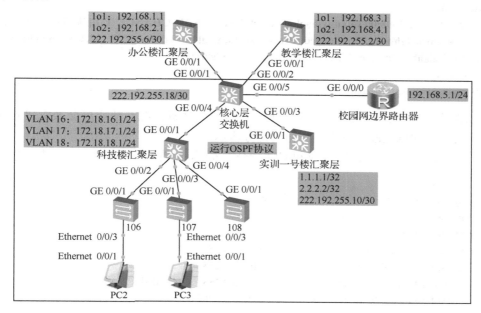

图 3-38　配置 OSPF 的交换机

首先我们打开核心层交换机的 CLI 命令行界面，具体的配置命令行如下：

```
[hexinceng]ospf 10                                          （进入 OSPF 视图）
[hexinceng-ospf-10]area 0                                   （进入区域视图）
[hexinceng-ospf-10-area-0.0.0.0]network 222.192.255.8 0.0.0.3
[hexinceng-ospf-10-area-0.0.0.0]network 222.192.255.16 0.0.0.3
[hexinceng-ospf-10-area-0.0.0.0]network 192.168.5.0 0.0.0.255   （进入区域宣告路由）
```

打开实训一号楼的汇聚层交换机 CLI 命令行界面，我们同样在实训一号楼汇聚层上开启两个 Loopback 口，模拟与实训一号楼汇聚层直接相连的两个网络 10.0.0.0/16 和 10.1.0.0/16，然后配置 OSPF 协议。具体的配置命令行如下：

```
<shixunyihaolou>sys
Enter system view, return user view with Ctrl+Z.
[shixunyihaolou]int lo1
[shixunyihaolou-LoopBack1]ip add 10.0.0.1 16
[shixunyihaolou-LoopBack1]quit
[shixunyihaolou]int lo2
[shixunyihaolou-LoopBack2]ip add 10.1.0.1 16
[shixunyihaolou-LoopBack2]quit
[shixunyihaolou]ospf 10                                     （进入 OSPF 视图）
[shixunyihaolou-ospf-10]area 0                              （进入区域视图）
[shixunyihaolou-ospf-10-area-0.0.0.0]network 10.0.0.0 0.0.255.255
[shixunyihaolou-ospf-10-area-0.0.0.0]network 10.0.0.0 0.0.255.255
[shixunyihaolou-ospf-10-area-0.0.0.0]network 222.192.255.8 0.0.0.3   （宣告路由）
Apr1201913:33:19-08:00shixunyihaolou          %%01OSPF/4/NBR_CHANGE_E(l)[7]:
```

```
Neighborchangesevent: neighborstatuschanged. (ProcessId=10, NeighborAddress=222.192.255.9, NeighborEvent=
LoadingDone, NeighborPreviousState=Loading, NeighborCurrent
    State=Full)
    Apr 1201913:33:19-08:00 shixunyihaolou %%01OSPF/4/NBR_CHANGE_E(l)[7]:Neighbor
    changesevent:neighborstatuschanged.(ProcessId=10,NeighborAddress=222.192.255.9,NeighborEvent=
LoadingDone, NeighborPreviousState=Loading, NeighborCurrent
    State=Full)
    [shixunyihaolou-ospf-10-area-0.0.0.0]quit
```

在配置的过程中我们就可以发现实训一号楼的交换机已经与核心层交换机建立邻接关系的系统提示，如以上配置过程中加粗的部分所示。

我们再打开科技楼汇聚层的交换机 CLI 命令行界面，配置 OSPF 路由协议，具体过程如下：

```
<kejilou>sys
Enter system view, return user view with Ctrl+Z.
[kejilou]ospf 10
[kejilou-ospf-10]area 0
[kejilou-ospf-10-area-0.0.0.0]network 172.18.16.0 0.0.0.255
[kejilou-ospf-10-area-0.0.0.0]network 172.18.17.0 0.0.0.255
[kejilou-ospf-10-area-0.0.0.0]network 172.18.18.0 0.0.0.255    （宣告路由）
[kejilou-ospf-10-area-0.0.0.0]network 222.192.255.16 0 0.0.0.3
```

最后再进入边界路由器 CLI 命令行界面，配置 OSPF 路由协议，具体过程如下：

```
<Router>sys
Enter system view, return user view with Ctrl+Z.
[Router]ospf 10
[Router-ospf-10]area 0
[Router-ospf-10-area-0.0.0.0]network 192.168.5.0 0.0.0.255
```

在以上配置都完成以后，我们分别用"display ip routing-table"命令查看 4 台设备的路由表，可以看到，通过 OSPF 路由协议，科技楼、实训一号楼、核心层以及边界路由器各个网段的路由条目都以 OSPF 路由条目的形式出现在路由表中。各个设备的路由表如下所示。

实训一号楼交换机：

```
<shixunyihaolou>display ip routing-table
Route Flags: R - relay, D - download to fib
------------------------------------------------------------------------
Routing Tables: Public
        Destinations : 13        Routes : 13
```

Destination/Mask	Proto	Pre	Cost	Flags	NextHop	Interface
10.0.0.0/16	Direct	0	0	D	10.0.0.1	LoopBack1
10.0.0.1/32	Direct	0	0	D	127.0.0.1	LoopBack1
10.1.0.0/16	Direct	0	0	D	10.1.0.1	LoopBack2
10.1.0.1/32	Direct	0	0	D	127.0.0.1	LoopBack2
127.0.0.0/8	Direct	0	0	D	127.0.0.1	InLoopBack0
127.0.0.1/32	Direct	0	0	D	127.0.0.1	InLoopBack0

172.18.16.0/24	**OSPF**	**10**	**3**		**D**	**222.192.255.9**	**Vlanif30**
172.18.17.0/24	**OSPF**	**10**	**3**		**D**	**222.192.255.9**	**Vlanif30**
172.18.18.0/24	**OSPF**	**10**	**3**		**D**	**222.192.255.9**	**Vlanif30**
192.168.5.0/24	**OSPF**	**10**	**2**		**D**	**222.192.255.9**	**Vlanif30**
222.192.255.8/30	Direct	0	0		D	222.192.255.10	Vlanif30
222.192.255.10/32	Direct	0	0		D	127.0.0.1	Vlanif30
222.192.255.16/30	**OSPF**	**10**	**2**		**D**	**222.192.255.9**	**Vlanif30**

科技楼交换机：

```
<kejilou>display ip routing-table
Route Flags: R - relay, D - download to fib
------------------------------------------------------------------------
Routing Tables: Public
          Destinations : 14        Routes : 14
```

Destination/Mask	Proto	Pre	Cost	Flags	NextHop	Interface
10.0.0.1/32	**OSPF**	**10**	**2**	**D**	**222.192.255.17**	**Vlanif40**
10.1.0.1/32	**OSPF**	**10**	**2**	**D**	**222.192.255.17**	**Vlanif40**
127.0.0.0/8	Direct	0	0	D	127.0.0.1	InLoopBack0
127.0.0.1/32	Direct	0	0	D	127.0.0.1	InLoopBack0
172.18.16.0/24	Direct	0	0	D	172.18.16.1	Vlanif106
172.18.16.1/32	Direct	0	0	D	127.0.0.1	Vlanif106
172.18.17.0/24	Direct	0	0	D	172.18.17.1	Vlanif107
172.18.17.1/32	Direct	0	0	D	127.0.0.1	Vlanif107
172.18.18.0/24	Direct	0	0	D	172.18.18.1	Vlanif108
172.18.18.1/32	Direct	0	0	D	127.0.0.1	Vlanif108
192.168.5.0/24	**OSPF**	**10**	**2**	**D**	**222.192.255.17**	**Vlanif40**
222.192.255.8/30	**OSPF**	**10**	**2**	**D**	**222.192.255.17**	**Vlanif40**
222.192.255.16/30	Direct	0	0	D	222.192.255.18	Vlanif40
222.192.255.18/32	Direct	0	0	D	127.0.0.1	Vlanif40

核心层交换机：

```
<hexinceng>display ip routing-table
Route Flags: R - relay, D - download to fib
------------------------------------------------------------------------
Routing Tables: Public
          Destinations : 22        Routes : 22
```

Destination/Mask	Proto	Pre	Cost	Flags	NextHop	Interface
0.0.0.0/0	Static	60	0	RD	192.168.5.1	Vlanif50
10.0.0.1/32	**OSPF**	**10**	**1**	**D**	**222.192.255.10**	**Vlanif30**
10.1.0.1/32	**OSPF**	**10**	**1**	**D**	**222.192.255.10**	**Vlanif30**
127.0.0.0/8	Direct	0	0	D	127.0.0.1	InLoopBack0
127.0.0.1/32	Direct	0	0	D	127.0.0.1	InLoopBack0
172.18.16.0/24	**OSPF**	**10**	**2**	**D**	**222.192.255.18**	**Vlanif40**
172.18.17.0/24	**OSPF**	**10**	**2**	**D**	**222.192.255.18**	**Vlanif40**
172.18.18.0/24	**OSPF**	**10**	**2**	**D**	**222.192.255.18**	**Vlanif40**
192.168.1.0/24	RIP	100	1	D	222.192.255.6	Vlanif10
192.168.2.0/24	RIP	100	1	D	222.192.255.6	Vlanif10

192.168.3.0/24	RIP	100	1		D	222.192.255.2	Vlanif20
192.168.4.0/24	RIP	100	1		D	222.192.255.2	Vlanif20
192.168.5.0/24	Direct	0	0		D	192.168.5.2	Vlanif50
192.168.5.2/32	Direct	0	0		D	127.0.0.1	Vlanif50
222.192.255.0/30	Direct	0	0		D	222.192.255.1	Vlanif20
222.192.255.1/32	Direct	0	0		D	127.0.0.1	Vlanif20
222.192.255.4/30	Direct	0	0		D	222.192.255.5	Vlanif10
222.192.255.5/32	Direct	0	0		D	127.0.0.1	Vlanif10
222.192.255.8/30	Direct	0	0		D	222.192.255.9	Vlanif30
222.192.255.9/32	Direct	0	0		D	127.0.0.1	Vlanif30
222.192.255.16/30	Direct	0	0		D	222.192.255.17	Vlanif40
222.192.255.17/32	Direct	0	0		D	127.0.0.1	Vlanif40

边界路由器：

```
<Router>display ip routing-table
Route Flags: R - relay, D - download to fib
------------------------------------------------------------------------
Routing Tables: Public
Destinations : 14    Routes : 14
```

Destination/Mask	Proto	Pre	Cost		Flags	NextHop	Interface
10.0.0.1/32	**OSPF**	**10**	**2**		**D**	**192.168.5.2**	**GigabitEthernet0/0/0**
10.1.0.1/32	**OSPF**	**10**	**2**		**D**	**192.168.5.2**	**GigabitEthernet0/0/0**
127.0.0.0/8	Direct	0	0		D	127.0.0.1	InLoopBack0
127.0.0.1/32	Direct	0	0		D	127.0.0.1	InLoopBack0
127.255.255.255/32	Direct	0	0		D	127.0.0.1	InLoopBack0
172.18.16.0/24	**OSPF**	**10**	**3**		**D**	**192.168.5.2**	**GigabitEthernet0/0/0**
172.18.17.0/24	**OSPF**	**10**	**3**		**D**	**192.168.5.2**	**GigabitEthernet0/0/0**
172.18.18.0/24	**OSPF**	**10**	**3**		**D**	**192.168.5.2**	**GigabitEthernet0/0/0**
192.168.5.0/24	Direct	0	0		D	192.168.5.1	GigabitEthernet0/0/0
192.168.5.1/32	Direct	0	0		D	127.0.0.1	GigabitEthernet0/0/0
192.168.5.255/32	Direct	0	0		D	127.0.0.1	GigabitEthernet0/0/0
222.192.255.8/30	**OSPF**	**10**	**2**		**D**	**192.168.5.2**	**GigabitEthernet0/0/0**
222.192.255.16/30	**OSPF**	**10**	**2**		**D**	**192.168.5.2**	**GigabitEthernet0/0/0**
255.255.255.255/32	Direct	0	0		D	127.0.0.1	InLoopBack0

3.6.2　任务 3.14　在 OSPF 路由进程中通告默认路由

打开上一个任务保存的工程文件 "base-p6-t1.topo"，另存为 "base-p6-t2.topo"。和 RIP 路由协议一样，我们也可以在 OSPF 路由协议中通告默认路由，只要在核心层交换机的 OSPF 进程中宣告 default-route-advertise 即可。具体的命令行如下：

```
[hexinceng]ospf 10
[hexinceng-ospf-10]default-route-advertise    （通告默认路由）
```

配置完成后，我们分别查看实训一号楼汇聚层交换机与科技楼汇聚层交换机的路由表，在路由表中我们发现以 O_ASE 方式引入的默认路由条目（如加粗部分的路由条目所示）。

实训一号楼汇聚层交换机路由表：

```
<shixunyihaolou>display ip routing-table
Route Flags: R - relay, D - download to fib
-------------------------------------------------------------------------
Routing Tables: Public
         Destinations : 14        Routes : 14
```

Destination/Mask	Proto	Pre	Cost	Flags	NextHop	Interface
0.0.0.0/0	O_ASE	150	1	D	222.192.255.9	Vlanif30
10.0.0.0/16	Direct	0	0	D	10.0.0.1	LoopBack1
10.0.0.1/32	Direct	0	0	D	127.0.0.1	LoopBack1
10.1.0.0/16	Direct	0	0	D	10.1.0.1	LoopBack2
10.1.0.1/32	Direct	0	0	D	127.0.0.1	LoopBack2
127.0.0.0/8	Direct	0	0	D	127.0.0.1	InLoopBack0
127.0.0.1/32	Direct	0	0	D	127.0.0.1	InLoopBack0
172.18.16.0/24	OSPF	10	3	D	222.192.255.9	Vlanif30
172.18.17.0/24	OSPF	10	3	D	222.192.255.9	Vlanif30
172.18.18.0/24	OSPF	10	3	D	222.192.255.9	Vlanif30
192.168.5.0/24	OSPF	10	2	D	222.192.255.9	Vlanif30
222.192.255.8/30	Direct	0	0	D	222.192.255.10	Vlanif30
222.192.255.10/32	Direct	0	0	D	127.0.0.1	Vlanif30
222.192.255.16/30	OSPF	10	2	D	222.192.255.9	Vlanif30

科技楼汇聚层交换机路由表：

```
<kejilou>display ip routing-table
Route Flags: R - relay, D - download to fib
-------------------------------------------------------------------------
Routing Tables: Public
         Destinations : 15        Routes : 15
```

Destination/Mask	Proto	Pre	Cost	Flags	NextHop	Interface
0.0.0.0/0	O_ASE	150	1	D	222.192.255.17	Vlanif40
10.0.0.1/32	OSPF	10	2	D	222.192.255.17	Vlanif40
10.1.0.1/32	OSPF	10	2	D	222.192.255.17	Vlanif40
127.0.0.0/8	Direct	0	0	D	127.0.0.1	InLoopBack0
127.0.0.1/32	Direct	0	0	D	127.0.0.1	InLoopBack0
172.18.16.0/24	Direct	0	0	D	172.18.16.1	Vlanif16
172.18.16.1/32	Direct	0	0	D	127.0.0.1	Vlanif16
172.18.17.0/24	Direct	0	0	D	172.18.17.1	Vlanif17
172.18.17.1/32	Direct	0	0	D	127.0.0.1	Vlanif17
172.18.18.0/24	Direct	0	0	D	172.18.18.1	Vlanif18
172.18.18.1/32	Direct	0	0	D	127.0.0.1	Vlanif18
192.168.5.0/24	OSPF	10	2	D	222.192.255.17	Vlanif40
222.192.255.8/30	OSPF	10	2	D	222.192.255.17	Vlanif40
222.192.255.16/30	Direct	0	0	D	222.192.255.18	Vlanif40
222.192.255.18/32	Direct	0	0	D	127.0.0.1	Vlanif40

3.6.3 任务 3.15　校园网 RIP 与 OSPF 路由协议的重分布

　　路由重分布技术是大型网络中常用的一种简化网络工程工作量、维护网络一致性的重要技术。当一个大型网络中存在多种路由协议同时运行时，路由重分布技术可以把一种路由协议学习到的路由信息通过另一种路由协议传播出去。

　　打开上一个任务保存的工程文件"base-p6-t2.topo"，另存为"base-p6-t3.topo"。通过前面任务中的 RIP 路由协议配置的办公楼和教学楼之间的网络已经可以互通；通过 OSPF 路由协议的配置，科技楼网络与实训一号楼网络也可以互通，如图 3-39 所示。下面我们将通过路由重分布技术，将运行 RIP 路由协议部分的网络和运行 OSPF 路由协议的网络统一起来，使得全网的设备路由表一致，全网能够互通。

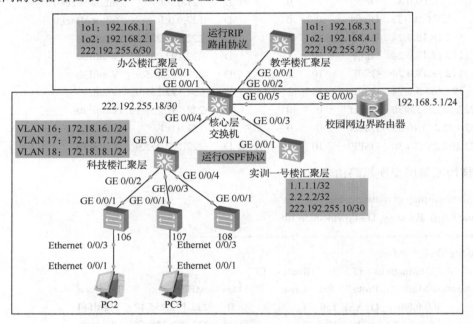

图 3-39　RIP 与 OSPF 路由协议间的重分布

　　双击核心层交换机打开 CLI 命令行界面，首先查看此时核心层交换机的路由表，具体命令如下：

```
<hexinceng>display ip routing-table
Route Flags: R - relay, D - download to fib
------------------------------------------------------------------------------
Routing Tables: Public
         Destinations : 22          Routes : 22
Destination/Mask    Proto   Pre  Cost      Flags NextHop          Interface
       0.0.0.0/0    Static  60   0         RD    192.168.5.1      Vlanif50
      10.0.0.1/32   OSPF    10   1         D     222.192.255.10   Vlanif30
      10.1.0.1/32   OSPF    10   1         D     222.192.255.10   Vlanif30
     127.0.0.0/8    Direct  0    0         D     127.0.0.1        InLoopBack0
     127.0.0.1/32   Direct  0    0         D     127.0.0.1        InLoopBack0
```

172.18.16.0/24	OSPF	10	2	D	222.192.255.18	Vlanif40
172.18.17.0/24	OSPF	10	2	D	222.192.255.18	Vlanif40
172.18.18.0/24	OSPF	10	2	D	222.192.255.18	Vlanif40
192.168.1.0/24	RIP	100	1	D	222.192.255.6	Vlanif10
192.168.2.0/24	RIP	100	1	D	222.192.255.6	Vlanif10
192.168.3.0/24	RIP	100	1	D	222.192.255.2	Vlanif20
192.168.4.0/24	RIP	100	1	D	222.192.255.2	Vlanif20
192.168.5.0/24	Direct	0	0	D	192.168.5.2	Vlanif50
192.168.5.2/32	Direct	0	0	D	127.0.0.1	Vlanif50
222.192.255.0/30	Direct	0	0	D	222.192.255.1	Vlanif20
222.192.255.1/32	Direct	0	0	D	127.0.0.1	Vlanif20
222.192.255.4/30	Direct	0	0	D	222.192.255.5	Vlanif10
222.192.255.5/32	Direct	0	0	D	127.0.0.1	Vlanif10
222.192.255.8/30	Direct	0	0	D	222.192.255.9	Vlanif30
222.192.255.9/32	Direct	0	0	D	127.0.0.1	Vlanif30
222.192.255.16/30	Direct	0	0	D	222.192.255.17	Vlanif40
222.192.255.17/32	Direct	0	0	D	127.0.0.1	Vlanif40

此时，在核心层交换机上分别运行了 RIP 路由协议（标记 RIP 的路由条目）以及 OSPF 路由协议（标记 OSPF 的路由条目），但此时运行 RIP 路由协议的网络内的数据包没有办法和运行 OSPF 路由协议的网络互通。我们查看办公楼汇聚层交换机的路由表：

```
<bangonglou>display ip routing-table
Route Flags: R - relay, D - download to fib
------------------------------------------------------------------------
Routing Tables: Public
         Destinations : 14        Routes : 14
```

Destination/Mask	Proto	Pre	Cost	Flags	NextHop	Interface
0.0.0.0/0	RIP	100	1	D	222.192.255.5	Vlanif10
127.0.0.0/8	Direct	0	0	D	127.0.0.1	InLoopBack0
127.0.0.1/32	Direct	0	0	D	127.0.0.1	InLoopBack0
192.168.1.0/24	Direct	0	0	D	192.168.1.1	LoopBack1
192.168.1.1/32	Direct	0	0	D	127.0.0.1	LoopBack1
192.168.2.0/24	Direct	0	0	D	192.168.2.1	LoopBack2
192.168.2.1/32	Direct	0	0	D	127.0.0.1	LoopBack2
192.168.3.0/24	RIP	100	2	D	222.192.255.5	Vlanif10
192.168.4.0/24	RIP	100	2	D	222.192.255.5	Vlanif10
222.192.255.0/30	RIP	100	1	D	222.192.255.5	Vlanif10
222.192.255.4/30	Direct	0	0	D	222.192.255.6	Vlanif10
222.192.255.6/32	Direct	0	0	D	127.0.0.1	Vlanif10
222.192.255.8/30	RIP	100	1	D	222.192.255.5	Vlanif10
222.192.255.16/30	RIP	100	1	D	222.192.255.5	Vlanif10

发现此路由表中没有去往运行 OSPF 路由协议的科技楼和实训一号楼网段（172.18.16.0/24，10.0.0.0/16 等）的路由条目。如果我们再查看科技楼汇聚层交换机，同样也会发现没有去往运行 RIP 协议的办公楼和教学楼网段（192.168.1.0/24～192.168.4.0/24）的路由条目。

我们回到核心层交换机，开始配置路由的重分布。

针对本实例中全网互通的要求，路由重分布的配置步骤如下：

（1）进入 RIP 路由进程，在进程中宣告重分布某个 OSPF 进程中的路由条目；

（2）进入 OSPF 路由进程，在进程中宣告重分布 RIP 路由进程中的路由条目。

具体的配置命令行如下：

```
[hexinceng]rip                                （进入 RIP 进程）
[hexinceng-rip-1]import-route ospf 10 cost 5   （将 OSPF 重分布到 RIP 中）
[hexinceng-rip-1]quit
[hexinceng]ospf 10                            （进入 OSPF 进程）
[hexinceng-ospf-10]import-route rip 1          （将 RIP 重分布到 OSPF 中）
[hexinceng-ospf-10]quit
```

完成以上配置后，我们打开办公楼汇聚层交换机，查看路由表，命令如下：

```
<bangonglou>display ip routing-table
Route Flags: R - relay, D - download to fib
------------------------------------------------------------------------
Routing Tables: Public
          Destinations : 20          Routes : 20
Destination/Mask    Proto   Pre  Cost      Flags NextHop        Interface
     0.0.0.0/0      RIP     100  1          D    222.192.255.5  Vlanif10
    10.0.0.1/32     RIP     100  6          D    222.192.255.5  Vlanif10
    10.1.0.1/32     RIP     100  6          D    222.192.255.5  Vlanif10
   127.0.0.0/8      Direct  0    0          D    127.0.0.1      InLoopBack0
   127.0.0.1/32     Direct  0    0          D    127.0.0.1      InLoopBack0
  172.18.16.0/24    RIP     100  6          D    222.192.255.5  Vlanif10
  172.18.17.0/24    RIP     100  6          D    222.192.255.5  Vlanif10
  172.18.18.0/24    RIP     100  6          D    222.192.255.5  Vlanif10
  192.168.1.0/24    Direct  0    0          D    192.168.1.1    LoopBack1
  192.168.1.1/32    Direct  0    0          D    127.0.0.1      LoopBack1
  192.168.2.0/24    Direct  0    0          D    192.168.2.1    LoopBack2
  192.168.2.1/32    Direct  0    0          D    127.0.0.1      LoopBack2
  192.168.3.0/24    RIP     100  2          D    222.192.255.5  Vlanif10
  192.168.4.0/24    RIP     100  2          D    222.192.255.5  Vlanif10
  192.168.5.0/24    RIP     100  6          D    222.192.255.5  Vlanif10
 222.192.255.0/30   RIP     100  1          D    222.192.255.5  Vlanif10
 222.192.255.4/30   Direct  0    0          D    222.192.255.6  Vlanif10
 222.192.255.6/32   Direct  0    0          D    127.0.0.1      Vlanif10
 222.192.255.8/30   RIP     100  1          D    222.192.255.5  Vlanif10
 222.192.255.16/30  RIP     100  1          D    222.192.255.5  Vlanif10
```

我们发现路由表中多出去往运行 OSPF 路由协议网络的路由条目。再打开科技楼汇聚层交换机，查看路由表，命令如下：

```
<kejilou>display ip routing-table
Route Flags: R - relay, D - download to fib
------------------------------------------------------------------------
Routing Tables: Public
          Destinations : 21          Routes : 21
```

Destination/Mask	Proto	Pre	Cost	Flags	NextHop	Interface
0.0.0.0/0	O_ASE	150	1	D	222.192.255.17	Vlanif40
10.0.0.1/32	OSPF	10	2	D	222.192.255.17	Vlanif40
10.1.0.1/32	OSPF	10	2	D	222.192.255.17	Vlanif40
127.0.0.0/8	Direct	0	0	D	127.0.0.1	InLoopBack0
127.0.0.1/32	Direct	0	0	D	127.0.0.1	InLoopBack0
172.18.16.0/24	Direct	0	0	D	172.18.16.1	Vlanif106
172.18.16.1/32	Direct	0	0	D	127.0.0.1	Vlanif106
172.18.17.0/24	Direct	0	0	D	172.18.17.1	Vlanif107
172.18.17.1/32	Direct	0	0	D	127.0.0.1	Vlanif107
172.18.18.0/24	Direct	0	0	D	172.18.18.1	Vlanif108
172.18.18.1/32	Direct	0	0	D	127.0.0.1	Vlanif108
192.168.1.0/24	**O_ASE**	**150**	**1**	**D**	**222.192.255.17**	**Vlanif40**
192.168.2.0/24	**O_ASE**	**150**	**1**	**D**	**222.192.255.17**	**Vlanif40**
192.168.3.0/24	**O_ASE**	**150**	**1**	**D**	**222.192.255.17**	**Vlanif40**
192.168.4.0/24	**O_ASE**	**150**	**1**	**D**	**222.192.255.17**	**Vlanif40**
192.168.5.0/24	OSPF	10	2	D	222.192.255.17	Vlanif40
222.192.255.0/30	**O_ASE**	**150**	**1**	**D**	**222.192.255.17**	**Vlanif40**
222.192.255.4/30	**O_ASE**	**150**	**1**	**D**	**222.192.255.17**	**Vlanif40**
222.192.255.8/30	OSPF	10	2	D	222.192.255.17	Vlanif40
222.192.255.16/30	Direct	0	0	D	222.192.255.18	Vlanif40
222.192.255.18/32	Direct	0	0	D	127.0.0.1	Vlanif40

可以看到，运行 RIP 协议的网段通过在核心层 OSPF 进程中的重分布，以 O_ASE 的方式出现在汇聚层的路由表中，至此全网可以互通。打开 PC2，通过 ping 命令完成基本连通性测试。由于 PC2 属于科技楼汇聚层下的网络，我们分别去 ping 其他三个汇聚层下的网络，测试结果如图 3-40 至图 3-42 所示。

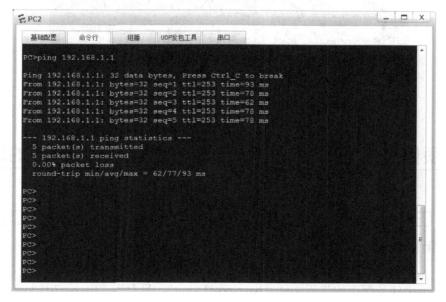

图 3-40　ping 办公楼汇聚层下的网络 192.168.1.1

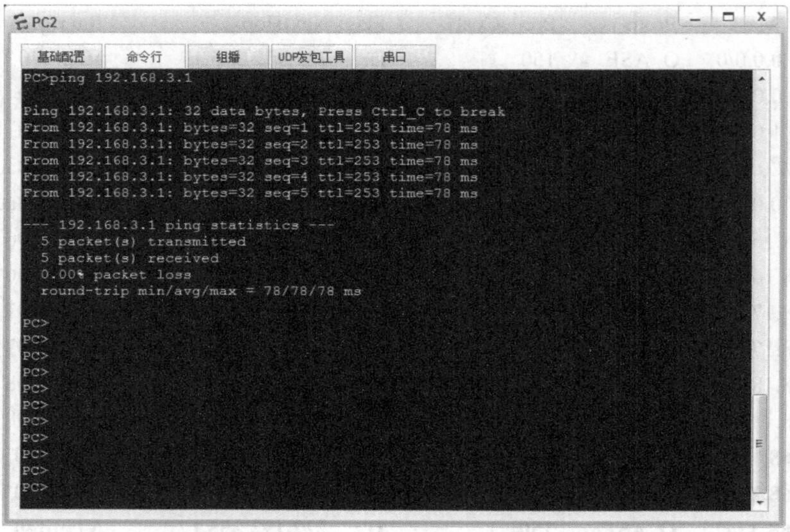

图 3-41　ping 教学楼汇聚层下的网络 192.168.3.1

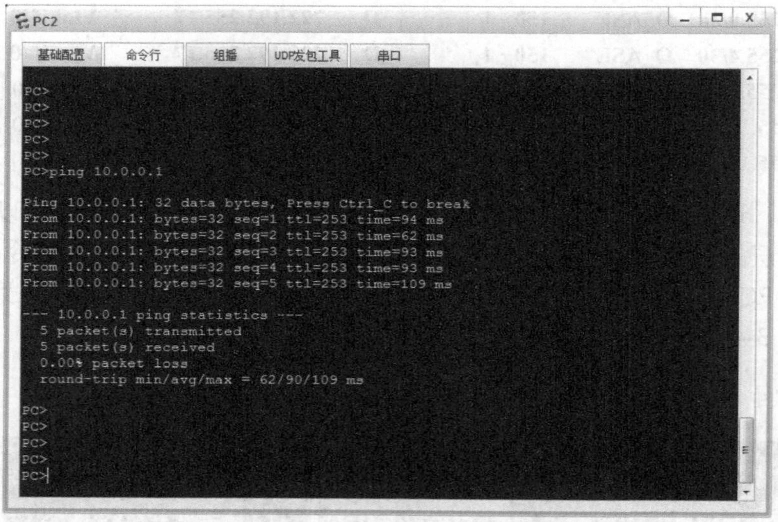

图 3-42　ping 实训一号楼汇聚层下的网络 10.0.0.1

3.7　项目 7　通过 NAT 技术实现校园网对 Internet 的访问

3.7.1　任务 3.16　配置动态的 NAPT 实现校园网中计算机对 Internet 的访问

打开上一个任务保存的工程文件"base-p6-t3.topo"，另存为"base-p7-t1.topo"。本次任务我们将通过在校园网边界路由器上配置动态的 NAPT，使得校园网内任意网段中的终端都可以访问互联网。为此，我们在原有拓扑的基础上再添加一台路由器模拟运营商 ISP 路由器。ISP 路由器和校园网边界路由器采用串口连接，并采用 PPP 协议。

　　ISP 路由器和校园网边界路由器通过串口连接，最后我们还需要添加服务器，模拟互联网上的一台服务器。如图 3-43 所示，该服务器用于配置完成后的验证，将该服务器通过交叉线接到 ISP 路由器的 GigabitEthernet 0/0/0 口，并配置服务器的 IP 地址为 110.0.0.1/24，网关为 110.0.0.2（ISP 路由器和服务器相连接口的 IP 地址），如图 3-44 所示。

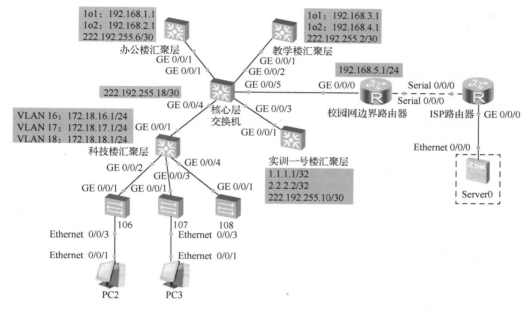

图 3-43　加入 ISP 服务器

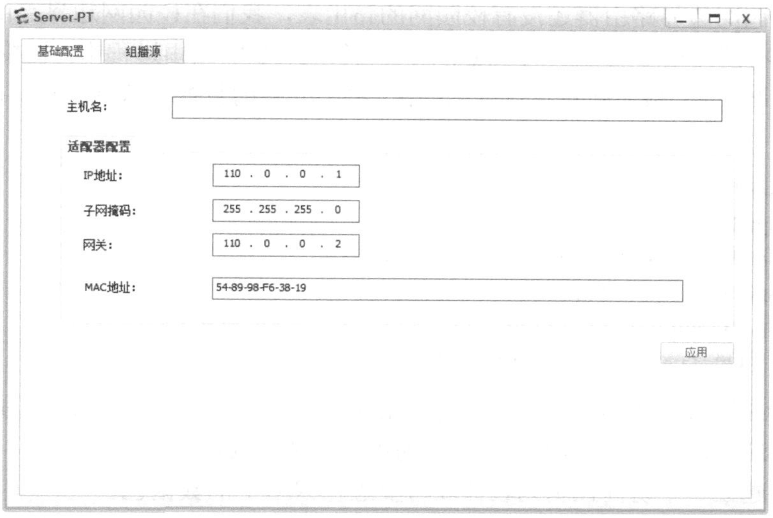

图 3-44　配置服务器的 IP 地址

　　下面先给两台路由器接口配置相应的 IP 地址并将端口启用，各个设备新配置的 IP 地址如表 3-10 所示。

表 3-10　设备接口的 IP 地址

ISP 路由器 GigabitEthernet 0/0/0 口	110.0.0.2/24
ISP 路由器 s0/0/0 口	220.0.0.254/24
校园网边界路由器 s0/0/0 口	220.0.0.1/24
校园网边界路由器 GigabitEthernet 0/0/0 口	192.168.5.1/24

具体的配置命令如下。

ISP 路由器的配置命令：

```
<Huawei>system-view
Enter system view, return user view with Ctrl+Z.
[Huawei]sys ISP
[ISP]int g0/0/0
[ISP-GigabitEthernet0/0/0]ip add 110.0.0.2 255.255.255.0
[ISP-GigabitEthernet0/0/0]quit
[ISP]int s 0/0/0
[ISP-Serial0/0/0]ip add 220.0.0.254 255.255.255.0
[ISP-Serial0/0/0]quit
[ISP]
```

校园网边界路由器的配置命令：

```
<Huawei>system-view
Enter system view, return user view with Ctrl+Z.
[Huawei]int s0/0/0
[Huawei-Serial0/0/0]ip add 220.0.0.1 255.255.255.0
[Huawei-Serial0/0/0]quit
```

此时，校园网边界路由器还没有校园网的路由表，我们在校园网边界路由器启用 OSPF 路由协议，并将其与核心层交换机相连的网络宣告进 OSPF 路由进程中，让校园网边界路由器学习全网的路由表。最后配置默认静态路由，将去外网的数据包从 s0/0/0 发往 ISP 路由器。具体命令行如下：

```
[Huawei]ospf 10
[Huawei-ospf-10]a 0
[Huawei-ospf-10-area-0.0.0.0]net 192.168.5.0 0.0.0.255
[Huawei-ospf-10-area-0.0.0.0]quit
[Huawei-ospf-10]quit
[Huawei]ip route-static 0.0.0.0 0.0.0.0 Serial0/0/0
```

我们开始在校园网边界路由器上配置 NAPT，使校园网中的所有终端通过有限的几个公网 IP 地址能够访问互联网。具体的配置分为以下几个步骤：

第 1 步：建立一个访问控制列表抓取将要进行 NAPT 的数据包。

第 2 步：建立一个 NAT 地址池，里面放有可以用于进行 NAT 转换，替换校园网私网 IP 的公网 IP 地址，该地址池中的地址一般是运营商分配给单位的公网 IP 地址。

第 3 步：将抓包的访问控制列表和配置好的 NAT 地址池相结合，作用于相应端口，一般和校园网相连的端口为 inbound 端口，和运营商 ISP 路由器相连的端口为 outbound 端口。

我们按照下面的命令配置，本例假设运营商分配给校园网的公网 IP 地址为 220.0.0.2～220.0.0.10。边界路由器上 NAPT 的配置命令行具体如下：

```
<Huawei>system-view
Enter system view, return user view with Ctrl+Z.
[Huawei]acl 2000
[Huawei-acl-basic-2000]rule permit source any
[Huawei-acl-basic-2000]quit
[Huawei]nat address-group 1 220.0.0.2 220.0.0.10
[Huawei]int s0/0/0
[Huawei-Serial0/0/0]nat outbound 2000 address-group 1
```

至此，校园网 NAPT 的配置全部完成。以下我们继续验证校园网内终端是否能顺利访问因特网。单击 PC2，打开命令行，输入 ping 110.0.0.1，验证成功，如图 3-45 所示。

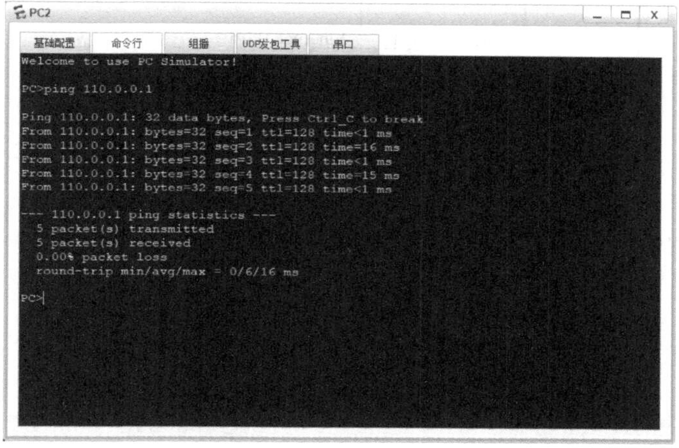

图 3-45　成功访问外网的服务器

3.7.2　任务 3.17　配置静态的 NAPT 实现外网访问校园网中的服务器

首先打开上一个任务完成的工程文件"base-p7-t1.topo"，将其另存为"base-p7-t2.topo"。通过上一次的任务我们成功地使用和配置了 NAPT，让校园网中的所有终端都可以访问互联网。现在校园网内部有一台 Web 服务器存放学校的主页，这台服务器接在科技楼 108，校园网内网中的这台服务器如何能被校园网外部因特网上的其他终端访问到呢？这就要通过配置静态 NAPT 来实现。

静态 NAPT 可以用于构建虚拟服务器。这里的构建虚拟服务器，是指在 NAT 内部网架设服务器，然后通过路由器上相关命令的配置映射到外部网。这样，外部用户访问路由器全局地址上的虚拟服务器，就被转换到内部网相应的服务器上了。

在本例中我们首先在科技楼 108 接入层交换机上放置一台服务器，如图 3-46 所示。这台服务器要使用科技楼 108 网段的 IP 地址，这里使用 172.18.18.10/24 作为服务器的 IP 地址，如图 3-47 所示。

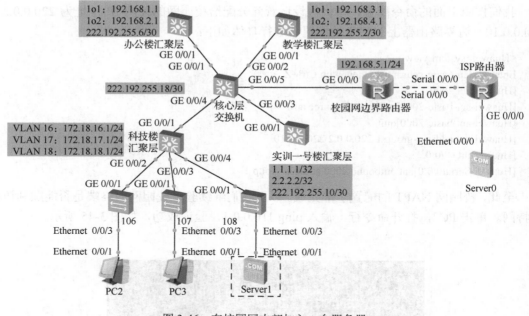

图 3-46   在校园网内部加入一台服务器

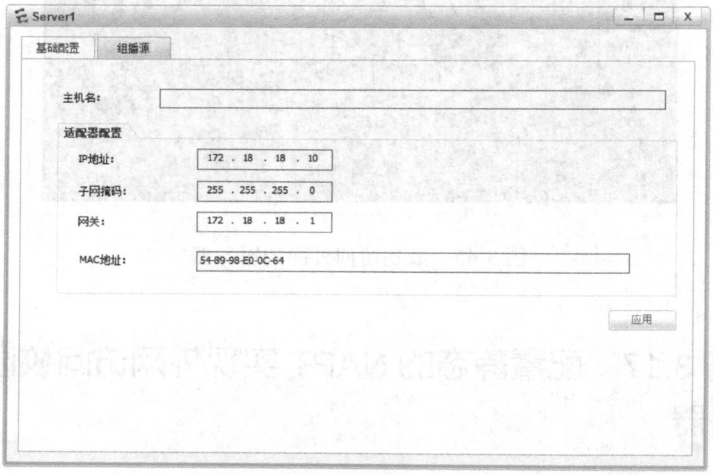

图 3-47   配置服务器的 IP 地址

由于要发布的是 Web 服务器，端口号为 TCP 80 端口，我们把该服务器 IP 地址的 TCP 80 端口映射到校园网公网 IP 地址 220.0.0.11 的 TCP 80 端口。打开校园网边界路由器开始静态 NAPT 的配置，具体的命令如下：

```
<Router>sys
Enter system view, return user view with Ctrl+Z.
[Router]int s0/0/0
[Router-Serial0/0/0]nat static protocol tcp global 220.0.0.11 80 inside
172.18.18.1 80
```

配置命令很简单，一条命令便可完成映射。

可以通过"display nat static"命令在 NAT 表中看到这条映射，具体配置如下：

```
[Huawei]display nat static
Static Nat Information:
Global Nat Static
Global IP/Port      : 220.0.0.11/80
Inside IP/Port      :172.18.18.1/80
Protocol : ----
VPN instance-name   : ----
Acl number          : ----
Netmask   : 255.255.255.255
Description : ----
```

为了验证效果，我们在 ISP 路由器侧增加一个客户机，IP 地址为 111.0.0.100，网关为 111.0.0.2，并且和 ISP 路由器的 GigabitEthernet 0/0/1 接口相连，如图 3-48 所示。

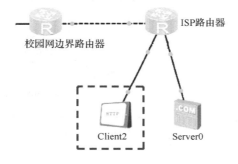

图 3-48　增加客户机 Client2

最终，我们单击客户机 Client2，在地址栏里面输入网址后，单击"获取"按钮，如果能够显示"HTTP/1.1 200 OK"字样，则证明 Web 服务器访问成功，如图 3-49 所示。

图 3-49　客户机访问成功截图

3.8　项目8　通过配置生成树协议及端口聚合提高网络的可靠性

3.8.1　任务3.18　配置科技楼汇聚层交换机和接入层交换机间的生成树协议

打开上一个任务保存的工程文件"base-p7-t2.topo"，另存为"base-p8-t1.topo"。下面将在科技楼汇聚层交换机和接入层交换机间配置生成树协议。在配置生成树协议前，我们首先要在 106 接入层交换机以及 107 接入层交换机间添加一条冗余链路，将 106、107 的 GigabitEthernet 0/0/2 口相连，如图 3-50 所示。

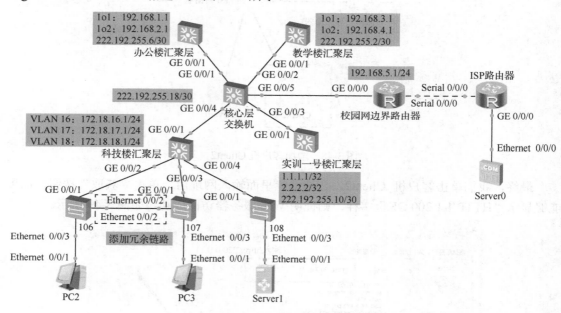

图 3-50　增加接入层间的冗余链路

科技楼汇聚层交换机与 106、107 交换机之间形成一个环路，如不使用生成树协议，3 台交换机将发生广播风暴；如果交换机都不支持广播风暴的控制，交换机将会面临全面瘫痪的情况。在华为 eNSP 模拟器的交换机上生成树协议是默认自动开启的，不需要我们再配置任何命令。打开科技楼汇聚层交换机，首先通过"display stp"命令查看交换机生成树协议的状态，具体配置如下：

```
 [Huawei]display stp
-------[CIST Global Info][Mode MSTP]-------
CIST Bridge          :32768.4c1f-cc83-4cc3          （本交换机的 root ID）
Config Times         :Hello 2s MaxAge 20s FwDly 15s MaxHop 20（MSTP 中各种报文的默认时间）
```

Active Times   :Hello 2s MaxAge 20s FwDly 15s MaxHop 20
CIST Root/ERPC   :32768.4c1f-cc19-67a3 / 20000
CIST RegRoot/IRPC :32768.4c1f-cc83-4cc3 / 0   （根桥的 root ID，就是自己）
CIST RootPortId   :128.4
BPDU-Protection   :Disabled
TC or TCN received :16
TC count per hello   :0
STP Converge Mode :Normal
Time since last TC   :0 days 0h:12m:50s
Number of TC   :13
Last TC occurred   :GigabitEthernet0/0/2
----[Port2(GigabitEthernet0/0/2)][FORWARDING]----
 Port Protocol   :Enabled
 Port Role   :Designated Port
 Port Priority   :128
 Port Cost(Dot1T) :Config=auto / Active=20000
 Designated Bridge/Port :32768.4c1f-cc83-4cc3 / 128.2
 Port Edged   :Config=default / Active=disabled
 Point-to-point   :Config=auto / Active=true
 Transit Limit   :147 packets/hello-time
 Protection Type   :None
 Port STP Mode   :MSTP
 Port Protocol Type :Config=auto / Active=dot1s
 BPDU Encapsulation :Config=stp / Active=stp
 PortTimes   :Hello 2s MaxAge 20s FwDly 15s RemHop 20
 TC or TCN send   :1
 TC or TCN received :0
 BPDU Sent   :353
    TCN: 0, Config: 0, RST: 0, MST: 353
 BPDU Received   :1
    TCN: 0, Config: 0, RST: 0, MST: 1
----[Port3(GigabitEthernet0/0/3)][FORWARDING]----
 Port Protocol   :Enabled
 Port Role   :Designated Port
 Port Priority   :128
 Port Cost(Dot1T) :Config=auto / Active=20000
 Designated Bridge/Port :32768.4c1f-cc83-4cc3 / 128.3
 Port Edged   :Config=default / Active=disabled
 Point-to-point   :Config=auto / Active=true
 Transit Limit   :147 packets/hello-time
 Protection Type   :None
 Port STP Mode   :MSTP
 Port Protocol Type :Config=auto / Active=dot1s
 BPDU Encapsulation :Config=stp / Active=stp
 PortTimes   :Hello 2s MaxAge 20s FwDly 15s RemHop 20
 TC or TCN send   :13
 TC or TCN received :2
 BPDU Sent   :1034

```
                 TCN: 0, Config: 0, RST: 0, MST: 1034
    BPDU Received           :3
                 TCN: 0, Config: 0, RST: 0, MST: 3
----[Port4(GigabitEthernet0/0/4)][FORWARDING]----
    Port Protocol          :Enabled
    Port Role              :Root Port
    Port Priority          :128
    Port Cost(Dot1T )      :Config=auto / Active=20000
    Designated Bridge/Port     :32768.4c1f-cc19-67a3 / 128.23
    Port Edged             :Config=default / Active=disabled
    Point-to-point         :Config=auto / Active=true
    Transit Limit          :147 packets/hello-time
    Protection Type        :None
    Port STP Mode          :MSTP
    Port Protocol Type     :Config=auto / Active=dot1s
    BPDU Encapsulation     :Config=stp / Active=stp
    PortTimes              :Hello 2s MaxAge 20s FwDly 15s RemHop 20
    TC or TCN send         :13
    TC or TCN received     :4
    BPDU Sent              :14
                 TCN: 0, Config: 0, RST: 0, MST: 14
    BPDU Received          :1039
                 TCN: 0, Config: 0, RST: 0, MST: 1039
```

我们可以通过命令将其改为运行快速生成树协议。打开 106 接入层交换机，具体配置命令如下：

```
<Huawei>sys
[Huawei]stp mode rstp
[Huawei]dis stp
----[Port1(Ethernet0/0/1)][FORWARDING]----
    Port Protocol          :Enabled
    Port Role              :Designated Port
    Port Priority          :128
    Port Cost(Dot1T )      :Config=auto / Active=200000
    Designated Bridge/Port     :32768.4c1f-cc8e-13aa / 128.1
    Port Edged             :Config=default / Active=disabled
    Point-to-point         :Config=auto / Active=true
    Transit Limit          :147 packets/hello-time
    Protection Type        :None
    Port STP Mode          :RSTP
    Port Protocol Type     :Config=auto / Active=dot1s
    BPDU Encapsulation     :Config=stp / Active=stp
    PortTimes              :Hello 2s MaxAge 20s FwDly 15s RemHop 20
    TC or TCN send         :2
    TC or TCN received     :0
    BPDU Sent              :213
                 TCN: 0, Config: 0, RST: 213, MST: 0
```

```
BPDU Received          :0
          TCN: 0, Config: 0, RST: 0, MST: 0
```

我们可以看到，此时"Port STP Mode:RSTP"表明运行的生成树协议已经变成了 RSTP，也就是快速生成树协议。

3.8.2　任务 3.19　配置服务器群组三层交换机到核心交换机间的端口聚合

在校园网中通常会部署多台服务器，这些服务器访问量较大，一般直接连接在核心层交换机上以便数据包可以快速转发，但核心层交换机端口数量也是有限的。例如，此时核心层交换机只剩 2 个端口，而服务器却有 4 台，虽然我们可以加 1 台二层交换机进行交换机的级联，让服务器都能够接入核心层交换机，但级联交换机之间的级联链路将成为数据传输的瓶颈，极大地影响网络的性能。这时候我们可以采用支持端口聚合的交换机，采用端口聚合成倍地提高级联链路的带宽。

我们打开上一个任务保存的工程文件"base-p8-t1.topo"，另存为"base-p8-t2.topo"，开始本次任务。首先再加入 1 台二层交换机 S3700，将此交换机的 GigabitEthernet 0/0/1 和 GigabitEthernet 0/0/2 口与核心层交换机 GigabitEthernet 0/0/6 和 GigabitEthernet 0/0/7 口相连；再加入 3 台服务器，这些服务器的以太网端口与二层交换机 S3700 任意端口连接，如图 3-51 所示。接下来将服务器的 IP 地址配置在 192.168.6.0/24 网段，这里从上到下服务器的 IP 地址分别为 192.168.6.1/24、192.168.6.2/24、192.168.6.3/24，网关为 192.168.6.254/24，如图 3-52 所示。

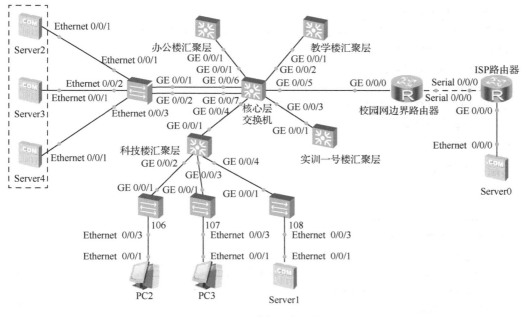

图 3-51　增加服务器组

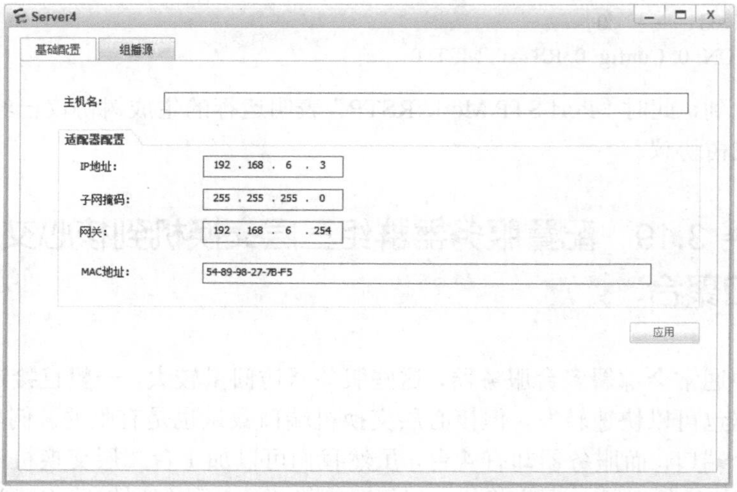

图 3-52　新加入服务器的 IP 地址

　　我们打开核心层交换机和二层交换机 S3700 开始端口聚合的配置，在华为 eNSP 模拟器的设备中端口聚合又被称为以太网通道技术。具体的配置命令行如下。

　　核心层交换机：

```
<hexingceng>sys
Enter system view, return user view with Ctrl+Z.
[hexingceng]int Eth-Trunk 1
[hexingceng-Eth-Trunk1]trunkport GigabitEthernet 0/0/6 to 0/0/7
Info: This operation may take a few seconds. Please wait for a moment...done.
[hexinceng-Eth-Trunk1]
Apr 23 2019 11:47:22-08:00 hexinceng %%01IFNET/4/IF_STATE(l)[0]:Interface Eth-Tr
unk1 has turned into UP state.
[hexingceng-Eth-Trunk1]quit
[hexingceng]int vlan 1
[hexingceng-Vlanif1]ip add 192.168.6.254 255.255.255.0
[hexingceng-Vlanif1]quit
[hexingceng]
```

　　二层交换机 S3700：

```
<Huawei>system-view
Enter system view, return user view with Ctrl+Z.
[Huawei]sysname server-sw
[server-sw]int Eth-Trunk 1
[server-sw-Eth-Trunk1]trunkport GigabitEthernet 0/0/1 to 0/0/2
[server-sw-Eth-Trunk1]port link-type access
[server-sw-Eth-Trunk1]quit
[server-sw]
```

以上配置结束后，我们可以通过 "display interface Eth-Trunk" 命令查看端口聚合当前的配置和状态。回到核心层交换机的 CLI 界面，使用 "display interface Eth-Trunk" 命令，具体配置如下：

```
<hexinceng>display interface Eth-Trunk
Eth-Trunk1 current state : UP
Line protocol current state : UP
Description:
Switch Port, PVID :          1, Hash arithmetic : According to SIP-XOR-DIP,Maximal BW:
 2G, Current BW: 2G, The Maximum Frame Length is 9216
IP Sending Frames' Format is PKTFMT_ETHNT_2, Hardware address is 4c1f-cc7c-55e4
Current system time: 2019-04-23 14:02:19-08:00
      Input bandwidth utilization   :      0%
      Output bandwidth utilization :      0%
--------------------------------------------------------
PortName                          Status      Weight
--------------------------------------------------------
GigabitEthernet0/0/6              UP          1
GigabitEthernet0/0/7              UP          1
--------------------------------------------------------
The Number of Ports in Trunk : 2
The Number of UP Ports in Trunk : 2
```

从以上结果中我们可以看到，在核心层交换机上端口 GigabitEthernet 0/0/6 和 GigabitEthernet 0/0/7 都被划入了第一通道（Eth-Trunk= 1），在 eth-trunk1 以下的 Ports Name 条目中我们也可以看到第一通道中有以上两个端口并且状态都为 UP。

我们再打开核心交换机，测试服务器可以和网关 192.168.6.254 正常通信，具体配置如下：

```
[hexinceng]ping 192.168.6.1
   PING 192.168.6.1: 56    data bytes, press CTRL_C to break
     Reply from 192.168.6.1: bytes=56 Sequence=1 ttl=255 time=30 ms
     Reply from 192.168.6.1: bytes=56 Sequence=2 ttl=255 time=50 ms
     Reply from 192.168.6.1: bytes=56 Sequence=3 ttl=255 time=30 ms
     Reply from 192.168.6.1: bytes=56 Sequence=4 ttl=255 time=10 ms
     Reply from 192.168.6.1: bytes=56 Sequence=5 ttl=255 time=20 ms

   --- 192.168.6.1 ping statistics ---
     5 packet(s) transmitted
     5 packet(s) received
     0.00% packet loss
     round-trip min/avg/max = 10/28/50 ms
```

3.9 项目 9 通过配置端口安全策略提高接入层安全性

3.9.1 任务 3.20 配置科技楼接入层交换机的端口安全

打开上一个任务保存的工程文件"base-p8-t2.topo"，另存为"base-p9-t1.topo"。为了防止在 106 机房私接交换机，本次任务将在 106 交换机上配置端口安全。打开 106 交换机的配置界面，配置 106 交换机端口安全，让交换机的 Access 端口（2～22 口）只能接入一个终端，如图 3-53 所示。

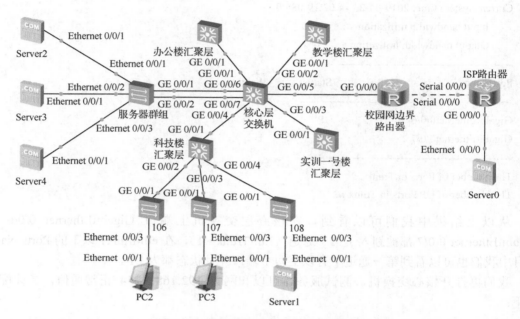

图 3-53　配置端口安全的接入层交换机

具体命令行如下：

```
<SW106>sys
Enter system view, return user view with Ctrl+Z.
[SW106]port-group vlan106
[SW106-port-group-vlan106]port-security enable
[SW106-port-group-vlan106]port-security mac-address sticky
[SW106-port-group-vlan106]port-security max-mac-num 1
[SW106-port-group-vlan106]port-security protect-action shutdown
```

我们可以进一步通过实验验证端口安全是否有效。加入 1 台二层交换机和 2 台 PC，将新加入的交换机 Ethernet 0/0/1 口连到 106 交换机的 Ethernet 0/0/4 口，将 2 台 PC 分别与新加入交换机的 Ethernet 0/0/2、Ethernet 0/0/3 口相连，并将 2 台 PC 的 IP 地址分别配置为172.18.16.101/24 和 172.18.16.102/24，依次去 ping 172.18.16.1，如图 3-54 所示。

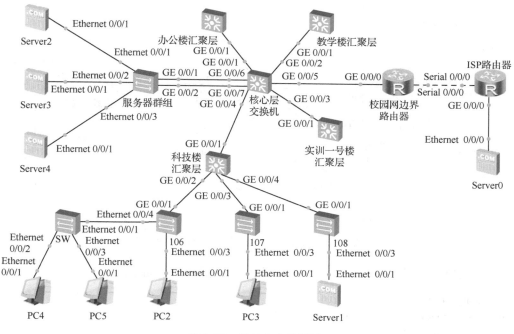

图 3-54　端口安全的测试

在操作的过程中我们可以发现，PC4 先能够 ping 通 172.18.16.1，而之后 PC5 就 ping 不通 172.18.16.1。与此同时，106 交换机的 Ethernet 0/0/4 口在端口安全的作用下被自动关闭。

3.10　项目 10　通过访问控制列表实现校园网访问控制策略

3.10.1　任务 3.21　配置校园网访问控制列表

打开上一个任务保存的工程文件"base-p9-t1.topo"，另存为"base-p10-t1.topo"。我们在上次任务的基础上为校园网配置一些 ACL，达到实现校园网安全访问的目的。

1．安全访问校园网的需求

（1）办公楼中所有的终端不可访问校园网外部的服务器 Server0 的 HTTP 服务，其他访问不受限制；

（2）科技楼中 106 机房的所有终端不可访问校园网的其他任何网段；

（3）科技楼 107 机房的所有终端仅可以和 108 机房的所有终端互访；

（4）科技楼 108 机房不可访问校园网中的 Server3 和 Server4 服务器的 HTTP 服务，其他不受影响。

2．具体的配置命令

（1）针对需求（1）的配置命令。分析以上的需求后，针对需求（1）可以在办公楼汇聚层交换机上新建一个高级 ACL bangonglou，并将此列表应用在办公楼汇聚层和核心层交换机互连的接口 GigabitEthernet 0/0/1 上，如图 3-55 所示。

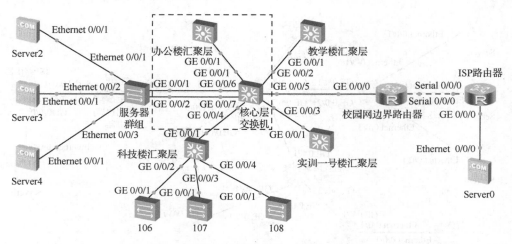

图 3-55　将要配置并应用 ACL 的交换机

打开办公楼汇聚层交换机命令行界面，具体的配置命令行如下：

```
<bangonglou>sys
Enter system view, return user view with Ctrl+Z.
[bangonglou]acl 3000
[bangonglou-acl-adv-3000]rule 10 deny tcp source any destination 110.0.0.1 0.0.0.0 destination-port eq 80
[bangonglou-acl-adv-3000]rule 20 permit ip source any destination any
 [bangonglou-acl-adv-3000]quit
[bangonglou]int g0/0/1
[bangonglou-GigabitEthernet0/0/1]traffic-filter outbound acl 3000
```

（2）针对需求（2）的配置命令。针对需求（2）可以在科技楼汇聚层交换机上新建一个基本 ACL，并将此列表应用在科技楼汇聚层交换机的 VLAN 106 的 SVI 口上。打开科技楼交换机的命令行界面，具体配置命令行如下：

```
<kejilou>sys
Enter system view, return user view with Ctrl+Z.
[kejilou]acl 2000
[kejilou-acl-basic-2000]rule 10 deny source 172.18.16.0 0.0.0.255
[kejilou-acl-basic-2000]quit
[kejilou]traffic-filter vlan 106 inbound acl 2000
```

（3）针对需求（3）的配置命令。针对需求（3）可以在科技楼汇聚层交换机上新建一个高级 ACL，并将此列表应用在科技楼汇聚层交换机的 VLAN 107 的 SVI 口上。打开科技楼交换机的命令行界面，具体配置命令行如下：

```
<kejilou>sys
Enter system view, return user view with Ctrl+Z.
[kejilou]acl 3000
[kejilou-acl-adv-3000]rule 10 permit ip source 172.18.17.0 0.0.0.255   destination 172.18.18.0 0.0.0.255
[kejilou-acl-adv-3000]rule deny ip source any destination any
[kejilou-acl-adv-3000]quit
[kejilou]traffic-filter vlan 107 inbound acl 3000
```

（4）针对需求（4）的配置命令。针对需求（4）可以在科技楼汇聚层交换机上新建一个高级 ACL，并将此列表应用在科技楼汇聚层交换机的 VLAN 108 的 SVI 口上。打开科技楼交换机的命令行界面，具体配置命令行如下：

```
<kejilou>system-view
Enter system view, return user view with Ctrl+Z.
[kejilou]acl 3001
[kejilou-acl-adv-3001]rule 10 deny tcp source 172.18.18.0 0.0.0.255 destination 192.168.6.2 0.0.0.0
destination-port eq 80
[kejilou-acl-adv-3001]rule 20 deny tcp source 172.18.18.0 0.0.0.255 destination 192.168.6.3 0.0.0.0
destination-port eq 80
[kejilou-acl-adv-3001]rule 30 permit ip source any destination any
[kejilou-acl-adv-3001]quit
[kejilou]traffic-filter vlan 108 inbound acl 3001
```

3.10.2　任务 3.22　南信院校园网 ACL 案例分析

在南信院，办公楼主要是行政人员的工作区域，财务处的工作人员也集中在办公楼办公。同时，为方便维护，财务处的服务器也放置在办公楼。由于这两个服务器中数据安全性很高，所以只允许相关人员能够访问财务服务器。除了通过服务器数据安全控制财务数据访问以外，在网络控制方面，由于财务服务器直接连接在办公楼汇聚层交换机华为 S5700 的 GE 0/0/1 接口，实际使用中我们定义了访问控制列表，在服务器所接的华为 S5700 交换机对应接口上应用即可控制人员对该服务器的访问，如图 3-56 所示。

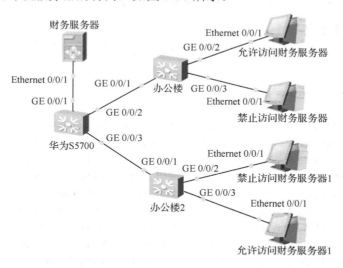

图 3-56　办公楼财务服务器 ACL 需求描述

科技楼上网用户除使用固定台式计算机以外，还存在使用自带笔记本计算机的情况，例如来学院考察和进行交流的人员自带笔记本计算机，学院不负责维护，所以存在病毒传播威胁。因此，需要在办公楼华为 S5700 三层交换机上定义 ACL 列表，过滤常见的病毒传播使用的端口，如表 3-11 所示，最大限度地阻止病毒在校园网的传播。

表 3-11 常见病毒传播使用的端口

病 毒 名 称	TCP 端口	UDP 端口
Blaster 蠕虫	4444	69
冲击波病毒	135～139、445、593	135～139、445、593
震荡波病毒	445、5554、9995、9996	
SQL Server 病毒	1434	1434

配置方法与步骤介绍如下。

1. 财务处服务器的访问控制策略定义

（1）定义 ACL。由于允许指定源 IP 地址对服务器进行访问，所以定义基本 ACL 即可。

```
<bangonglou>sys
Enter system view, return user view with Ctrl+Z.
[bangonglou]acl 2001
[bangonglou-acl-basic-2001]rule permit source 222.192.249.224 0.0.0.31
！222.192.249.224/27 是办公楼财务处人员办公计算机的网络地址，作为源地址允许访问财务服务器
[bangonglou-acl-basic-2001]rule deny source any
！将其他源地址数据过滤
[bangonglou-acl-basic-2001]quit
```

（2）将定义的 ACL 在交换机对应的接口 inbound 方向进行应用。

```
[bangonglou]int g0/0/1
[bangonglou-GigabitEthernet0/0/1]traffic-filter inbound acl 2001
```

2. 防病毒策略定义

（1）定义访问控制列表。只对病毒传播端口进行过滤，允许其他所有数据包通过。

```
<kejilou>sys
Enter system view, return user view with Ctrl+Z.
[kejilou]acl 3001
kejilou-acl-adv-3001]rule deny tcp source any destination any    destination-port eq 4444
[kejilou-acl-adv-3001]rule deny tcp source any destination any   destination-port range 135 139
kejilou-acl-adv-3001]rule deny tcp source any destination any    destination-port eq 445
kejilou-acl-adv-3001]rule deny tcp source any destination any    destination-port eq 593
kejilou-acl-adv-3001]rule deny tcp source any destination any    destination-port eq 4444
kejilou-acl-adv-3001]rule deny tcp source any destination any    destination-port eq 5554
kejilou-acl-adv-3001]rule deny tcp source any destination any    destination-port range 9995 9996
kejilou-acl-adv-3001]rule deny tcp source any destination any    destination-port eq 1434
kejilou-acl-adv-3001]rule deny udp source any destination any    destination-port eq 69
kejilou-acl-adv-3001]rule deny udp source any destination any    destination-port range 135 139
kejilou-acl-adv-3001]rule deny udp source any destination any    destination-port eq 445
kejilou-acl-adv-3001]rule deny udp source any destination any    destination-port eq 593
kejilou-acl-adv-3001]rule deny udp source any destination any    destination-port eq 1434
[kejilou-acl-adv-3001]rule permit ip source any destination any
```

（2）将已定义的 ACL 应用到华为 S5700 对应的接口。国际交流中心三层交换机与二层交换机的接口为 S5700 交换机的 GigabitEthernet 0/0/2 和 GigabitEthernet 0/0/3 接口。

```
[kejilou]int GigabitEthernet 0/0/3
[kejilou-GigabitEthernet0/0/3]traffic-filter inbound acl 3001
[kejilou]int GigabitEthernet 0/0/4
[kejilou-GigabitEthernet0/0/3]traffic-filter inbound acl 3001
```

3.11　项目 11　通过 IPSec VPN 实现分校区与主校区的互通

3.11.1　任务 3.23　通过 IPSec VPN 实现古平岗校区和仙林校区的互通

打开上一个任务保存的工程文件 "base-p10-t1.topo"，另存为 "base-p11-t1.topo"。本次实验我们将增加一些设备，并配置古平岗校区和仙林校区之间的数据加密传输。首先加入 1 台 2811 路由器并改名为古平岗校区边界路由器，如图 3-57 所示。

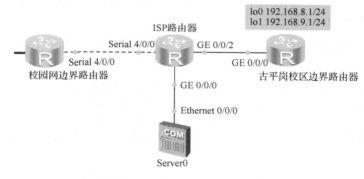

图 3-57　校区间通过 IPSec 互通

本次任务我们将通过配置 IPSec VPN，从而实现仙林校区的 172.18.0.0 网段、192.168.6.0 网段和古平岗校区的 192.168.8.0 网段、192.168.9.0 网段之间的数据加密传输。

首先在古平岗校区边界路由器上启用两个 Loopback 口，模拟古平岗校区的网段，IP 地址分别为 192.168.8.1/24 和 192.168.9.1/24。打开古平岗校区边界路由器的 CLI 命令行界面，具体的配置命令行如下：

```
<Huawei>sys
Enter system view, return user view with Ctrl+Z.
[Huawei]int lo0
[Huawei-LoopBack0]ip add 192.168.8.1 255.255.255.0
[Huawei-LoopBack0]quit
[Huawei]int lo1
[Huawei-LoopBack1]ip add 192.168.9.1 255.255.255.0
[Huawei-LoopBack1]quit
```

在古平岗边界路由器上配置相关命令，使得古平岗校区和仙林校区可以互通，具体的配置命令行如下：

```
[Huawei]int g0/0/0
[Huawei-GigabitEthernet0/0/0]ip add 200.0.0.2 255.255.255.0
[Huawei-GigabitEthernet0/0/0]quit
[Huawei]ip route-static 0.0.0.0 0.0.0.0 200.0.0.1
```

ISP 路由器的配置命令行如下：

```
<isprouter>sys
Enter system view, return user view with Ctrl+Z.
[isprouter]int g0/0/2
[isprouter-GigabitEthernet0/0/2]ip add 200.0.0.1 255.255.255.0
[isprouter-GigabitEthernet0/0/2]quit
```

配置校园网边界路由器访问控制列表来抓取感兴趣的流量，具体的配置命令行如下：

```
[Huawei]acl 3500
[Huawei-acl-adv-3500]rule 10 permit ip source 192.168.6.0 0.0.0.255 destination 192.168.8.0 0.0.0.255
[Huawei-acl-adv-3500]rule 20 permit ip source 192.168.6.0 0.0.0.255 destination 192.168.9.0 0.0.0.255
[Huawei-acl-adv-3500]rule 30 permit ip source 172.18.0.0 0.0.255.255 destination 192.168.8.0 0.0.0.255
[Huawei-acl-adv-3500]rule 40 permit ip source 172.18.0.0 0.0.255.255 destination 192.168.9.0 0.0.0.255
[Huawei-acl-adv-3500]quit
```

配置古平岗校区边界路由器访问控制列表，具体的配置命令行如下：

```
[Huawei]acl 3500
[Huawei-acl-adv-3500]rule 10 permit ip source 192.168.8.0 0.0.0.255 destination 192.168.6.0 0.0.0.255
[Huawei-acl-adv-3500]rule 20 permit ip source 192.168.8.0 0.0.0.255 destination 172.18.0.0 0.0.255.255
[Huawei-acl-adv-3500]rule 30 permit ip source 192.168.9.0 0.0.0.255 destination 192.168.6.0 0.0.0.255
[Huawei-acl-adv-3500]rule 40 permit ip source 192.168.9.0 0.0.0.255 destination 172.18.0.0 0.0.255.255
[Huawei-acl-adv-3500]quit
```

配置校园网边界路由器的 IPSec VPN，具体的配置命令行如下：

```
[Huawei]ike proposal 10
[Huawei-ike-proposal-10]encryption-algorithm 3des
[Huawei-ike-proposal-10]authentication-algorithm md5
[Huawei-ike-proposal-10]dh group1
[Huawei-ike-proposal-10]authentication-method pre-share
[Huawei-ike-proposal-10]quit
[Huawei]ike peer 20 v1
[Huawei-ike-peer-20]pre-shared-key simple huawei
[Huawei-ike-peer-20]ike-proposal 10
[Huawei-ike-peer-20]remote-address 200.0.0.2
[Huawei-ike-peer-20]quit
[Huawei]ipsec proposal hw
[Huawei-ipsec-proposal-hw]esp encryption-algorithm des
[Huawei-ipsec-proposal-hw]esp authentication-algorithm md5
[Huawei-ipsec-proposal-hw]quit
[Huawei]ipsec policy HW 10 isakmp
[Huawei-ipsec-policy-isakmp-HW-10]ike-peer 20
[Huawei-ipsec-policy-isakmp-HW-10]security acl 3500
```

```
[Huawei-ipsec-policy-isakmp-HW-10]proposal hw
[Huawei-ipsec-policy-isakmp-HW-10]quit
[Huawei]int s0/0/0
[Huawei-Serial0/0/0]ipsec policy HW
[Huawei-Serial0/0/0]quit
```

配置古平岗校区边界路由器，具体的配置命令行如下：

```
[Huawei]ike proposal 10
[Huawei-ike-proposal-10]authentication-algorithm md5
[Huawei-ike-proposal-10]encryption-algorithm 3des
[Huawei-ike-proposal-10]dh group1
[Huawei-ike-proposal-10]authentication-method pre-share
[Huawei-ike-proposal-10]quit
[Huawei]ike peer 20 v1
[Huawei-ike-peer-20]pre-shared-key simple huawei
[Huawei-ike-peer-20]ike-proposal 10
[Huawei-ike-peer-20]remote-address 220.0.0.1
[Huawei-ike-peer-20]quit
[Huawei]ipsec proposal hw
[Huawei-ipsec-proposal-hw]esp authentication-algorithm md5
[Huawei-ipsec-proposal-hw]esp encryption-algorithm des
[Huawei-ipsec-proposal-hw]quit
[Huawei]ipsec policy HW 10 isakmp
[Huawei-ipsec-policy-isakmp-HW-10]security acl 3500
[Huawei-ipsec-policy-isakmp-HW-10]ike-peer 20
[Huawei-ipsec-policy-isakmp-HW-10]proposal hw
[Huawei-ipsec-policy-isakmp-HW-10]quit
[Huawei]int g0/0/0
[Huawei-GigabitEthernet0/0/0]ipsec policy HW
[Huawei-GigabitEthernet0/0/0]quit
```

修改校园网边界出口路由器原 NAT 的访问控制列表，具体的配置命令如下：

```
[Huawei]int s0/0/0
[Huawei-Serial0/0/0]undo nat outbound 2000 address-group 1
[Huawei-Serial0/0/0]quit
[Huawei]undo acl 2000
[Huawei]acl 3000
[Huawei-acl-adv-3000]rule 10 deny ip source 192.168.6.0 0.0.0.255 destination 192.168.8.0 0.0.0.255
[Huawei-acl-adv-3000]rule 20 deny ip source 192.168.6.0 0.0.0.255 destination 192.168.9.0 0.0.0.255
[Huawei-acl-adv-3000]rule 30 deny ip source 172.18.0.0 0.0.255.255 destination 192.168.8.0 0.0.0.255
[Huawei-acl-adv-3000]rule 40 deny ip source 172.18.0.0 0.0.255.255 destination 192.168.9.0 0.0.0.255
[Huawei-acl-adv-3000]rule 100 permit ip source any destination any
[Huawei-acl-adv-3000]quit
[Huawei]int s0/0/0
[Huawei-Serial0/0/0]nat outbound 3000 address-group 1
[Huawei-Serial0/0/0]quit
```

为了测试现象，在核心层交换机上增加 OSPF 配置，具体命令如下：

```
[hexinceng]ospf 10
[hexinceng-ospf-10]area 0
[hexinceng-ospf-10-area-0.0.0.0]network 192.168.6.0 0.0.0.255
[hexinceng-ospf-10-area-0.0.0.0]quit
```

在古平岗校区边界路由器上带源地址进行 ping 仙林校区的服务器，具体命令如下：

```
[Huawei]ping -a 192.168.8.1 192.168.6.2
  PING 192.168.6.2: 56   data bytes, press CTRL_C to break
    Reply from 192.168.6.2: bytes=56 Sequence=1 ttl=254 time=70 ms
    Reply from 192.168.6.2: bytes=56 Sequence=2 ttl=254 time=60 ms
    Reply from 192.168.6.2: bytes=56 Sequence=3 ttl=254 time=60 ms
    Reply from 192.168.6.2: bytes=56 Sequence=4 ttl=254 time=50 ms
    Reply from 192.168.6.2: bytes=56 Sequence=5 ttl=254 time=50 ms

  --- 192.168.6.2 ping statistics ---
    5 packet(s) transmitted
    5 packet(s) received
    0.00% packet loss
    round-trip min/avg/max = 50/58/70 ms
```

查看古平岗校区边界路由器上的 sa，具体命令如下：

```
[Huawei]dis ike sa
    Conn-ID  Peer           VPN    Flag(s)              Phase
    -------------------------------------------------------------
        5    220.0.0.1      0      RD|ST                2
        4    220.0.0.1      0      RD|ST                2
        3    220.0.0.1      0      RD|ST                2
        2    220.0.0.1      0      RD                   2
        1    220.0.0.1      0      RD                   1

    Flag Description:
    RD--READY    ST--STAYALIVE    RL--REPLACED    FD--FADING    TO--TIMEOUT
    HRT--HEARTBEAT    LKG--LAST KNOWN GOOD SEQ NO.    BCK--BACKED UP

[Huawei]dis ipsec sa

    ===============================
    Interface: GigabitEthernet0/0/0
     Path MTU: 1500
    ===============================

    -----------------------------
     IPSec policy name: "HW"
     Sequence number   : 10
     Acl Group         : 3500
     Acl rule          : 10
     Mode              : ISAKMP
```

```
-----------------------------
    Connection ID      : 2
    Encapsulation mode: Tunnel
    Tunnel local       : 200.0.0.2
    Tunnel remote      : 220.0.0.1
    Flow source        : 192.168.8.0/255.255.255.0 0/0
    Flow destination   : 192.168.6.0/255.255.255.0 0/0
    Qos pre-classify   : Disable

    [Outbound ESP SAs]
      SPI: 963072365 (0x3967516d)
      Proposal: ESP-ENCRYPT-DES-64 ESP-AUTH-MD5
      SA remaining key duration (bytes/sec): 1887221760/2874
      Max sent sequence-number: 10
      UDP encapsulation used for NAT traversal: N

    [Inbound ESP SAs]
      SPI: 3858803477 (0xe600ab15)
      Proposal: ESP-ENCRYPT-DES-64 ESP-AUTH-MD5
      SA remaining key duration (bytes/sec): 1887436380/2874
      Max received sequence-number: 5
      Anti-replay window size: 32
      UDP encapsulation used for NAT traversal: N

-----------------------------
IPSec policy name: "HW"
Sequence number    : 10
Acl Group          : 3500
Acl rule           : 20
Mode               : ISAKMP
-----------------------------
    Connection ID      : 3
    Encapsulation mode: Tunnel
    Tunnel local       : 200.0.0.2
    Tunnel remote      : 220.0.0.1
    Flow source        : 192.168.8.0/255.255.255.0 0/0
    Flow destination   : 172.18.0.0/255.255.0.0 0/0
    Qos pre-classify   : Disable

    [Outbound ESP SAs]
      SPI: 3052465598 (0xb5f0edbe)
      Proposal: ESP-ENCRYPT-DES-64 ESP-AUTH-MD5
      SA remaining key duration (bytes/sec): 1887329280/2875
      Max sent sequence-number: 5
      UDP encapsulation used for NAT traversal: N

    [Inbound ESP SAs]
      SPI: 2104621009 (0x7d71f7d1)
```

```
                  Proposal: ESP-ENCRYPT-DES-64 ESP-AUTH-MD5
                  SA remaining key duration (bytes/sec): 1887436380/2875
                  Max received sequence-number: 5
                  Anti-replay window size: 32
                  UDP encapsulation used for NAT traversal: N


         ---------------------------
         IPSec policy name: "HW"
         Sequence number   : 10
         Acl Group          : 3500
         Acl rule           : 30
         Mode                : ISAKMP
         ---------------------------
            Connection ID      : 4
            Encapsulation mode: Tunnel
            Tunnel local       : 200.0.0.2
            Tunnel remote      : 220.0.0.1
            Flow source        : 192.168.9.0/255.255.255.0 0/0
            Flow destination   : 192.168.6.0/255.255.255.0 0/0
            Qos pre-classify   : Disable

            [Outbound ESP SAs]
              SPI: 3236598428 (0xc0ea929c)
              Proposal: ESP-ENCRYPT-DES-64 ESP-AUTH-MD5
              SA remaining key duration (bytes/sec): 1887436800/2875
              Max sent sequence-number: 0
              UDP encapsulation used for NAT traversal: N

            [Inbound ESP SAs]
              SPI: 4001739536 (0xee85b310)
              Proposal: ESP-ENCRYPT-DES-64 ESP-AUTH-MD5
              SA remaining key duration (bytes/sec): 1887436800/2875
              Max received sequence-number: 0
              Anti-replay window size: 32
              UDP encapsulation used for NAT traversal: N


         ---------------------------
         IPSec policy name: "HW"
         Sequence number   : 10
         Acl Group          : 3500
         Acl rule           : 40
         Mode                : ISAKMP
         ---------------------------
            Connection ID      : 5
            Encapsulation mode: Tunnel
            Tunnel local       : 200.0.0.2
            Tunnel remote      : 220.0.0.1
            Flow source        : 192.168.9.0/255.255.255.0 0/0
```

```
  Flow destination   : 172.18.0.0/255.255.0.0 0/0
  Qos pre-classify   : Disable

  [Outbound ESP SAs]
    SPI: 4199161944 (0xfa4a2058)
    Proposal: ESP-ENCRYPT-DES-64 ESP-AUTH-MD5
    SA remaining key duration (bytes/sec): 1887436800/2875
    Max sent sequence-number: 0
    UDP encapsulation used for NAT traversal: N

  [Inbound ESP SAs]
    SPI: 1039674914 (0x3df82e22)
    Proposal: ESP-ENCRYPT-DES-64 ESP-AUTH-MD5
    SA remaining key duration (bytes/sec): 1887436800/2875
    Max received sequence-number: 0
    Anti-replay window size: 32
    UDP encapsulation used for NAT traversal: N
```

查看校园网边界路由器上的 sa，具体命令如下：

```
[Huawei]dis ike sa
    Conn-ID   Peer            VPN    Flag(s)                 Phase
  --------------------------------------------------------------------
        25    200.0.0.2        0     RD                        2
        24    200.0.0.2        0     RD                        2
        23    200.0.0.2        0     RD                        2
        22    200.0.0.2        0     RD|ST                     2
        21    200.0.0.2        0     RD|ST                     1

  Flag Description:
  RD--READY    ST--STAYALIVE    RL--REPLACED    FD--FADING    TO--TIMEOUT
  HRT--HEARTBEAT    LKG--LAST KNOWN GOOD SEQ NO.    BCK--BACKED UP


[Huawei]dis ipsec sa

  ===============================
  Interface: Serial0/0/0
   Path MTU: 1500
  ===============================


  ---------------------------
  IPSec policy name: "HW"
  Sequence number  : 10
  Acl Group        : 3500
  Acl rule         : 10
  Mode             : ISAKMP
  ----------------------------
    Connection ID    : 22
    Encapsulation mode: Tunnel
```

```
   Tunnel local         : 220.0.0.1
   Tunnel remote        : 200.0.0.2
   Flow source            : 192.168.6.0/255.255.255.0 0/0
   Flow destination     : 192.168.8.0/255.255.255.0 0/0
   Qos pre-classify     : Disable

 [Outbound ESP SAs]
    SPI: 3858803477 (0xe600ab15)
    Proposal: ESP-ENCRYPT-DES-64 ESP-AUTH-MD5
    SA remaining key duration (bytes/sec): 1887329280/2832
    Max sent sequence-number: 5
    UDP encapsulation used for NAT traversal: N

 [Inbound ESP SAs]
    SPI: 963072365 (0x3967516d)
    Proposal: ESP-ENCRYPT-DES-64 ESP-AUTH-MD5
    SA remaining key duration (bytes/sec): 1887435960/2832
    Max received sequence-number: 10
    Anti-replay window size: 32
    UDP encapsulation used for NAT traversal: N


 -----------------------------
 IPSec policy name: "HW"
 Sequence number    : 10
 Acl Group          : 3500
 Acl rule           : 20
 Mode               : ISAKMP
 -----------------------------
    Connection ID      : 24
    Encapsulation mode: Tunnel
    Tunnel local         : 220.0.0.1
    Tunnel remote        : 200.0.0.2
    Flow source            : 192.168.6.0/255.255.255.0 0/0
    Flow destination     : 192.168.9.0/255.255.255.0 0/0
    Qos pre-classify     : Disable

 [Outbound ESP SAs]
    SPI: 4001739536 (0xee85b310)
    Proposal: ESP-ENCRYPT-DES-64 ESP-AUTH-MD5
    SA remaining key duration (bytes/sec): 1887436800/2833
    Max sent sequence-number: 0
    UDP encapsulation used for NAT traversal: N

 [Inbound ESP SAs]
    SPI: 3236598428 (0xc0ea929c)
    Proposal: ESP-ENCRYPT-DES-64 ESP-AUTH-MD5
    SA remaining key duration (bytes/sec): 1887436800/2833
    Max received sequence-number: 0
```

```
        Anti-replay window size: 32
        UDP encapsulation used for NAT traversal: N


  ---------------------------
  IPSec policy name: "HW"
  Sequence number   : 10
  Acl Group         : 3500
  Acl rule          : 30
  Mode              : ISAKMP
  ---------------------------
     Connection ID       : 23
     Encapsulation mode: Tunnel
     Tunnel local        : 220.0.0.1
     Tunnel remote       : 200.0.0.2
     Flow source         : 172.18.0.0/255.255.0.0 0/0
     Flow destination    : 192.168.8.0/255.255.255.0 0/0
     Qos pre-classify    : Disable

     [Outbound ESP SAs]
        SPI: 2104621009 (0x7d71f7d1)
        Proposal: ESP-ENCRYPT-DES-64 ESP-AUTH-MD5
        SA remaining key duration (bytes/sec): 1887329280/2833
        Max sent sequence-number: 5
        UDP encapsulation used for NAT traversal: N

     [Inbound ESP SAs]
        SPI: 3052465598 (0xb5f0edbe)
        Proposal: ESP-ENCRYPT-DES-64 ESP-AUTH-MD5
        SA remaining key duration (bytes/sec): 1887436380/2833
        Max received sequence-number: 5
        Anti-replay window size: 32
        UDP encapsulation used for NAT traversal: N


  ---------------------------
  IPSec policy name: "HW"
  Sequence number   : 10
  Acl Group         : 3500
  Acl rule          : 40
  Mode              : ISAKMP
  ---------------------------
     Connection ID       : 25
     Encapsulation mode: Tunnel
     Tunnel local        : 220.0.0.1
     Tunnel remote       : 200.0.0.2
     Flow source         : 172.18.0.0/255.255.0.0 0/0
     Flow destination    : 192.168.9.0/255.255.255.0 0/0
     Qos pre-classify    : Disable
```

```
[Outbound ESP SAs]
    SPI: 1039674914 (0x3df82e22)
    Proposal: ESP-ENCRYPT-DES-64 ESP-AUTH-MD5
    SA remaining key duration (bytes/sec): 1887436800/2833
    Max sent sequence-number: 0
    UDP encapsulation used for NAT traversal: N

[Inbound ESP SAs]
    SPI: 4199161944 (0xfa4a2058)
    Proposal: ESP-ENCRYPT-DES-64 ESP-AUTH-MD5
    SA remaining key duration (bytes/sec): 1887436800/2833
    Max received sequence-number: 0
    Anti-replay window size: 32
    UDP encapsulation used for NAT traversal: N
```

3.11.2　任务 3.24　通过 GRE over IPSec 实现古平岗校区和仙林校区的互通

打开上一个任务保存的工程文件"base-p11-t1.topo"，另存为"base-p11-t2.topo"。本次实验我们将通过在古平岗校区和仙林校区之间建立隧道，并实现数据加密传输，以及使古平岗校区能够学习到仙林校区路由。

打开"base-p11-t1.topo"，如图 3-58 所示。

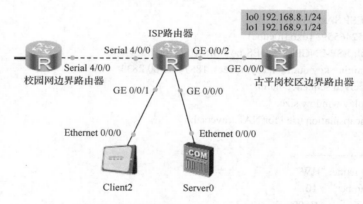

图 3-58　校区间通过 GRE over IPSec 互通

首先，我们在仙林校区校园网边界路由器和古平岗校区边界路由器上分别启用 tunnel 0/0/1，并配置 tunnel 0/0/1 的 IP 地址，将其宣告进 OSPF 进程。具体配置命令如下。

校园网边界路由器：

```
[Huawei]int tunnel0/0/1
[Huawei-Tunnel0/0/1]tunnel-protocol gre
[Huawei-Tunnel0/0/1]source s0/0/0
[Huawei-Tunnel0/0/1]destination 200.0.0.2
[Huawei-Tunnel0/0/1]ip add 192.168.100.1 255.255.255.0
```

```
        Apr 31 2019 12:29:49-08:00 Huawei %%01IFNET/4/LINK_STATE(l)[8]:The line protocol IP on the
interface Tunnel0/0/1 has entered the UP state.
        [Huawei-Tunnel0/0/1]quit
        [Huawei]ospf 10
        [Huawei-ospf-10]area 0
        [Huawei-ospf-10-area-0.0.0.0]network 192.168.100.0 0.0.0.255
        [Huawei-ospf-10-area-0.0.0.0]quit
```

古平岗校区边界路由器：

```
        [Huawei]int tunnel0/0/1
        [Huawei-Tunnel0/0/1]tunnel-protocol gre
        [Huawei-Tunnel0/0/1]source g0/0/0
        [Huawei-Tunnel0/0/1]destination 220.0.0.1
        [Huawei-Tunnel0/0/1]ip add 192.168.100.2 255.255.255.0
        Apr 31 2019 12:31:16-08:00 Huawei %%01IFNET/4/LINK_STATE(l)[0]:The line protocol IP on the
interface Tunnel0/0/1 has entered the UP state.
        [Huawei-Tunnel0/0/1]quit
        [Huawei]ospf 10
        [Huawei-ospf-10]area 0
        [Huawei-ospf-10-area-0.0.0.0]network 192.168.100.0 0.0.0.255
        [Huawei-ospf-10-area-0.0.0.0]network 192.168.8.0 0.0.0.255
        [Huawei-ospf-10-area-0.0.0.0]network 192.168.9.0 0.0.0.255
        [Huawei-ospf-10-area-0.0.0.0]quit
```

其次，我们需要修改校园网边界路由器和古平岗校区边界路由器的原 IPSec VPN 的访问控制列表，具体配置命令如下。

校园网边界路由器：

```
        [Huawei]acl 3500
        [Huawei-acl-adv-3500]undo rule 10
        [Huawei-acl-adv-3500]undo rule 20
        [Huawei-acl-adv-3500]undo rule 30
        [Huawei-acl-adv-3500]undo rule 40
        [Huawei-acl-adv-3500]rule 50 permit gre source 220.0.0.1 0.0.0.0 destination 200.0.0.2 0.0.0.0
        [Huawei-acl-adv-3500]quit
```

古平岗校区边界路由器：

```
        [Huawei]acl 3500
        [Huawei-acl-adv-3500]undo rule 10
        [Huawei-acl-adv-3500]undo rule 20
        [Huawei-acl-adv-3500]undo rule 30
        [Huawei-acl-adv-3500]undo rule 40
        [Huawei-acl-adv-3500]rule 50 permit gre source 200.0.0.2 0.0.0.0 destination 220.0.0.1 0.0.0.0
        [Huawei-acl-adv-3500]quit
```

最后，查看仙林校区校园网边界路由器和古平岗校区边界路由器的路由条目，会发现古平岗校区边界路由器已经学习到仙林校区校园网边界路由器的全网路由，并且是通过 tunnel 口；仙林校区校园网边界路由器也通过 tunnel 口学习到了古平岗校区边界路由器的路由条目。具体命令如下。

古平岗校区边界路由器：

```
[Huawei]dis ip routing-table
Route Flags: R - relay, D - download to fib
-------------------------------------------------------------------------------
Routing Tables: Public
                Destinations : 32        Routes : 32
```

Destination/Mask	Proto	Pre	Cost	Flags	NextHop	Interface
0.0.0.0/0	Static	60	0	RD	200.0.0.1	GigabitEthernet 0/0/0
10.0.0.1/32	OSPF	10	1564	D	192.168.100.1	Tunnel0/0/1
10.1.0.1/32	OSPF	10	1564	D	192.168.100.1	Tunnel0/0/1
127.0.0.0/8	Direct	0	0	D	127.0.0.1	InLoopBack0
127.0.0.1/32	Direct	0	0	D	127.0.0.1	InLoopBack0
127.255.255.255/32	Direct	0	0	D	127.0.0.1	InLoopBack0
172.18.16.0/24	OSPF	10	1565	D	192.168.100.1	Tunnel0/0/1
172.18.17.0/24	OSPF	10	1565	D	192.168.100.1	Tunnel0/0/1
172.18.18.0/24	OSPF	10	1565	D	192.168.100.1	Tunnel0/0/1
192.168.1.0/24	O_ASE	150	1	D	192.168.100.1	Tunnel0/0/1
192.168.2.0/24	O_ASE	150	1	D	192.168.100.1	Tunnel0/0/1
192.168.3.0/24	O_ASE	150	1	D	192.168.100.1	Tunnel0/0/1
192.168.4.0/24	O_ASE	150	1	D	192.168.100.1	Tunnel0/0/1
192.168.5.0/24	OSPF	10	1563	D	192.168.100.1	Tunnel0/0/1
192.168.6.0/24	OSPF	10	1564	D	192.168.100.1	Tunnel0/0/1
192.168.8.0/24	Direct	0	0	D	192.168.8.1	LoopBack0
192.168.8.1/32	Direct	0	0	D	127.0.0.1	LoopBack0
192.168.8.255/32	Direct	0	0	D	127.0.0.1	LoopBack0
192.168.9.0/24	Direct	0	0	D	192.168.9.1	LoopBack1
192.168.9.1/32	Direct	0	0	D	127.0.0.1	LoopBack1
192.168.9.255/32	Direct	0	0	D	127.0.0.1	LoopBack1
192.168.100.0/24	Direct	0	0	D	192.168.100.2	Tunnel0/0/1
192.168.100.2/32	Direct	0	0	D	127.0.0.1	Tunnel0/0/1
192.168.100.255/32	Direct	0	0	D	127.0.0.1	Tunnel0/0/1
200.0.0.0/24	Direct	0	0	D	200.0.0.2	GigabitEthernet 0/0/0
200.0.0.2/32	Direct	0	0	D	127.0.0.1	GigabitEthernet 0/0/0
200.0.0.255/32	Direct	0	0	D	127.0.0.1	GigabitEthernet 0/0/0
222.192.255.0/30	O_ASE	150	1	D	192.168.100.1	Tunnel0/0/1
222.192.255.4/30	O_ASE	150	1	D	192.168.100.1	Tunnel0/0/1
222.192.255.8/30	OSPF	10	1564	D	192.168.100.1	Tunnel0/0/1
222.192.255.16/30	OSPF	10	1564	D	192.168.100.1	Tunnel0/0/1
255.255.255.255/32	Direct	0	0	D	127.0.0.1	InLoopBack0

仙林校区校园网边界路由器：

```
[Huawei]dis ip routing-table
Route Flags: R - relay, D - download to fib
------------------------------------------------------------------------------
Routing Tables: Public
         Destinations : 41        Routes : 41

Destination/Mask      Proto   Pre   Cost      Flags NextHop          Interface

        0.0.0.0/0     Static  60    0         RD    220.0.0.254      Serial0/0/0
       10.0.0.1/32    OSPF    10    2         D     192.168.5.2      GigabitEthernet0/0/0
       10.1.0.1/32    OSPF    10    2         D     192.168.5.2      GigabitEthernet0/0/0
      127.0.0.0/8     Direct  0     0         D     127.0.0.1        InLoopBack0
      127.0.0.1/32    Direct  0     0         D     127.0.0.1        InLoopBack0
127.255.255.255/32    Direct  0     0         D     127.0.0.1        InLoopBack0
     172.18.16.0/24   OSPF    10    3         D     192.168.5.2      GigabitEthernet0/0/0
     172.18.17.0/24   OSPF    10    3         D     192.168.5.2      GigabitEthernet0/0/0
     172.18.18.0/24   OSPF    10    3         D     192.168.5.2      GigabitEthernet0/0/0
     192.168.1.0/24   O_ASE   150   1         D     192.168.5.2      GigabitEthernet0/0/0
     192.168.2.0/24   O_ASE   150   1         D     192.168.5.2      GigabitEthernet0/0/0
     192.168.3.0/24   O_ASE   150   1         D     192.168.5.2      GigabitEthernet0/0/0
     192.168.4.0/24   O_ASE   150   1         D     192.168.5.2      GigabitEthernet0/0/0
     192.168.5.0/24   Direct  0     0         D     192.168.5.1      GigabitEthernet0/0/0
     192.168.5.1/32   Direct  0     0         D     127.0.0.1        GigabitEthernet0/0/0
   192.168.5.255/32   Direct  0     0         D     127.0.0.1        GigabitEthernet0/0/0
     192.168.6.0/24   OSPF    10    2         D     192.168.5.2      GigabitEthernet0/0/0
     192.168.8.1/32   OSPF    10    1562      D     192.168.100.2    Tunnel0/0/1
     192.168.9.1/32   OSPF    10    1562      D     192.168.100.2    Tunnel0/0/1
   192.168.100.0/24   Direct  0     0         D     192.168.100.1    Tunnel0/0/1
   192.168.100.1/32   Direct  0     0         D     127.0.0.1        Tunnel0/0/1
 192.168.100.255/32   Direct  0     0         D     127.0.0.1        Tunnel0/0/1
      220.0.0.0/24    Direct  0     0         D     220.0.0.1        Serial0/0/0
      220.0.0.1/32    Direct  0     0         D     127.0.0.1        Serial0/0/0
      220.0.0.2/32    Unr     64    0         D     127.0.0.1        InLoopBack0
      220.0.0.3/32    Unr     64    0         D     127.0.0.1        InLoopBack0
      220.0.0.4/32    Unr     64    0         D     127.0.0.1        InLoopBack0
      220.0.0.5/32    Unr     64    0         D     127.0.0.1        InLoopBack0
      220.0.0.6/32    Unr     64    0         D     127.0.0.1        InLoopBack0
      220.0.0.7/32    Unr     64    0         D     127.0.0.1        InLoopBack0
      220.0.0.8/32    Unr     64    0         D     127.0.0.1        InLoopBack0
      220.0.0.9/32    Unr     64    0         D     127.0.0.1        InLoopBack0
     220.0.0.10/32    Unr     64    0         D     127.0.0.1        InLoopBack0
     220.0.0.11/32    Unr     64    0         D     127.0.0.1        InLoopBack0
    220.0.0.254/32    Direct  0     0         RD    220.0.0.254      Serial0/0/0
    220.0.0.255/32    Direct  0     0         D     127.0.0.1        Serial0/0/0
 222.192.255.0/30     O_ASE   150   1         D     192.168.5.2      GigabitEthernet0/0/0
 222.192.255.4/30     O_ASE   150   1         D     192.168.5.2      GigabitEthernet0/0/0
```

222.192.255.8/30	OSPF	10	2	D	192.168.5.2	GigabitEthernet0/0/0
222.192.255.16/30	OSPF	10	2	D	192.168.5.2	GigabitEthernet0/0/0
255.255.255.255/32	Direct	0	0	D	127.0.0.1	InLoopBack0

我们查看仙林校区校园网边界路由器的 sa 以及古平岗校区边界路由器的 sa，具体命令如下。

校园网边界路由器：

```
[Huawei]dis ike sa
    Conn-ID  Peer           VPN    Flag(s)              Phase
-----------------------------------------------------------------
      78    200.0.0.2        0     RD                   2
      21    200.0.0.2        0     RD|ST                1


Flag Description:
RD--READY    ST--STAYALIVE    RL--REPLACED    FD--FADING    TO--TIMEOUT
HRT--HEARTBEAT    LKG--LAST KNOWN GOOD SEQ NO.    BCK--BACKED UP


[Huawei]dis ipsec sa

===============================
Interface: Serial0/0/0
 Path MTU: 1500
===============================


  -----------------------------
  IPSec policy name: "HW"
  Sequence number   : 10
  Acl Group         : 3500
  Acl rule          : 50
  Mode              : ISAKMP
  -----------------------------
    Connection ID     : 78
    Encapsulation mode: Tunnel
    Tunnel local      : 220.0.0.1
    Tunnel remote     : 200.0.0.2
    Flow source       : 220.0.0.1/255.255.255.255 47/0
    Flow destination  : 200.0.0.2/255.255.255.255 47/0
    Qos pre-classify  : Disable

    [Outbound ESP SAs]
      SPI: 47758970 (0x2d8be7a)
      Proposal: ESP-ENCRYPT-DES-64 ESP-AUTH-MD5
      SA remaining key duration (bytes/sec): 1887037439/3508
      Max sent sequence-number: 16
      UDP encapsulation used for NAT traversal: N

    [Inbound ESP SAs]
```

SPI: 3584889006 (0xd5ad10ae)

Proposal: ESP-ENCRYPT-DES-64 ESP-AUTH-MD5

SA remaining key duration (bytes/sec): 1887434948/3508

Max received sequence-number: 16

Anti-replay window size: 32

UDP encapsulation used for NAT traversal: N

古平岗校区边界路由器：

```
[Huawei]dis ike sa
    Conn-ID  Peer          VPN    Flag(s)          Phase
  -------------------------------------------------------------
       26    220.0.0.1     0      RD|ST            2
        1    220.0.0.1     0      RD               1


  Flag Description:
  RD--READY    ST--STAYALIVE    RL--REPLACED    FD--FADING    TO--TIMEOUT
  HRT--HEARTBEAT    LKG--LAST KNOWN GOOD SEQ NO.    BCK--BACKED UP


[Huawei]dis ipsec sa


  ===================================
  Interface: GigabitEthernet0/0/0
   Path MTU: 1500
  ===================================



  -----------------------------
  IPSec policy name: "HW"
  Sequence number  : 10
  Acl Group        : 3500
  Acl rule         : 50
  Mode             : ISAKMP
  -----------------------------
    Connection ID    : 26
    Encapsulation mode: Tunnel
    Tunnel local     : 200.0.0.2
    Tunnel remote    : 220.0.0.1
    Flow source      : 200.0.0.2/255.255.255.255 47/0
    Flow destination : 220.0.0.1/255.255.255.255 47/0
    Qos pre-classify : Disable

    [Outbound ESP SAs]
      SPI: 3584889006 (0xd5ad10ae)
      Proposal: ESP-ENCRYPT-DES-64 ESP-AUTH-MD5
      SA remaining key duration (bytes/sec): 1886910463/3462
      Max sent sequence-number: 21
      UDP encapsulation used for NAT traversal: N


    [Inbound ESP SAs]
```

SPI: 47758970 (0x2d8be7a)
Proposal: ESP-ENCRYPT-DES-64 ESP-AUTH-MD5
SA remaining key duration (bytes/sec): 1887434616/3462
Max received sequence-number: 20
Anti-replay window size: 32
UDP encapsulation used for NAT traversal: N

华信SPOC官方公众号

欢迎广大院校师生 **免费** 注册应用

www. hxspoc. cn

华信SPOC在线学习平台

专注教学

数百门精品课
数万种教学资源

教学课件
师生实时同步

多种在线工具
轻松翻转课堂

电脑端和手机端（微信）使用

测试、讨论、
投票、弹幕……
互动手段多样

一键引用，快捷开课
自主上传，个性建课

教学数据全记录
专业分析，便捷导出

登录 www. hxspoc. cn 检索 华信SPOC 使用教程 获取更多

华信SPOC宣传片

教学服务QQ群： 1042940196
教学服务电话：010-88254578/010-88254481
教学服务邮箱：hxspoc@phei.com.cn

電子工業出版社.
PUBLISHING HOUSE OF ELECTRONICS INDUSTRY   华信教育研究所